1979年诺贝尔物理学奖获得者
STEVEN WEINBERG 著作选译
THE QUANTUM THEORY OF FIELDS
VOLUME I FOUNDATIONS
量子场论
（第一卷） 基础
温伯格

1979年诺贝尔物理学奖获得者
STEVEN WEINBERG 著作选译
THE QUANTUM THEORY OF FIELDS
VOLUME II MODERN APPLICATIONS
量子场论
（第二卷） 现代应用
温伯格

1979年诺贝尔物理学奖获得者
STEVEN WEINBERG 著作选译
THE QUANTUM THEORY OF FIELDS
VOLUME III SUPERSYMMETRY
量子场论
（第三卷） 超对称
温伯格

WILEY
1979年诺贝尔物理学奖获得者
STEVEN WEINBERG 著作选译
GRAVITATION AND COSMOLOGY
PRINCIPLES AND APPLICATIONS OF
THE GENERAL THEORY OF RELATIVITY
引力和宇宙学
广义相对论的原理和应用
温伯格

1983年诺贝尔物理学奖获得者
S. CHANDRASEKHAR 著作选译
THE MATHEMATICAL THEORY
OF BLACK HOLES
黑洞的数学理论
钱德拉塞卡

1958年诺贝尔物理学奖获得者
И. Е. TAMM 著作选译
ОСНОВЫ ТЕОРИИ
ЭЛЕКТРИЧЕСТВА
电学原理（第十一版）
塔姆

ISBN: 978-7-04-048718-3

ISBN: 978-7-04-049097-8

U0309271

1997年诺贝尔物理学奖获得者
C. COHEN-TANNOUDJI 著作选译 第一辑
MÉCANIQUE QUANTIQUE
TOME I
量子力学（第一卷）
科恩·塔诺季

1997年诺贝尔物理学奖获得者
C. COHEN-TANNOUDJI 著作选译 第二辑
MÉCANIQUE QUANTIQUE
TOME II
量子力学（第二卷）
科恩·塔诺季

1997年诺贝尔物理学奖获得者
C. COHEN-TANNOUDJI 著作选译 第三卷
MÉCANIQUE QUANTIQUE
TOME III FERMIONS, BOSONS,
PHOTONS, CORRÉLATIONS ET INTRICATION
量子力学（第三卷）
费米子、玻色子、光子、关联和纠缠
科恩·塔诺季

ISBN: 978-7-04-039670-6

ISBN: 978-7-04-043991-5

1965年诺贝尔物理学奖获得者
RICHARD P. FEYNMAN 著作选译 第一辑
QUANTUM
ELECTRODYNAMICS
量子电动力学讲义
费曼

1965年诺贝尔物理学奖获得者
RICHARD P. FEYNMAN 著作选译 第二辑
QUANTUM MECHANICS
AND PATH INTEGRALS
量子力学与路径积分
费曼

1965年诺贝尔物理学奖获得者
RICHARD P. FEYNMAN 著作选译 第三辑
STATISTICAL MECHANICS
A SET OF LECTURES
费曼统计力学讲义
费曼

ISBN: 978-7-04-036960-1

ISBN: 978-7-04-042411-9

1945年诺贝尔物理学奖获得者
WOLFGANG PAULI 著作选译

RELATIVITÄTSTHEORIE

XIANG DUI LUN

相 对 论

W. 泡利　著　凌德洪　周万生　译

高等教育出版社·北京

图书在版编目（CIP）数据

相对论 / （美）W. 泡利著；凌德洪，周万生译 . --
北京：高等教育出版社，2020.7
　ISBN 978-7-04-053909-7

　Ⅰ.①相… 　Ⅱ.① W… ②凌… ③周… 　Ⅲ.①相对论
Ⅳ.① O412.1

中国版本图书馆 CIP 数据核字（2020）第 050145 号

策划编辑	王　超	责任编辑	王　超	封面设计	王　洋	版式设计	杜微言
责任校对	胡美萍	责任印制	尤　静				

出版发行	高等教育出版社		网　　址	http://www.hep.edu.cn
社　　址	北京市西城区德外大街4号			http://www.hep.com.cn
邮政编码	100120		网上订购	http://www.hepmall.com.cn
印　　刷	涿州市星河印刷有限公司			http://www.hepmall.com
开　　本	787mm×1092mm　1/16			http://www.hepmall.cn
印　　张	16.75			
字　　数	290 千字		版　　次	2020 年 7 月第 1 版
购书热线	010-58581118		印　　次	2020 年 7 月第 1 次印刷
咨询电话	400-810-0598		定　　价	89.00 元

本书如有缺页、倒页、脱页等质量问题，请到所购图书销售部门联系调换
版权所有　侵权必究
物 料 号　53909-00

目录

第 I 编   狭义相对论基础

第 II 编   数学工具

第 III 编 狭义相对论. 详细推敲

第 IV 编　广义相对论

第 V 编　带电基本粒子的理论

作者序

　　这本相对论是在 35 年以前, 当我还比较年轻的时候给数学百科全书写的, 起先是以单行本形式出版, 并附有索末菲的一篇序言, 他是百科全书这一卷的主编, 对我的写作负有编辑责任. 这本论著的目的是把当时 (1921 年) 已有的相对论的全部文献作一完整的评述. 在这一段时期内, 关于相对论的教科书、报告和论文的写作有如潮涌, 而这一浪潮在爱因斯坦的相对论第一篇论文发表的 50 周年又掀起了一个高峰, 因为在这一年 (1955 年) 中, 所有的物理学家都在悼念爱因斯坦的逝世.

　　在这种情况下, 要在本书新版修订中囊括现有的全部文献的想法, 必须首先予以放弃. 所以, 为要保持本书作为一项历史文献的特点, 我决定将旧作以原来的形式重印, 只在书末加了一些补注, 并与原书中的某些引文相互参照. 这些补注可提供读者有关相对论最近发展的极好资料, 也可提供我对一些可争论的问题的个人见解.

　　特别是在这些补注的最后部分中述及统一场理论时, 关于到目前为止已经作过的所有这一类尝试, 以及关于为此目的而建立的理论将来能否获得成功的机会, 我并未对读者隐瞒自己的怀疑. 这些问题是与经典场的概念应用于自然界的原子特性的适用范围这一问题有密切联系的. 我在原书的最后一节中所表明的关于按这些经典方法求得任何解答的批评意见, 通过 1927 年所建立的量子力学或波动力学的认识论分析, 已经大大地深化了. 另一方面, 爱因斯坦直到他的生命终结时为止, 还持着按经典场论方法有一全面解决的希望. 这些见解的分歧可以归结为相对论与量子论关系上一个重大的悬而未决的问题, 这个问题, 可能还要花费物理学家一段很长的时间. 具体说来, 广义相对论与量子力学之间还看不到任何清楚的联系.

　　正因为我在补注的最后部分, 以爱因斯坦本人为一方, 以包括我自己在内的绝大多数物理学家为另一方, 在对于狭义相对论及广义相对论框架以外的问题上强调了两种观点之间的某些矛盾, 我希望在结束这篇序言时, 对于相对论在物理学发展中的地位作一些调和性的说明.

有一种观点, 按照他们的说法, 相对论是牛顿 – 法拉第 – 麦克斯韦体系的经典物理学的终点, 在空间和时间上受到因果律的 "决定论" 形式的制约, 而此后则是自然界定律的新的量子力学体系就开始起作用. 这种观点在我看来只有一部分是正确的, 但对于相对论的创始者爱因斯坦对今日物理学家的一般思路的巨大影响却是估价不足的. 通过光速 (以及所有的信号速度) 有限性结论的认识论分析, 狭义相对论是脱离形象化的第一步. 如先前被称为假想介质的 "发光以太" 的运动状态的概念必须丢弃, 不仅是由于已弄清楚它是不可观察的, 而且还由于它作为一个数学表述的元素, 只会破坏数学表述的群论性质, 反而成为一项累赘了.

通过广义相对论的变换群的推广, 特殊惯性坐标系的概念也能够为爱因斯坦所消除, 因为这个概念与相对论的群论性质不一致. 形象化对于观测数据与理论公式中的数学量之间的对应性的概念分析是有利的, 如果不抱有放弃形象化的严正态度, 要建立量子论的现代形式是不可能的. 在 "并协" 量子论中, 作用量子的有限性的认识论分析, 导致了进一步脱离形象化. 在这种情形中, 无论经典场的概念或者粒子 (电子) 在空间和时间中的轨道的概念, 必须放弃, 以利于作合理的推广. 还有, 这些概念所以被拒绝, 不仅因为轨道是不可观察的, 而且由于它们会破坏作为相对论数学表述的基础的广义变换群所固有的对称性, 反而成为一项累赘了.

我认为相对论可以作为一个例子, 用来证明一个基本的科学发现, 尽管有时还要遭受到它的创始者的阻力, 也会沿着它本身自发的途径, 而进一步得到蓬勃的发展.

W. 泡利

1956 年 11 月 18 日   苏黎士

索末菲序

(为德文单行本而作)

鉴于记述相对论的书, 无论是普及读物或是高级专论, 都有十分迫切的需要, 特别在德国. 我感到应当建议出版者对作为数学百科全书第 V 卷的泡利的精彩著作出一单行本. 虽然泡利当时还是一个学生, 但他不仅通过自己的研究工作, 熟悉了相对论的最微妙的论证, 而且还完全通晓这一学科的文献.

本书的体裁是与数学百科全书的结构相称的. 在这一单行本中, 早期著作中的某些参考文章自然不得不保留下来, 这也不致使读者过分不便. 例如, 其中之一是洛伦兹关于电子论的文章, 它可作为最后的一节电子变形理论的引文, 因而其本身代表了相对论发展过程中的里程碑. 为了保持百科全书的一般面貌, 数学关系式是以完全普遍和抽象的方式提出的; 特别在第 II 编中 (处理不变性理论及多维空间的数学工具) 就是这样. 同时, 这一卷百科全书是着重于物理学的, 为了适应这个目的, 物理的应用总被放在显著的地位, 而且实验验证的可能性始终未被忽略. 例如, 在第 I 编中, 介绍了里茨对相对论的著名的反建议, 而且他具有与原作者同样的才能, 借助于实验证据对这个反建议作了彻底的批判.

本书在实验数据的充分讨论方面与 Weyl 对时空理论的十分系统的讨论有所不同. 后者自然只不过表达了 Weyl 的个人观点, 这一观点有一部分是与爱因斯坦的观点相反的; 本书中则把 Weyl 的理论及 Mie 的概念加以详细推敲然后以批判的眼光在最后一编中把它介绍出来. 另一方面, 泡利的著作不同于劳厄的书, 在劳厄的书中, 证明一般未全部写出, 而只指出它们的主要之点. 劳厄的书在选择材料时, 不得不在许多方面有所限制, 而本书的目的则在于归纳 1920 年年底以前已出版的所有关于相对论的较有价值的文献. 此外, 在本书中还可以随处找到作者自己的见解.

  我希望这一单行本在对现有的相对论文献作有效补充方面会受到欢迎, 并会帮助物理学家和数学家对相对论有一较深入的理解.

A. 索末菲

1921 年 7 月 30 日　慕尼黑

参考文献 †

1. 基本论文

E. Mach, *Die Mechanik in ihrer Entwicklung historisch-kritisch dargestellt* (Leipzig 1883).

B. Riemann, *Über die Hypothesen, die der Geometrie zugrunde liegen*, 新版, 有 H. Weyl 的注释 (Berlin 1920) [根据 *Nachr. Ges. Wiss. Göttingen*, **13** (1868) 133 重印].

Lorentz-Einstein-Minkowski, *Das Relativitätsprinzip*, 论文集 (Leipzig 1913, 1920 年第三次修订版).

H. Minkowski, *Zwei Abhandlungen über die Grundgleichungen der Elektrodynamik* (Leipzig 1920) [第一篇论文是根据 *Nachr. Ges. Wiss. Göttingen* (1908) **53** 重印的, 第二篇论文是根据 *Math. Ann.*, **68** (1910) 526 重印的].

A. Einstein‡ 及 M. Grossmann, *Entwurf einer verallgemeinerten Relativitätstheorie und einer Theorie der Gravitation* (Leipzig 1913) [根据 *Z. Math. Phys.*, **63** (1914) 215 重印].

A. Einstein, *Die Grundlagen der allgemeinen Relativitätstheorie* (Leipzig 1916) [根据 *Ann. Phys., Lpz.*, **49** (1916) 769 重印].

2. 教科书

M. v. Laue, *Das Relativitätsprinzip* (Leipzig 1911; 1919 年第三版, 卷 1, *Das Relativitätsprinzip der Lorentz-Transformation* 1921 年第四版).

H. Weyl, *Raum-Zeit-Materie*, 广义相对论讲座 (Berlin 1918; 1920 年第三版; 1921 年第四版) (引自第一版和第三版).

A. S. Eddington, *Space, Time and Gravitation* (Cambridge 1920).

A. Kopff, *Grundzüge der Einsteinschen Relativitätstheorie* (Leipzig 1921).

---

† 见补注 1.

‡ 本书引用的爱因斯坦著作, 商务印书馆出版的《爱因斯坦文集》多数已有收集.

E. Freundlich, *Die Grundlagen der Einsteinschen Gravitationstheorie* (Berlin 1916).

A. Einstein, *Über die spezielle und die allgemeine Relativitätstheorie* (Braunschweig 1917) (一般读者用).

M. Born, *Die Relativitätstheorie Einsteins und ihre physikalischen Grundlagen* (Berlin 1920) (一般读者用).

3. 专题论文

H. Poincaré, 1909 年 4 月 22 ∼ 28 日在 Göttingen 所作的六次演讲; 第六讲, *La mécanique nouvelle* (Leipzig 1910).

P. Ehrenfest, *Zur Krise der Lichtäther-Hypothese*, 在 Leyden 发表的就职演讲 (Berlin 1913).

H. A. Lorentz, *Das Relativitätsprinzip*, 在 Teyler 基金团所作的三次演讲, Haarlem (Leipzig 1914).

A. Einstein, *Äther und Relativitätstheorie*, 1920 年 5 月 5 日在 Leyden 所作的演讲 (Berlin 1920).

F. Klein, *Gesammelte mathematische Abhandlungen*, 卷 1, R. Fricke 与 A. Ostrowski 主编 (Berlin 1921) (特别是 "Zum Erlanger Programm" 一章 [1872]).

A. Brill, *Das Relativitätsprinzip* (Leipzig 1912; 1920 年第四版).

E. Cohn, *Physikalisches über Raum und Zeit* (Leipzig 1913).

H. Witte, *Raum und Zeit im Lichte der neueren Physik* (Braunschweig 1914; 1920 年第三版).

4. 哲学方面的论文

M. Schlick, *Raum und Zeit in der gegenwärtigen Physik, zur Einführung in das Verständnis der allgemeinen Relativitätstheorie* (Berlin 1917; 1920 年第三版).

H. Holst, *Vort fysiske Verdensbillede og Einsteins Relativitetstheori* (Copenhagen 1920).

H. Reichenbach, *Relativitätstheorie und Erkenntnis a priori* (Berlin 1920).

E. Cassirer, *Zur Einsteinschen Relativitätstheorie* (Berlin 1921).

J. Petzold, *Die Stellung der Relativitätstheorie in der geistigen Entwicklung der Menschheit* (Dresden 1921).

数学百科全书中的下列著作可作为本文献的补充: 天文方面, F. Kottler, "Gravitation und Relativitätstheorie" (S. Oppenheim: 卷 **VI** 2, 22). 数学

方面, R. Weitzenböck, "Neuere Arbeiten über algebraische Invariantentheorie, Differentialinvarianten", **III** 3, 10; and L. Berwald, "Differentialinvarianten der Geometrie. Riemannsche Mannigfaltigkeiten und ihre Verallgemeinerungen", **III** 3, 11.

第 I 编

狭义相对论基础

---

1. 历史背景 (洛伦兹, 庞加莱, 爱因斯坦)

相对论所引起的物理概念的变革已经酝酿了一个很长的时期. 远在 1887 年, Voigt[1) 在一篇还是从光的固体弹性理论的观点所写成的论文中已提出, 在运动参考系中引入一地方时 t', 在数学运算上是很适宜的. 时间 t' 的原点取为空间坐标的线性函数, 同时假定时间的标度不变. 这样, 可使波动方程

$$\Delta\phi - \frac{1}{c^2}\frac{\partial^2\phi}{\partial t^2} = 0$$

在运动参考系中也能成立. 直到 1892 年和 1895 年, 在洛伦兹[2) 发表他关于这一课题的基本论文之前, 这些论点完全未被注意, 而且没有再提出过类似的变革. 现在除了纯粹形式地承认, 在运动坐标系中引入一地方时 t' 对数学运算上是适宜的以外, 也获得了物理学上的主要结果. 已经证明, 当计及电子在以太中的运动后, 所有实验上可观察到的 $\frac{v}{c}$ (介质移动速度与光速之比) 的一阶效应都能用理论定量地加以解释. 具体说来, 理论已经解释了这一事实, 即就一阶效应而言, 介质和观察者相对于以

---

1) W. Voigt, "Über das Dopplersche Prinzip", *Nachr. Ges. Wiss. Göttingen* (1887) 41. 在方程 (1) 中, 代入

$$\varkappa = \sqrt{1-\beta^2},$$

就可以得到 Voigt 公式.

2) H. A. Lorentz, "La théorie électromagnétique de Maxwell et son application aux corps mouvants", *Arch. néerl. Sci.*, **25** (1892) 363; *Versuch einer Theorie der elektrischen und magnetischen Erscheinungen in bewegten Körpern* (Leyden 1895).

太的共同速度对现象没有影响[3].

[2]　　但是当涉及二阶效应时, 迈克耳孙干涉仪实验[4] 的否定结果给理论造成了很大的困难. 为了消除这些困难, 洛伦兹和 Fitz-Gerald[5] 各自提出了假设: 当物体以平移速度 v 移动时, 会改变它们的线度. 这种沿运动方向的线度改变是由因子 $\varkappa\sqrt{1-(v^2/c^2)}$ 决定的, 其中 $\varkappa$ 为相应的作横向线度改变的因子, $\varkappa$ 本身尚待确定. 洛伦兹证实了这一假设, 他指出分子力也能因移动而改变. 他对此还附加了一个假定: 分子静止于平衡位置, 而且它们的相互作用纯粹是静电性质的. 由此理论可得出, 若所有沿运动方向的线度按因子 $\sqrt{1-(v^2/c^2)}$ 缩短, 而横向线度不改变, 那么在运动系统中可存在一平衡态. 现在的问题是将这种 "洛伦兹收缩" 结合在理论中, 以及解释其他一些实验[6], 这些实验企图证实地球运动对这一现象的影响, 但没有成功. Larmor 早在 1900 年已首先建立了现在一般所称的洛伦兹变换式, 他还考虑了时间标度的改变[7]. 洛伦兹在 1903 年末所完成的评论性论文[8] 中包含着若干简要的暗示, 后来证明, 这些暗示是很有用的. 他认为若把可变电磁质量的概念推广到任何有质物, 那么理论就能说明这一事实, 即平移运动只会产生上述的收缩, 而没有其他效应, 即使存在分子运动, 也不例外. 这也可以解释 Trouton 和 Noble 的实验. 此外, 他提出了电子的大小是否因运动而改变这一重要问题[9]. 但是在他的论文的引言中, 洛伦兹仍保持了这一原理[9a], 即这种现象不仅依赖于物体的相对运动而且还依赖于以太的运动.

---

3) Fizeau 的实验结果想要证明地球的运动对偏振方位的影响, 当偏振光斜射于一块玻璃板上时, 这不仅与相对性原理矛盾, 而且与洛伦兹理论矛盾, 后来被 D. B. Brace [*Phil. Mag.*, **10** (1908) 591] 及 B.Strasser [*Ann. Phys., Lpz.*, **24** (1907) 137] 证明是错误的. 应当再提一下, 在洛伦兹的理论中, 若计及引力, 可以得到 "以太风" 的一阶效应. 因此, 和麦克斯韦所说过的一样, 太阳系相对于以太的运动会产生木星卫星的月食的时间的一阶差异, 但是 C. V. Burton [*Phil. Mag.*, **19** (1910) 417; 也可参阅 H. A. Lorentz "Das Relativitätsprinzip" *3 Haarlemer Vorträge* (Leipzig 1914), p. 21] 发现, 这个固有的观测上的误差是与所预计的效应的大小一样大. 所以观察卫星无助于肯定或推翻旧的以太理论.

4) 洛伦兹在数学百科全书 (Leipzig 1904) V 14 中曾描述了这个实验.

5) H. A. Lorentz "De relative beweging van de aarde eń dem aether", *Versl. gewone Vergad. Akad. Amst.*, **1** (1892) 74.

6) F. T. Trouton 及 H. R. Noble, *Philos. Trans.*, A **202** (1903) 165; Lord Rayleigh, *Phil. Mag.*, **4** (1902) 678.

7) J. J. Larmor, *Aether and Matter* (Cambridge 1900) 167~177 页.

8) 数学百科全书 V14 (Leipzig 1904), 最后的 §64 及 §65.

9) 同前, 278 页.

9a) 同前, 154 页.

现在我们来讨论洛伦兹[10]、庞加莱[11], 爱因斯坦[12] 的三项贡献. 这些贡献包含着推理的方法和成为相对论基础的一些发展. 就年代来讲, 洛伦兹的文章发表得最早. 尤其是他证明了, 假定在带撇的系统中适当地选择场强, 则麦克斯韦方程组对坐标变换

$$x' = \varkappa \frac{x - vt}{\sqrt{1 - \beta^2}}, \quad y' = \varkappa y, \quad z' = \varkappa z, \quad t' = \varkappa \frac{t - (v/c^2)x}{\sqrt{1 - \beta^2}} \tag{1}$$

$$\left(\beta = \frac{v}{c}\right)$$

[3]

是不变的[13]. 但是他严格地证明了这只对真空中的麦克斯韦方程组才成立. 在洛伦兹的处理方法中, 包含电荷密度和电流密度的项在带撇的和运动的系统中是不同的, 因为他对这些项所作的变换是不正确的. 所以他认为这两个系统不完全等价而只是非常粗略地等价. 假定电子也能因移动而变形, 并且所有的质量和力, 跟电磁质量和电磁力一样, 具有对速度的相同的依赖关系, 洛伦兹就能够推导出一种能影响到所有物体的收缩 (也包括存在分子运动的情形). 他也能够解释为什么目前已知的所有实验不能证实地球的运动对光学现象有任何的影响. 他的理论的一个比较间接的结论是必须令 $\varkappa = 1$. 这就意味着横向线度在运动过程中保持不变, 如果这种解释确是完全可能的话. 我们要着重指出, 即使在该篇论文中, 洛伦兹对相对性原理并不是顶清楚的. 特别是他与爱因斯坦相反, 企图按因果关系来理解收缩.

庞加莱弥补了洛伦兹工作中遗下的形式上的缺陷. 他指出相对性原理是普遍而严格地成立的. 跟前面所提到过的一些作者一样, 他假定了麦克斯韦方程组对真空成立, 这相当于要求所有自然定律对 "洛伦兹变换"[14] 必须是协变的. 在运动过程中, 横向线度的不变性可自然地从下列假定推出: 使静止系统过渡到匀速运动系统的变换必须构成一个群, 它包括通常坐标系的移动作为一个子群, 庞加莱进一步改正了洛伦兹关于电荷密度和电流密度的变换公式从而指出了电子论场方程组的完全协

10) H. A. Lorentz, "Electromagnetic phenomena in a system moving with any velocity smaller than that of light", *Proc. Acad. Sci., Amst.*, **6** (1904) 809 [*Versl. gewone Vergad. Akad., Amst.*, **12** (1904) 986].

11) H. Poincaré, "Sur la dynamique de l'électron", *C. R. Acad. Sci., Paris*, **140** (1905) 1504; "Sur la dynamique de l'électron", *R. C. Circ. mat. Palermo*, **21** (1906) 129.

12) A. Einstein, "Zur Electrodynamik bewegter Körper", *Ann. Phys., Lpz.*, **17** (1905) 891.

13) 要从 Larmor 和 Lorentz 的公式求得 (1) 式, 必须以 $x - vt$ 代替他们的 x, 因为他们首先对运动系统作了通常的过渡.

14) "洛伦兹变换" 及 "洛伦兹群" 两词第一次出现于庞加莱的这篇论文之中.

变性. 较后一阶段我们将讨论他的关于重力问题的处理方法和他对虚坐标 ict (参阅 §50 和 §7) 的引用.

最后, 爱因斯坦完成了这一新原理的基本的表述. 他的 1905 年的论文几乎是和庞加莱的文章同时发表的, 但他写此论文时, 事先并不知道洛伦兹 1904 年的论文. 爱因斯坦的论文不仅包括了其他两篇论文中的主要结果, 并揭露了一些新的东西, 而且更深刻地了解到整个问题. 现在要详细地论证这一点.

[4]　## 2. 相对性假设

在地面上测定地球运动对物理现象的影响的许多尝试[15]†的失败, 使我们作出即使不是肯定也是高度可能的结论: 在一给定的参考系中的现象原则上是与系统整体的移动无关. 把它表述得更精确一些: 存在一组三维的、无限的、彼此间相对作匀速直线运动的参考系[16], 这些参考系中的物理现象是按完全等同的方式进行的. 我们仿照爱因斯坦, 称这样的参考系为伽利略参考系 —— 所以这样称呼, 是由于伽利略惯性定律在这种参考系中是成立的. 人们还不能认为所有参考系是完全等价的, 或者至少不能给出可以从它们里面挑选出一组特殊的系统的合乎逻辑的理由, 这是难以令人满意的. 这一缺陷已为广义相对论所克服 (参阅第 IV 编). 目前我们只限于伽利略参考系, 即匀速运动的相对性.

相对性假设一经引入, 把以太看作实物的概念就要从物理理论中排除出去. 因为在讨论静止的状态或相对于以太运动的状态时, 既然有关的量原则上不能够为实验所观测, 这种讨论就没有论据. 今天看来, 这是不足为怪的, 由于从电力导出物质的弹性的尝试已经开始显露出成功的希望. 因此, 企图用某种假想的介质的弹性来解释电磁现象[17]是非常不当的. 当光的电磁理论取代了光的固体弹性理论以后, 以太这一机械的概念实际上已变成多余的障碍物了. 在光的电磁理论中, 以太这种实物

---

15) 除了在注 6) 中的参考文献外, 应当再提出下列文献: E. W. Morley 及 D.C. Miller 重复进行的迈克耳孙的实验, *Phil. Mag.*, **8** (1904) 753 及 **9** (1905) 680. [也可见 J. Lüroth 对它的讨论, *S. B. bayer. Akad. Wiss.*, **7** (1909); E. Kohl, *Ann. Phys., Lpz.*, **28** (1909) 259 及 662; M. v. Laue, *Ann. Phys., Lpz.*, **33** (1910) 156]; 进一步试图发现由地球运动所引起的双折射: D. B. Brace, *Phil. Mag.*, **7** (1904) 317, **10** (1905) 71 及 *Boltzmann-Festschrift* (1907) 576; F. T. Trouton 及 A. O. Rankine 为确定一根导线以地球运动方向为其取向而引起电阻改变所作的一个实验, *Proc. Roy. Soc.*, **8** (1908) 420; 也可见 J. Laub 关于相对论原理的实验根据方面的一篇评论文章, *Jb. Radioakt*, **7** (1910) 405.

　† 见补注 2.

16) 我们将不考虑原点和坐标轴的通常位移.

17) 这一点是 M. Born 提出的, *Naturwissenschaften*, **7** (1919) 136.

已是一种外来的因素. 近来, 爱因斯坦[18] 引申了以太这个概念. 它不应再认为是一种实物, 只不过是跟真空相联系的那些物理量的总和. 根据这一广泛的涵义, 以太自然可以存在; 但是必须记住, 它不具有任何力学的性质. 换句话说, 真空的物理量是没有空间坐标和速度与之联系的.

一经放弃了以太这个概念以后, 相对性假设似乎立刻会变得显而易见. 但是经过严密的思考后却表明并非如此[19]. 我们当然不能使整个宇宙作移动, 从而去考察现象是否因此而改变. 所以, 上面的说法只具有启发性的价值, 而且只当它对任何以及每一封闭系统成立时, 在物理上才具有意义. 但是一个系统什么时候才是封闭系统呢? 所有质量都离得足够远这一设想是充分的吗[20]? 经验告诉我们, 这只对匀速运动是充分的, 但对比较普遍的运动却是不充分的. 后一阶段, 我们将对匀速运动优先起作用这一点加以说明 (参阅第 IV 编 §62). 总之, 我们能这样说: 相对性假设意味着宇宙的质量中心相对于一个封闭系统的匀速运动将不会对这一系统中的现象发生影响.

[5]

3. 光速不变性假设. 里茨理论及有关理论

相对性假设还不够充分地推出自然界的所有定律在洛伦兹变换下是协变的. 例如, 尽管洛伦兹变换不适用于经典力学方程, 但经典力学跟相对性原理却是完全一致的. 如上所述, 洛伦兹和庞加莱是以麦克斯韦方程组作为他们考虑的基础的. 另一方面, 像协变定律这样的基本定理应该从最简单的普遍的基本假设推出, 坚持这一点也是绝对重要的. 这一方面的成就应归功于爱因斯坦. 他证明了在电动力学中只需要假定下面单独一个公理: 光速与光源的运动无关. 假如是一个点光源, 则在所有情况下波阵面都是球心静止的球面. 为了简明起见, 我们将用 "光速不变性" 来表示, 尽管这一名称可能引起误解. 假如单单因为光速仅在伽利略坐标系中有常量值 c, 那么光速在真空中是一个普适常量就不成问题了. 另一方面, 光速与光源运动状态无关可以同样地从广义相对论得出. 它揭露了旧的以太观点的实质. (见 §5, 光速在所有的伽利略坐标系中的数值相等.)

下一节将要证明, 光速不变性与相对性原理结合起来可引出一个时

---

18) A. Einstein, "Äther und Relativitätstheorie" 在 Leyden 发表的演讲 (Berlin 1920).

19) 参阅 A. Einstein, *Ann. Phys., Lpz.*, **33** (1912) 1059.

20) 在另一本书中, H. Holst 已经指出, 即使在狭义相对论中, 必须计及远处的质量, 参阅注 43).

[6] 间的新概念. 为此, 里茨[21], Tolman[22], Kunz[23] 以及 Comstock[24]独立地提出了以下问题: 若抛弃光速不变性而仅保留第一个假设, 能否避免这些根本性的推论而仍然保持与实验一致. 显然, 这样不仅存在以太的概念而且真空中的麦克斯韦方程组都必须扬弃, 以至整个电动力学都得重新建立. 只有里茨完成了这方面的系统理论. 他保留了方程组

$$\operatorname{curl} \boldsymbol{E} + \frac{1}{c} \dot{\boldsymbol{H}} = 0, \quad \operatorname{div} \boldsymbol{H} = 0.$$

因而, 正如在通常的电动力学中一样, 场强可以从标势和矢势导出, 即

$$\boldsymbol{E} = -\operatorname{grad} \phi - \frac{1}{c} \dot{\boldsymbol{A}}, \quad \boldsymbol{H} = \operatorname{curl} \boldsymbol{A}.$$

但通常电动力学中的方程组

$$\phi(P, t) = \int \frac{\rho \mathrm{d} V_{P'}}{[r_{PP'}]_{t' = t - (r/c)}},$$
$$\boldsymbol{A}(P, t) = \int \frac{(1/c)\rho \boldsymbol{v} \mathrm{d} V_{P'}}{[r_{PP'}]_{t' = t - (r/c)}}.$$

现在应改为

$$\phi(P, t) = \int \frac{\rho \mathrm{d} V_{P'}}{[r_{PP'}]_{t' = t - [r/(c + v_r)]}},$$
$$\boldsymbol{A}(P, t) = \int \frac{(1/c)\rho \boldsymbol{v} \mathrm{d} V_{P'}}{[r_{PP'}]_{t' = t - [r/(c + v_r)]}}.$$

这和下述原理相当, 跟相对于电子的电磁扰动的传播速度相类似, 相对于光源的光波速度也等于 c. 我们把所有以这个假设为基础的理论称为 "发射理论". 因为所有这些理论都自然地满足相对性原理, 所以它们都能够解释迈克耳孙干涉实验. 于是剩下来的问题是研究它们与其他光学实验结果是否一致.

　　首先要注意的是发射理论与反射和折射的电子论解释不一致, 因为在电子论中物体内偶极子发出的球面波应该与入射波相干. 若我们设想

　　21) W. Ritz, "Recherches critiques sur l'électrodynamique générale", *Ann. Chim. Phys.*, **13** (1908) 145 (论文集, 317 页); "Sur les théories électromagnétiques de Maxwell-Lorentz", *Arch. Sci. Phys. Nat.*, **16** (1908) 209 (论文集, 427 页); "Du rôle de l'éther en physique", *Riv. Sci., Bologna*, **3** (1908) 260 (论文集, 447 页); 也可见 P. Ehrenfest, "Zur Frage nach der Entbehrlichkeit des Lichtäthers", *Phys. Z.*, **13** (1912) 317; "Zur Krise der Lichtätherhypothese", 1912 年在 Leyden 发表的演讲 (Berlin 1913).

　　22) R. C. Tolman, *Phys. Rev.*, **30** (1910) 291 及 **31** (1910) 26.

　　23) J. Kunz, *Amer. J. Sci.*, **30** (1910) 1313.

　　24) D. F. Comstock, *Phys. Rev.*, **30** (1910) 267.

物体是静止的, 光源相对于物体运动, 则按里茨理论, 偶极子发出的波的速度 (即 c) 将与入射波的速度不同, 故不可能相互干涉. 更重要的一点是发射理论需要有附加的、人为的假设才能解释菲佐实验 (见 §6), 这是一个运动介质光学中一个最基本的实验. 让我们更深入地研究发射理论如何说明多普勒效应. 简单的论证可以指出频率的变化和以太理论所要求的变化完全一样, 因为速度变化时, 对静止光源, 波长将保持不变[22a]. 因此, [7] 问题发生了, 在通常天文观测中的多普勒效应, 究竟是波长在改变还是频率在改变? 为了顾全发射理论, 可以这样假定, 对用棱镜的实验, 所改变的是频率. 最难决定的是用衍射光栅做实验的情况. Tolman 认为在这儿波长是一个问题, 他的论点是不支持发射理论的. 另一方面, Stewart[25]持相反的意见. 在这个问题上, 现在还不能做直率的判断, 因为不论在哪一种发射理论中, 衍射概念还是不够清楚的. 各种发射理论对于运动着的镜子的多普勒效应的推测是互有分歧的. 按照 Thomson[26] 和 Stewart[25] 的说法, 在考虑反射光线的速度时, 运动着的镜子是和光源的镜像等价的. 按照 Tolman 的说法, 镜子的作用和在镜面上放一个新光源一样. 最后, 按照里茨的说法[21a], 反射光线的速度和原光源发出的平行光线的速度相等. 因此, 当光源静止而镜子运动时, 按照 Thomson 和 Stewart, 不可能有波长的多普勒效应, 按照 Tolman, 这效应是通常光学效应的一半, 而按照里茨, 则应相等. 最近在许多实验[27]中用干涉法测定运动着的镜子反射出来的光的波长多普勒效应的可靠结果与经典光学所要求的数值是一致的. 这就证明 Thomson、Stewart 和 Tolman 的假设都是不正确的. 而且, Majorana[28] 又用干涉法测定了运动光源的多普勒效应, 并发现它与经典数值完全相等. 例如, 像 Michaud[29] 所指出的那样, Majorana 的实验并不能推翻里茨理论, 其理由如下: 令 L 代表一个以速度 v 离开一个静止的镜子 S 而运动的光源, A 为镜子前面的一固定点 (参看图 1). Majorana 实验的实质在于当光源的速度从零增加到 v 时, 光在反射前后的光程长

22a) 这首先是 Tolman 指出的 [参阅注 22)].

25) O. M. Stewart, *Phys. Rev.*, **32** (1911) 418.

26) J. J. Thomson, *Phil. Mag.*, **19** (1910) 301.

21a) 参阅注 21), W. Ritz 及 P. Ehrenfest, 同前; 也可见 R. C. Tolman, *Phys. Rev.*, **35** (1912) 136. 只当里茨理论按照下面那样表述时, 这句话才含有上述规定, 这种规定多少是有些任意性的.

27) A. A. Michelson, *Astroph. J.*, **37** (1913) 190; Ch. Fabry 及 H. Buisson, *C. R. Acad. Sci., Paris*, **158** (1914) 1498; Q. Majorana, *C. R. Acad. Sci., Paris*, **165** (1917) 424, *Phil. Mag.*, **35** (1918) 163 及 *Phys. Rev.*, **11** (1918) 411.

28) Q. Majorana, *Phil. Mag.*, **37** (1919) 190.

29) P. Michaud, *C. R. Acad. Sci., Paris*, **168** (1919) 507.

度 $AS = l$ 有变化. 在反射前, 速度等于 $c - v$, 频率 $\nu_1 = \nu[1 - (v/c)]$, 因而
$\lambda_1 = (c - v)/\nu_1 = \lambda$. 在静止的镜子 S 上反射时, 频率保持不变, 但速度变为 $c + v$, 因而对一阶微小量而言, 波长变为 $\lambda_2 = (c + v)/\nu_1 = \lambda[1 + (2v/c)]$. 所求的总光程的变化

[8]

$$\Delta = \frac{2v}{c}l = \frac{v}{c}2l$$

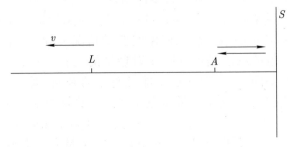

图　1

刚好和经典理论一样. 可以用很普通的方法来证明, 当我们讨论闭合光路时, 对于一阶微小量而言, 里茨理论与通常光学或相对论光学之间是没有差别的. 换句话说, 地面上的实验仅当包含二阶效应时[30], 才能够对这两种观点判明哪一种值得支持. 按照 La Rosa[31] 和 Tolman[32] 的说法, 假如在完成实验时, 不是用的地面上的光源而是用太阳发出的光, 迈克耳孙的干涉实验可视为 "判断实验". 与相对论理论相反, 里茨理论要求在仪器旋转时有干涉条纹的位移[†].

假如我们不用闭合光路, 而用开断光路, 则一阶效应也可以推翻里茨理论. 要在地面上完成这样的测量当然是不可能的, 而在天文观测中肯定是做得到的. Comstock[24a] 已经指出双星的可能效应, 后来 de Sitter[33] 定量地讨论了这个问题并得到以下结论: 若不假定光速为常数, 则光谱学上双星的圆轨道的多普勒效应与时间的依赖关系相当于一个偏心轨道的效应与时间的依赖关系. 因为实际轨道的偏心率是很小的, 这就使

30) 这已经由 Ehrenfest 说明, 参阅注 21), *Phys. Z.* 同前引文.

31) M. La Rosa, *Nuovo Cim.*, (6) **3** (1912) 345 及 *Phys. Z.*, **13** (1911) 1129.

32) R. C. Tolman, *Phys. Rev.*, **35** (1912) 136.

† 见补注 3.

24a) 参阅注 24).

33) W. de Sitter, *Proc. Acad. Sci., Amst.*, **15** (1913) 1297 及 **16** (1913) 395; *Phys. Z.*, **14** (1913) 429 及 1267; 也可见 P. Guthnik 的评论文章, *Astr. Nachr.*, **195** (1913) No. 4670, 及 E. Freundlich 的反对意见 [*Phys. Z.*, **14** (1913) 835] 为 de Sitter 的第二篇论文所反驳. 也可见 W. Zurhellen, *Astr. Nachr.*, **198** (1914) 1.

我们作出这样的论断, 在很大程度上, 光速与双星的速度 v 是无关的. 若我们假定光速的表达式具有 $c + kv$ 的形式, 则 k 必 < 0.002. 现在我们可以将这个结果与上述发射理论在解释菲佐实验时所遇到的困难结合在一起来考虑, 并从原子论角度上对折射加以解释. 因此可以有把握地说, 光速不变性的假设已被证明是正确的, 另一方面, 里茨以及其他的人为了解释迈克耳孙实验所作的种种尝试业已证明是站不住脚的.

[9]

4. 同时的相对性. 从两个假设推导洛伦兹变换. 洛伦兹变换的公理本质

乍看起来, 上述两个假设似乎是彼此不相容的. 我们取一个相对于观察者 A 以速度 v 运动的光源 L, 并考虑另一相对于 L 为静止的观察者 B. 那么, 两个观察者看到的波阵面分别是球心相对于 A、B 为静止的球面. 换句话说, 他们看到不同的球. 但是, 假如我们承认, 空间各点对 A 来说, 光线同时到达, 而对 B 来说, 不同时到达, 这个矛盾就会消失. 这就直接地告诉我们同时的相对性. 这里首先必须说明在不同地点的两个钟的同步的意义是什么. 下面是爱因斯坦选择的定义. 光线在时刻 t_P 从点 P 发出, 在时刻 t_Q 从点 Q 反射回来, 并且在时刻 t'_P 回到点 P. 若 $t_Q = \frac{1}{2}(t_P + t'_P)$, 则我们说 Q 点的钟和 P 点的钟是同步的. 爱因斯坦所以用光线来校准时钟是因为两个假设使我们有可能对光信号的传播方式作明确的描述. 自然也可以设想其他办法来比较两个时钟, 例如移动它们、利用机械耦合或弹性耦合等等, 但须作这样的约定, 凡与光学校准方法有矛盾的方法都不能选用.

现在我们可以推导连结两个相对作匀速运动的参考系 K 和 K' 中的坐标 x, y, z, t 和 x', y', z', t' 的变换公式. 设参考系 K' 以速度 v 相对于参考系 K 运动, 并取运动的方向为 x 轴的正方向. 所有作者都是从变换公式必须是线性的这个条件出发的. 这可以从下面的论据得到证实, 即 K 中的匀速直线运动在 K' 中也是匀速和直线运动. 还有一点, K 中的有限坐标在 K' 中必须保持有限也是不言而喻的. 这也意味着欧几里得几何以及空间和时间的均匀性继续有效. 从两个假设就得到方程

$$x^2 + y^2 + z^2 - c^2 t^2 = 0 \tag{2}$$

成立时, 相应地必须有方程

$$x'^2 + y'^2 + z'^2 - c^2 t'^2 = 0. \tag{2'}$$

又因变换必须是线性的, 这只当

$$x'^2 + y'^2 + z'^2 - c^2t'^2 = \varkappa(x^2 + y^2 + z^2 - c^2t^2)$$

时才有可能, 其中 $\varkappa$ 为与 v 有关的常数. 假如我们再记住一点, 即任何平行于 x 轴的运动经过变换以后还是一样, 那么, 立刻可以看出, 应该得到 §1 中的公式 (1). 尽管如此, 还得证明可以令 $\varkappa$ 等于 1. 爱因斯坦的步骤是对沿相反方向的速度再应用一次变换公式 (1).

[10]

$$x'' = \varkappa(-v)\frac{x' + vt'}{\sqrt{1-\beta^2}}, \quad y'' = \varkappa(-v)y', \quad z'' = \varkappa(-v)z',$$
$$t'' = \varkappa(-v)\frac{t' + (v/c^2)x'}{\sqrt{1-\beta^2}}.$$

故

$$x'' = \varkappa(v)\varkappa(-v)x, \quad y'' = \varkappa(v)\varkappa(-v)y,$$
$$z'' = \varkappa(v)\varkappa(-v)z, \quad t'' = \varkappa(v)\varkappa(-v)t.$$

因 K'' 相对于 K 为静止, 它们必须是恒等的, 所以有

$$\varkappa(v)\varkappa(-v) = 1.$$

在 §1 中已经指出, $\varkappa(v)$ 对应于杆的横向线度的改变, 并且由于对称的原因, 应该与速度的方向无关. 因此 $\varkappa(v) = \varkappa(-v)$. 又因 $\varkappa$ 必须为正值, 所以上面的关系式给出 $\varkappa(v) = 1$. 庞加莱曾用类似的方法得到这一结论. 他考虑了将方程 (2) 变换后仍然一样的所有线性变换的整体 (这整体自然地形成一个群), 并要求它包含以下的子群:

　　(a) 平行于 x 轴移动的只有一个参量的群 (这里群的参量就是速度 v),

　　(b) 坐标轴的通常位移.

因为爱因斯坦的对称条件 $\varkappa(v) = \varkappa(-v)$ 已包含在 (b) 中, 所以又一次得到 $\varkappa = 1$. 因而我们得到确定的结果:

$$x' = \frac{x - vt}{\sqrt{1-\beta^2}}, \quad y' = y, \quad z' = z, \quad t' = \frac{t - (v/c^2)x}{\sqrt{1-\beta^2}}, \tag{I}$$

$$x'^2 + y'^2 + z'^2 - c^2t'^2 = x^2 + y^2 + z^2 - c^2t^2. \tag{II}$$

与公式 (I) 相逆的变换可以用 $-v$ 代替 v 而得到[34]

$$x = \frac{x' + vt'}{\sqrt{1 - \beta^2}}, \quad y = y', \quad z = z', \quad t = \frac{t' + (v/c^2)x'}{\sqrt{1 - \beta^2}}. \tag{Ia}$$

由于公式 (I) 的结构简单, 有些人不知道, 如果不假设公式 (2) 的不变性, 就不能从一般的群论的考虑推导出来. Ignatowsky 以及 Frank 和 Rothe[35] 曾经证明在某种范围内事实上是可能的, 除了下列假定外, 并不需要更多的条件. [11]

(a) 变换必须组成只有一个参量的齐次线性群;

(b) K 相对于 K' 的速度与 K' 相对于 K 的速度相等而且方向相反;

(c) 在 K 中观察到的相对于 K' 为静止的长度缩短等于在 K' 中观察到的相对于 K 为静止的长度的缩短.

这已经足以证明变换公式必须具有如下形式:

$$x' = \frac{x - vt}{\sqrt{1 - \alpha v^2}}, \quad t' = \frac{t - \alpha vx}{\sqrt{1 - \alpha v^2}}. \tag{3}$$

自然, 关于 α 的符号、大小和物理意义, 我们是不能加以什么说明的. 因为从群论的假设, 只能导出变换公式的一般形式而不涉及物理内容. 附带说明一下, 应该注意公式 (3) 中已包含着一般力学的变换公式

$$x' = x - vt, \quad t' = t, \tag{4}$$

---

34) 对于某些应用, 熟悉一般情形的变换公式是有用处的, 在一般情形中, x 轴并不在速度 v 的方向上. 把 $\boldsymbol{r}$ 分解为分量 $\boldsymbol{r}_\parallel$ (沿 K' 相对于 K 的速度 $\boldsymbol{v}$ 的方向) 及 $\boldsymbol{r}_\perp$ (垂直于 $\boldsymbol{v}$), 就可以得到这些变换公式. 首先, 从公式 (I) 可以得出:

$$\boldsymbol{r}'_\parallel = \frac{\boldsymbol{r}_\parallel - \boldsymbol{v}t}{\sqrt{1 - \beta^2}}, \quad \boldsymbol{r}'_\perp = \boldsymbol{r}_\perp, \quad t' = \frac{t - (\boldsymbol{v} \cdot \boldsymbol{r}_\parallel)/c^2}{\sqrt{1 - \beta^2}};$$

但是由于

$$\boldsymbol{r}_\parallel = \frac{(\boldsymbol{r} \cdot \boldsymbol{v})\boldsymbol{v}}{v^2}, \quad \boldsymbol{r}_\perp = \boldsymbol{r} - \boldsymbol{r}_\parallel = \boldsymbol{r} - \frac{(\boldsymbol{r} \cdot \boldsymbol{v})\boldsymbol{v}}{v^2}, \quad \boldsymbol{r}' = \boldsymbol{r}'_\parallel + \boldsymbol{r}'_\perp,$$

这也可以写成

$$\boldsymbol{r}' = \boldsymbol{r} + \frac{1}{v^2}\left(\frac{1}{\sqrt{1 - \beta^2}} - 1\right)(\boldsymbol{r} \cdot \boldsymbol{v})\boldsymbol{v} - \frac{\boldsymbol{v}t}{\sqrt{1 - \beta^2}},$$

$$t' = \frac{t - (1/c^2)(\boldsymbol{r} \cdot \boldsymbol{v})}{\sqrt{1 - \beta^2}}. \tag{1a}$$

这些公式可以在 G. Herglotz 的论文中找到, *Ann. Phys., Lpz.*, **36** (1911) 497, 方程 9.

35) W. v. Ignatowsky, *Arch. Math. Phys., Lpz.*, **17** (1910) 1 及 **18** (1911) 17; *Phys. Z.*, **11** (1910) 972 及 **12** (1911) 779; P. Flank 及 H. Rothe, *Ann. Phys., Lpz.*, **34** (1911) 825 及 *Phys. Z.*, **13** (1912) 750.

只要在公式 (3) 中令 $\alpha = 0$, 就可以得到公式 (4). 现在一般都按照 Frank 的说法, 把公式 (4) 叫做 "伽利略变换". 显然, 若在公式 (1) 中令 $c = \infty$, 也可以同样得到伽利略变换.

5. 洛伦兹收缩和时间膨胀

洛伦兹收缩是变换公式 (1) 的最简单的结果, 因此, 也是两个基本假设的结果. 取一根沿 x 方向放置的杆, 它相对于参考系 K' 为静止, 因此, 杆两端的位置坐标 x'_1 和 x'_2 与时间 t' 无关, 杆的静止长度为

$$x'_2 - x'_1 = l_0. \tag{5}$$

[12] 另一方面, 我们可以用下述的方法来决定杆在系统 K 中的长度. 我们知道 x_1、x_2 是时间 t 的函数, 因此在系统 K 中与杆的两个端点同时重合的两点之间的距离, 称为在运动系统中杆的长度

$$x_2(t) - x_1(t) = l. \tag{6}$$

因为这两个位置在系统 K' 中不是同时的, 我们不能希望 l 等于 l_0. 事实上, 根据公式 (I) 有

$$x'_2 = \frac{x_2(t) - vt}{\sqrt{1 - \beta^2}}, \quad x'_1 = \frac{x_1(t) - vt}{\sqrt{1 - \beta^2}},$$

因此

$$l_0 = \frac{l}{\sqrt{1 - \beta^2}}, \quad l = l_0 \sqrt{1 - \beta^2}. \tag{7}$$

正如洛伦兹原先假定的那样, 杆按比例 $\sqrt{1 - \beta^2} : 1$ 收缩. 又因物体的横向线度并不改变, 体积的收缩也可以应用同样的公式, 即

$$V = V_0 \sqrt{1 - \beta^2}. \tag{7a}$$

我们知道, 这种收缩是和同时性的相对性有关的, 正因为这个理由, 曾经有过这样的论断[36], 这种收缩仅是一种 "表观" 收缩, 换句话说, 它是由于我们的时空测量所引起的. 若一种状态仅当它在所有的伽利略参考系中可以按同一方式确定时才称为真实, 那么洛伦兹收缩诚然仅仅是 "表观" 收缩而已, 因为一个在 K' 中为静止的观察者看到的杆是没有收缩的. 但是我们不认为这样的观点是合适的, 而认为在任何情况下洛伦

---

36) V. Varičak, *Phys. Z.*, **12** (1911) 169.

兹收缩原则上是可以观察的. 在这一方面, 爱因斯坦的理想实验[37] 是富有启示性的. 它证明了观察洛伦兹收缩所必需的、测定空间上相互隔开的两事件的同时性, 可以完全借助于量杆来完成, 而不必用时钟. 我们设想用具有相同的静止长度 l_0 的两根杆 A_1B_1 和 A_2B_2, 它们分别以大小相等、方向相反的速度 v 相对于 K 运动. 当 A_1 和 A_2, B_1 和 B_2 分别重合时, 我们在 K 中标出这两点并记为 A^* 和 B^* (由于对称性的理由, 这种重合在 K 中是同时发生的). 因而 A^*B^* 的距离当用在 K 中为静止的杆来量度时, 其值为

$$l = l_0 \sqrt{1 - \beta^2}.$$

由此可知洛伦兹收缩不是单独一根量杆所量出的性质, 而是两根彼此作相对运动的同样的量杆之间的倒易关系, 这种关系原则上是可以观察的.

[13]

　　类似地, 时间标度也由于这一相对运动而改变. 我们再设想一个在 K' 中为静止的时钟. 在 K' 中这个时钟所指示的时间 t' 就是它的固有时 τ, 并且我们还可以令它的坐标 x' 等于零. 这样, 根据公式 (Ia) 就有

$$t = \frac{\tau}{\sqrt{1 - \beta^2}}, \quad \tau = \sqrt{1 - \beta^2}\, t. \tag{8}$$

因此, 用 K 中的时钟标度来量度时, 一个以速度 v 运动着的时钟将比在 K 中静止的时钟按比例 $\sqrt{1 - \beta^2} : 1$ 推迟. 实际上洛伦兹变换的这一推论已经隐含于洛伦兹和庞加莱的成果中, 爱因斯坦只不过第一次把它清晰地表述出来罢了.

　　时间膨胀所引起的表观佯谬, 在爱因斯坦的第一篇论文中已经提到, 后来朗之万[38], 劳厄[39] 和洛伦兹[40] 都曾经作了更仔细的讨论. 考虑在点 P 的两个同步的时钟 C_1 和 C_2. 如果使其中之一, 例如 C_2, 在 t 等于零的时刻开始走动, 并以常速率 v 沿着任意的曲线运动, 经过时间 t 后, 到达点 P', 则它和 C_1 将不再同步. 到达 P' 时, 它所指示的时间是 $t\sqrt{1 - \beta^2}$ 而不是 t. 特别是当 P 和 P' 重合时, 即 C_2 回到原来位置时, 同一结果也应成立. 若我们仅讨论伽利略参考系, 则时钟的加速度可以忽略. 假如我们取一种特殊情况, 使 C_2 沿 x 轴运动到一点 Q, 然后再回到 P, 在 P 和 Q 有不连续的速度变化, 那么, 加速度的影响肯定地与时间 t 无关, 并且很易消去. 现在, 佯谬可作以下的叙述: 让我们用相对于 C_2 一直是静止的

37) A. Einstein, *Phys. Z.*, **12** (1911) 509.

38) P. Langevin, "L'évolution de l'espace et du temps", *Scientia*, **10** (1911) 31.

39) M. v. Laue, *Phys. Z.*, **13** (1912) 118.

40) H. A. Lorentz, "Das Relativitätsprinzip", *3 Haarlemer Vorlesungen* (Leipzig 1914), 31 页及 47 页.

参考系 K^* 来描述这个过程. 那么时钟 C_1 将相对于 K^* 运动, 正如时钟 C_2 相对于 K 运动一样. 还有, 在运动的末了, 时钟 C_2 比 C_1 减慢了, 即 C_1 比 C_2 加快了. 这种佯谬可以归结为坐标系 K^* 不是伽利略参考系, 并且在这样的系统中, 加速度的影响不能忽略, 因为用牛顿力学的术语来说, 这个加速度不是由于外力, 而是由于惯性力所产生的. 当然, 这个问题只有在广义相对论的框架范围内才能作出完善的解释 (见第 IV 编 §53(β); 关于时钟佯谬的四维表述, 见第 III 编 §24). 更应该注意的是, 有如上一节所提到的, 用迁移时钟的办法来校准时间, 不附加一些限制是不可能的. 仅当时钟所指示的时间外推到迁移速度为零的时候, 才能提供正确的结果.

[14]　　显然, 按照相对论理论, 任何企图证明坐标系整体的运动对其中现象的影响的实验, 必然得出否定的结果. 但是, 研究一下这种实验从静止系统看上去是怎样的, 仍然是有启发意义的. 为此, 我们将讨论迈克耳孙干涉实验. 令 l_1 表示在系统 K 中测得的平行于运动方向的干涉仪臂长, l_2 表示垂直于运动方向的臂长. 那么, 光通过这两臂所需的时间 t_1 和 t_2, 可由下式表出:

$$ct_1 = \frac{2l_1}{1 - \beta^2}, \quad ct_2 = \frac{2l_0}{\sqrt{1 - \beta^2}}.$$

由于洛伦兹收缩, 我们有

$$l_1 = l_0\sqrt{1 - \beta^2}, \quad \text{而} \quad l_2 = l_0,$$

因此

$$ct_1 = ct_2 = \frac{2l_0}{\sqrt{1 - \beta^2}}.$$

所以随 K' 一道运动的观察者测得的光速

$$c' = c\sqrt{1 - \beta^2}, \tag{9}$$

与 K 中的观察者测得的光速是不同的, 这就是 Abraham[41] 提出的观点. 但按照爱因斯坦的说法, 还必须计及时间膨胀

$$t' = t\sqrt{1 - \beta^2},$$

因此

$$ct_1' = ct_2' = 2l_0,$$

41) M. Abraham, *Theorie der Elektrizität*, Vol. 2. (第二版, Leipzig 1908) 367 页.

即在 K' 中的光速和 K 中的光速是相同的. 按照 Abraham 的观点是没有时间膨胀的. Abraham 的观点与迈克耳孙的实验是一致的, 但与相对性假设是矛盾的. 因为这个观点原则上承认人们可以用实验测定系统的 "绝对" 运动[42].

让我们进一步讨论爱因斯坦与洛伦兹观点的分歧. 爱因斯坦特别指出, 对时间的概念作了更深刻的表述之后, "地方" 时间与 "真正" 时间之间的差别就消失了. 洛伦兹的地方时可以证明只不过是运动系统 K' 中的时间而已. 有多少伽利略参考系, 就有多少时间与空间. 还有, 爱因斯坦使理论不依赖于有关物质组成的任何特殊假定, 也是有很大价值的.

[15]

鉴于上面的论述, 是不是应该完全放弃用原子论去解释洛伦兹收缩的任何尝试? 我们认为对这个问题的回答应该是否定的. 一根量杆的收缩不是一个简单的而是一个很复杂的过程. 如果不存在电子论的基本方程以及那些我们还不知道的决定电子本身凝聚力的定律对于洛伦兹群的协变性, 洛伦兹收缩将不发生. 我们只能假设这些协变性是存在的, 知道了这些协变性以后, 那么理论才能从原子论观点来解释运动着的量杆和时钟的行为. 无论如何, 必须始终记住作相对运动的两个坐标系是等价的.

相对论的认识论基础近来正经受着哲学方面的严格考验[43]. 这方面的意见认为相对论排斥了因果概念. 我们认为, 从认识论观点来说, 把相对运动说成是收缩的原因是完全恰当的, 因为这种收缩不是单独一根量杆的性质, 而是两根这种量杆之间的关系. 而且, 不必像 Holst 那样, 为了满足因果性条件, 去引证存在于宇宙中的所有物质.

6. 爱因斯坦速度合成定理及其在光行差和曳引系数方面的应用. 多普勒效应

显而易见, 古典运动学的速度合成方式不会导出相对论运动学的正确结果. 例如, 把一个速度 $v(<c)$ 加到 c 上应该得到 c 而不是 $c+v$. 这里

---

42) 这里还可以提及, W. Wien [*Würzb. phys. med. Ges.* (1908) 29 及 *Taschenb. Math. Phys.*, **2** (1911) 287] 所作的 "理想实验" 以及 G. N. Lewis 与 R. C. Tolman [*Phil. Mag.*, **18** (1909) 在 516 页上的注] 所作的 "理想实验", 可作为在 t 的变换公式中的项 $\{(v/c^2)x/\sqrt{1-\beta^2}\}$ 的说明.

43) 特别见 J. Petzold, *Z.positivistische Philos.*, **2** (1914) 40; *Verh. dtsch. phys. Ges.*, **20** (1918) 189 及 **21** (1918) 495; *Z. Phys.*, **1** (1920) 467; M. Jakob, *Verh. dtsch. phys. Ges.*, **21** (1919) 159 及 501; H. Holst, *Math. fys. Medd.*, **2** (1919) 11; *Z.Phys.*, **1** (1920) 32 及 **3** (1920) 168.

所应用的法则已完全包含在变换式 (I) 中. 设在 K' 中有一任意运动:

$$x' = x'(t'), \quad y' = y'(t'), \quad z' = z'(t'),$$

那么, 在 K 中有一个与之相对应的运动

$$x = x(t), \quad y = y(t), \quad z = z(t).$$

我们要知道的是在 K' 中的速度分量

$$\frac{\mathrm{d}x'}{\mathrm{d}t'} = u_x' = u'\cos\alpha', \quad \frac{\mathrm{d}y'}{\mathrm{d}t'} = u_y', \quad \frac{\mathrm{d}z'}{\mathrm{d}t'} = u_z',$$

$$u' = \sqrt{u_x'^2 + u_y'^2 + u_z'^2}$$

和在 K 中相对应的速度分量

$$\frac{\mathrm{d}x}{\mathrm{d}t} = u_x = u\cos\alpha, \quad \frac{\mathrm{d}y}{\mathrm{d}t} = u_y, \quad \frac{\mathrm{d}z}{\mathrm{d}t} = u_z,$$

$$u = \sqrt{u_x^2 + u_y^2 + u_z^2}$$

[16]　之间的关系. 从公式 (Ia), 我们有

$$\mathrm{d}x = \frac{\mathrm{d}x' + v\mathrm{d}t'}{\sqrt{1-\beta^2}}, \quad \mathrm{d}y = \mathrm{d}y', \quad \mathrm{d}z = \mathrm{d}z',$$

$$\mathrm{d}t = \frac{\mathrm{d}t' + \dfrac{v}{c^2}\mathrm{d}x'}{\sqrt{1-\beta^2}}.$$

用最后一式去除就有

$$\left.\begin{aligned}
u_x &= \frac{u_x' + v}{1 + vu_x'/c^2}, \\
u_y &= \frac{\sqrt{1 - v^2/c^2}\, u_y'}{1 + vu_x'/c^2}, \\
u_z &= \frac{\sqrt{1 - v^2/c^2}\, u_z'}{1 + vu_x'/c^2}.
\end{aligned}\right\} \tag{10}$$

这个关系式在上面提到过的庞加莱的论文中也可以找到. 从这个关系式可以直接得出

$$u = \frac{\{u'^2 + v^2 + 2u'v\cos\alpha' - [u'v\sin\alpha'/c]^2\}^{1/2}}{1 + (u'v\cos\alpha')/c^2}, \tag{11}$$

也可以写成

$$\sqrt{1 - u^2/c^2} = \frac{\sqrt{1 - v^2/c^2}\sqrt{1 - u'^2/c^2}}{1 + (u'v\cos\alpha')/c^2} \tag{11a}$$

和

$$\tan\alpha = \frac{\sqrt{1-v^2/c^2}\,u'\sin\alpha'}{u'\cos\alpha'+v}. \tag{12}$$

用 $-v$ 代替 v 就可以得到逆变换公式. 所以对速度的绝对值而言, 交换律是成立的, 但对方向而言, 交换律就不成立了. 对于两个相加速度是互相平行或互相垂直的特殊情况, 合成法则可以直接从公式 (10) 导出.

从公式 (11a) 再可以看出, 两个小于 c 的速度合成的结果总是得到一小于 c 的速度. 而且, 物体不能以大于 c 的相对速度运动; 这是由于在这种情况下变换公式 (I) 将得出坐标的虚数值. 我们还可以作另一种论述. 假定在系统 K 中一个效应用大于光速的速度传播是可能的, 那么, 将存在一个系统 K' (相对于 K 以小于光速的速度运动), K' 中的一个事件将引起另一个在它后面的事件, 在 K 中这个事件会发生在另一事件的后面. 因为我们可以令 $u_y = u_z = 0, u > c$, 那么, 应用公式 (10) 的逆变换公式, 并选择 $(c/u) < (v/c) < 1$, 就得到

$$u' = \frac{u-v}{1-(uv/c^2)} < 0.$$

这就等于否定了因果概念, 因此我们可以断定: 用大于光速的速度发出信号是不可能的[44]. 所以在相对论中, 光速在许多方面起着无限大速度的作用. 为了防止这一类偶然产生的误解, 这里应该特别强调, 从它本身推导出来的大于光速的速度是不存在的这一定理, 仅适用于伽利略参考系.

[17]

现在我们来较详细地考虑下一情况, 在两个待合成的速度中有一个速度等于光速 c, 而光线的方向则是任意的; 因此有 $u' = c$. 那么, 按照公式 (11), $u = c$, 即 (光速) + (小于 c 的速度) 仍然等于光速. 在这种情况下, 关系式 (12) 变为

$$\tan\alpha = \frac{\sqrt{1-\beta^2}\sin\alpha'}{\cos\alpha'+\beta}. \tag{13}$$

这就是光行差的相对论公式, 是爱因斯坦在他的第一篇论文中导出的. 它的一个较严格的证明将在以后表述. 对于一阶的量而言, 这个公式与经典公式是一致的. 光源运动, 观察者静止; 光源静止, 观察者运动; 以前一直认为是两回事. 用相讨论就得到固有的简化, 现在两者已成为等同的了.

爱因斯坦的速度合成定理的第二个重要的应用是关于菲涅耳曳引

---

44) A. Einstein, *Ann. Phys., Lpz.,* **23** (1907) 371.

系数的解释. 在 Laub[45] 试图解释而未获成功之后, 劳厄[46] 第一个考虑了这个问题. 正如光行差的情形一样, 相讨论与洛伦兹的电子论解释比较时, 至少在可观察的一阶量上, 相对论并不能提供新的结果[47]. 但相对论的推导仍然有很大优点, 它比电子论的推导简单, 具体说来, 它证明最终结果与任何有关光的折射机构的特殊假设无关. 一般的解释途径也是不同的. 以前, 菲佐的实验实际上被认为证明了静止时以太是存在的. 当时所提出的解释[48] 是光波相对于运动介质的传播速度不是 c/n 而是 $(c/n) - (v/n^2)$. 这就暗示着非相对论运动学是适用的, 从相对论观点看来, 它是不正确的. 更确切一些, 人们应该说, 对于随介质一道运动的观察者来说, 光像通常一样是以速度 c/n 沿所有方向传播的. 正因为如此, 相对于介质以速度 v 运动的观察者所看到的光的传播速度不是 $(c/n) + v$

[18] 而是可由公式 (10) 决定的另一速度 V. 现在我们仅限于讨论光线的方向与观察者相对于介质运动的方向相重合的情形 [对于第 Ⅲ 编 §36 (γ) 中所讨论的一般情况, 用起合成定理来应该当心一些], 因而我们可以令 $u'_x = u' = (c/n), u_x = u = V$, 当仅保留一阶量时, 方程组 (10) 中的第一个方程将成为

$$V = \frac{(c/n) + v}{1 + (v/cn)} \simeq \frac{c}{n} + v \left(1 - \frac{1}{n^2} \right). \tag{14}$$

对于色散性介质, 正如洛伦兹[49] 曾经指出的, 必须在方程右方加一个修正项. 从这个公式的推导中可以看到, n 表示对应于在运动系统 K' 中所观察到的波长 λ' 的折射率. 由于多普勒效应 (关于它的理论, 下面即将讨论), λ' 与波长 λ (在系统 K 中有效) 是由以下的方式连起来的:

$$\lambda' = \lambda \left(1 + \frac{v}{u'} \right) = \lambda \left(1 + \frac{nv}{c} \right).$$

(我们再一次地限制在一阶量范围以内.) 因此, 我们有

$$\frac{c}{n(\lambda')} = \frac{c}{n(\lambda)} - \frac{c}{n^2} \cdot \frac{dn}{d\lambda} \cdot \lambda \frac{nv}{c},$$

将 $n(\lambda)$ 写成 n, 最后, 我们得到

$$V = \frac{c}{n} + v \left(1 - \frac{1}{n^2} - \frac{\lambda}{n} \cdot \frac{dn}{d\lambda} \right). \tag{14a}$$

45) J. Laub, *Ann. Phys., Lpz.,* **23** (1907) 738.

46) M. v. Laue, *Ann. Phys., Lpz.,* **23** (1907) 989.

47) 见数学百科全书 V14 (Leipzig 1904) §60 中的讨论. H. A. Lorentz 在 *Naturw. Rdsch.,* **21** (1906) 487 中从电子论观点出发, 对曳引系数作了简单的推导.

48) 例如见 H. A. Lorentz, 数学百科全书 V13 (Leipzig) §21, 103 页.

49) H. A. Lorentz, *Versuch einer Theorie der elektrischen und optisc Erscheinungen in bewegten Körpern* (Leyden 1895) 101 页.

塞曼[50])曾经用实验证明了这个附加项的存在.

近来, 实验装置已经过各种各样的改进, 如使光不是从固定的、而是从运动的表面发出, 并使与已测定其曳引系数的物体的运动方向垂直. 采用了运动着的固态玻璃和水晶来代替菲佐实验中的液体. 在这种情况下, 菲佐实验的理论必须加以修正, 因而所得的公式也不同[51]). 此外, 已经用转动代替了移动. 特别值得提起的是 Sagnac 的实验, 在这个实验中, 仪器的所有部件都一起旋转, 因为它可以证明: 一个参考系相对于伽利略系统的旋转可以通过系统内部的光学实验来确定. 这个实验的结果与相对论完全一致. 在这以前, 迈克耳孙[51a])曾经建议用类似的光学实验来演示地球的转动, 劳厄[51a])又从理论观点对这个建议作过透彻的讨论. 它实质上是傅科摆的一种光学模拟†.

[19]

这里要讨论的第三个也是最后一个现象是多普勒效应, 尽管它与速度合成定理漠不相关, 但它是运动物体的光学基础之一. 我们来考虑一个在系统 K 中静止的、很远的光源. 一观察者随着另一系统 K' 沿 x 正方向以速度 v 相对于系统 K 运动. 在系统 K 中, 光源与观察者的连线与 x 轴成 α 角, 并且取 z 轴垂直于这两个方向所决定的平面. 则在 K 中光的周相由下式决定:

$$\exp 2\pi i\nu \left[t - \frac{x\cos\alpha + y\sin\alpha}{c} \right],$$

式中 ν 为光源的正常频率. 有如在第 III 编 §32 (δ) 中将较详细地讨论的, 周相必须是一个不变量. 因此

$$\exp 2\pi i\nu' \left[t' - \frac{x'\cos\alpha' + y'\sin\alpha'}{c} \right]$$
$$= \exp 2\pi i\nu \left[t - \frac{x\cos\alpha + y\sin\alpha}{c} \right].$$

50) P. Zeeman, *Versl. gewone Vergad. Akad. Amst.*, **23** (1914) 245 及 **24** (1915) 18.

51) 这些实验已由 G. Sagnac, *C. R. Acad. Sci., Paris*, **157** (1913) 708 及 1410; *J. Phys. théor. appl.*, (5) **4** (1914) 177 [理论曾被 M. v. Laue 讨论过: *S. B. bayer. Akad. Wiss.* (1911) 404 及 *Das Relativitätsprinzip* (1919 第三版)]; 及 F. Harress, *Dissertation* (Jena, 1911) 做过, 并由 O. Knopf, *Ann. Phys., Lpz.*, **62** (1920) 389 [关于理论的说明见 P. Harzer, *Astr. Nachr.*, **198** (1914) 378 及 **199** (1914) 10; A. Einstein, *Astr. Nachr.*, **199** (1914) 9 及 47] 作过报告; 最后做实验的是 P. Zeeman, *Versl. gewone Vergad. Akad. Amst.*, **28** (1919) 1451, 及 P. Zeeman 与 A. Snethlage, *Versl. gewone Vergad. Akad. Amst.*, **28** (1919) 1462; *Proc. Acad. Sci., Amst.*, **22** (1920) 462 及 512; M. v. Laue 已对所有这些实验的理论作了详细的推究: *Ann. Phys., Lpz.*, **62** (1920) 448.

51a) A. A. Michelson, *Phil. Mag.*, **8** (1904) 716; M. v. Laue, *S. B. bayer. Akad. Wiss., math. phys. Kl.*, (1911) 405.

† 见补注 4.

从公式 (I) 可得

$$\nu' = \nu \frac{1 - \beta \cos \alpha}{\sqrt{1 - \beta^2}}, \tag{15}$$

$$\cos \alpha' = \frac{\cos \alpha - \beta}{1 - \beta \cos \alpha}, \quad \sin \alpha' = \frac{\sin \alpha \sqrt{1 - \beta^2}}{1 - \beta \cos \alpha}, \tag{16}$$

从这些式子我们得到

$$\tan \alpha' = \frac{\sin \alpha \sqrt{1 - \beta^2}}{\cos \alpha - \beta} \tag{16a}$$

和

$$\tan \frac{\alpha'}{2} = \sqrt{\frac{1 + \beta}{1 - \beta}} \tan \frac{\alpha}{2}. \tag{16b}$$

这里我们还要写出光束的立体角的变换公式. 因为

$$\frac{\mathrm{d}\Omega'}{\mathrm{d}\Omega} = \frac{\mathrm{d}(\cos \alpha')}{\mathrm{d}(\cos \alpha)},$$

[20]　对下式

$$1 + \beta \cos \alpha' = \frac{1 - \beta^2}{1 - \beta \cos \alpha} \tag{16c}$$

微分, 即可得到

$$\mathrm{d}\Omega' = \frac{1 - \beta^2}{(1 - \beta \cos \alpha)^2} \mathrm{d}\Omega. \tag{17}$$

公式 (15) 表示多普勒效应, 公式 (16a) 是方程 (13) 的逆式. 这样, 我们已经完成了一次新的、较严格的关于相对论光行差公式的推导. 如所预期, 我们也断定了多普勒效应的表达式, 到可以用实验验证的一阶项为止, 是和经典表达式一致的. 和光行差中的情形一样, 相对论提出了一个自然的简化, 两种情况 (光源静止, 观察者运动; 光源运动, 观察者静止) 在旧理论中, 以及声学中原来是不同的, 而这里已经变成是等同的了.

相对论的特征是, 即使光源运动与观察方向成直角时 ($\cos \alpha = 0$), 多普勒效应并不消失. 在这情况下, 由公式 (15) 我们有

$$\nu' = \frac{\nu}{\sqrt{1 - \beta^2}}. \tag{17a}$$

这个横向的多普勒红向位移与对运动时钟所假定的时间膨胀是完全一致的 (§5). 在 Stark 从极隧射线粒子所发出的光中观察到多普勒效应以后不久, 爱因斯坦[52] 就提出横向多普勒效应可能从极隧射线的观测中得

52) A. Einstein, *Ann. Phys. Lpz.*, **33** (1907) 197.

到证实. 直到现在还不能证明有可能完成这样的实验, 因为要使 α 正好等于 $90°$ 把相对论的横向多普勒效应与通常的纵向多普勒效应分开是十分困难的[†].

第 II 编

数学工具

7. 四维时空世界 (闵可夫斯基)

在第 I 编中, 我们证明了相对性和光速不变性两个假定可以归并为一个条件, 即所有物理定律, 在洛伦兹变换下, 都应该不变. 从现在起, 我们将把洛伦兹变换理解为满足恒等式 (II) 的所有的 $(\infty)^{10}$ 的线性变换的一个整体. 每一个这样的变换可由坐标系的旋转 (也可以再加上反射) 和像 (I)[53] 式那样的特殊洛伦兹变换. 因此, 从数学上来说, 狭义相对论就是洛伦兹群的不变式的理论.

闵可夫斯基的成就[54] 是发展相对论的基础, 他通过下列两件事实的合理应用, 给予相对论一个非常美妙的形式.

(a) 若引入虚数 $u = \mathrm{i}ct$ 代替通常的时间 t, 则时间坐标与空间坐标在洛伦兹群中形式上是完全等价的, 并且, 相对于这个群为不变式的物理

---

53) 当从坐标本身的一个变换过渡到它们的微分的变换时, 就没有相应于移动原点 (见下一节) 的一种变换. 见 §22 关于由于实际要求对洛伦兹群的可允许的变换所加的限制, 以及关于时间的逆转.

54) H. Minkowski: (I) "Das Relativitätsprinzip", 在 1907 年 11 月 5 日在 Math. Ges. Göttingen 发表的演讲, 发表于 *Jber. dtsch. Mat. Ver.*, **24** (1915) 372, 及 *Ann. Phys., Lpz.*, **47** (1915) 927. (II) "Die Grundgleichungen für die elektromagnetischen Vorgänge in bewegten Körpen", *Nachr. Ges. Wiss. Göttingen* (1908) 53, 及 *Math. Ann.*, **68** (1910) 472, 也有单行本 (Leipzig 1911). (III) "Raum und Zeit" 在 1908 年 9 月 21 日于 Gologne 举行的科学家会议上所发表的演讲, 发表于 *Phys. Z.*, **10** (1909) 104, 并纳入论文集 *Das Relativitätsprinzip* (Leipzig 1913). 这些文献将称为 Minkowski I, II, 及 III.

作为闵可夫斯基的先驱者, 应当提及庞加莱 [参阅注 11], *R. C. Circ. mat. Palermo*, 同前所引. 他在当时曾经引用过虚坐标 $u = \mathrm{i}ct$, 而把它解释为在 R_4 中的点坐标, 并把它与现在我们称之为矢量分量的这些量结合在一起. 而且, 在他的讨论中, 不变的间隔起着作用.

定律也是等价的. 事实上, 表征洛伦兹变换的不变式

$$x^2 + y^2 + z^2 - c^2t^2$$

成为

$$x^2 + y^2 + z^2 + u^2. \tag{18}$$

这样, 一开始就很方便, 不必再区分空间与时间, 仅须考虑四维时空流形. 我们将按照闵可夫斯基的说法, 简称之为 "世界".

(b) 由于表达式 (18) 在洛伦兹变换下是不变式, 并且坐标也是二次方的, 这就可以自然地将它规定为世界点 $P(x, y, z, u)$ 到原点的距离的平方, 使类似于通常空间中距离的平方 $x^2 + y^2 + z^2$. 用这种方法可以形成一种与欧氏几何学紧密相关的世界几何学 (度规). 因为坐标之一具有虚数性质, 这两种几何学不是完全一样的. 例如, 后一性质意味着, 两个世界点的距离为零, 但不必重合, 关于这一点将在 §22 中较详细地讨论. 尽管有这些几何上的差异, 我们仍然可以将洛伦兹变换看成世界坐标的正交线性变换, 并且把它看成世界坐标轴的 (虚) 转动, 使类似于 R_3 中的坐标系的转动. 还有, 正如通常的矢量和张量计算可以看成是 R_3 的正交线性坐标变换的不变式理论一样, 洛伦兹群的不变式理论具有四维矢量和张量计算的形式[55]. 所以, 总起来说, 第二个事实是闵可夫斯基表象理论的主要方面, 它可以表达如下: 由于洛伦兹群保持了四个世界坐标的二次型不变, 这个群的不变式理论可以用几何方法表示, 因而它自然地把通常的矢量和张量计算推广至四维流形.

[22]

8. 更普遍的变换群

为了能够推导广义相对论必需应用的数学工具, 我们先介绍一些它的形式结果.

在广义相对论中, 两个相距为有限距离的世界点之间的间隔不再能用关系 (18) 的简单形式来确定, 但在这里, 相距为无限小的两点之间的距离 ds 的平方还是可以用坐标的微分的二次形式来表示. 坐标用 x^1, x^2, x^3, x^4 代替 x, y, z, u, 或者简写为 x^i, 这个二次形式的系数用 g_{ik} 表示, 并且, 按照爱因斯坦的办法, 略去求和号, 并规定每一指标出现两次时, 即表示从 1 到 4 取和. 因此, 我们有

$$\mathrm{d}s^2 = g_{ik}\mathrm{d}x^i\mathrm{d}x^k \quad (g_{ik} = g_{ki}). \tag{19}$$

---

[55] 这种张量分析的第一次表述可在前面所引的闵可夫斯基的论文中找到. 索末菲首先作了系统的表述: A. Sommerfeld, *Ann. Phys., Lpz.*, **32** (1910) 749 及 **33** (1910) 649.

右边的求和应这样进行, i 和 k 分别取 1 到 4 的数值. 因而在式 (19) 中, ik 的组合, $i \neq k$ 出现两次, $i = k$ 仅出现一次. 举例来看, 用这种规定, 二次型

$$J = g_{ik}u^i u^k$$

对 u^i 的微商是

$$\frac{\partial J}{\partial u^i} = 2g_{ik}u^k, \tag{20}$$

[23]   这和欧拉定理是一致的, 即

$$u^i \frac{\partial J}{\partial u^i} = 2J.$$

式 (19) 所代表的线元中, g_{ik} 一般是坐标的任意函数. 相应地说, 当 g_{ik} 用显函数表出时, 广义相对论所讨论的是所有点变换

$$x'^k = x'^k(x^1, x^2, x^3, x^4)$$

构成的群的不变式理论.

现在我们对物理学中用到的一些最重要的变换群作一个概述, 上面详细提到的即是其中的一部分. 这里我们按照 F. Klein[55a] 所实现的方案 ("Erlanger Programm") 来叙述. 除 (B′) 以外, 所列举的每一个群都把前面的作为子群包含在内.

(A) 正交线性变换群 (洛伦兹群), 它保持距离的平方

$$s^2 = x_1^2 + x_2^2 + x_3^2 + x_4^2$$

不变. 包括或不包括非齐次变换都可以. 但若洛伦兹群确定为坐标的微分的线性变换群, 使无限小量

$$\mathrm{d}s^2 = \mathrm{d}x_1^2 + \mathrm{d}x_2^2 + \mathrm{d}x_3^2 + \mathrm{d}x_4^2$$

保持不变, 则仅包含 $(\infty)^6$ 齐次变换. 但在有些应用上, 原点的移动是很重要的. 此外, 我们必须区别函数行列式为 +1 的正常正交变换以及还包含有函数行列式为 –1 的更广泛的混合正交变换群. 前一种变换可以连续地变为恒等变换, 而后一种则与反射有关.

55a) F. Klein, "Programm zum Eintritt in die philosophische Fakultät" (Erlangen 1872); 重印于 *Math. Ann.*, **43** (1893) 63. 也可参见他的演讲 "Über die geometrischen Grundlagen der Lorentz-Gruppe", *Jber. dtsch. Mat. Ver.*, **19** (1910) 281, 及 *Phys. Z.*, **12** (1911) 17. 也可参见 Klein 的 *Gesammelte mathematische Abhandlungen*, 第一卷 (Berlin 1921) 565~567 页中的文章.

(B) 仿射群, 它包含所有的线性变换.

(B′) 仿射变换群, 仿射变换将光锥方程

$$x_1^2 + x_2^2 + x_3^2 + x_4^2 = 0$$

变成其本身, 因此有

$$x_1'^2 + x_2'^2 + x_3'^2 + x_4'^2 = \rho(x_1^2 + x_2^2 + x_3^2 + x_4^2),$$

式中 ρ 为坐标的任意函数, 参看 §28 和 §65 (δ) 中它在麦克斯韦方程中的适用性和在 Nordström 的引力理论中的作用.

(C) 线性分式变换的射影群. 这主要被数学家用于非欧几何学的早期研究中, 在物理学中, 它是不重要的 (也可参看 §18).

(D) 伴随有微分形式 (19) 的所有点变换群. 它的不变式理论就是广义相对论中的张量计算.

(E) 参看第 V 编 §65 Weyl 的更广泛的群.

[24]

9. 仿射变换中的张量计算[56]

为了避免在狭义和广义相对论中写同一公式要用不同方法的不便, 我们一开始就采用仿射群作为表述的基础而不局限于正交变换. 从几何的观点看来, 这意味着我们可以用斜坐标系 (但不能用曲线坐标系). g_{ik} 为常数, 但这些常数不一定永远有归一化数值 $g_{ik} = \delta_i^k$, 这是与正交坐标系不同之处, 这里量 δ_i^k 由下式定义

$$\delta_i^k = \begin{cases} 0 & \text{当 } i \neq k, \\ 1 & \text{当 } i = k. \end{cases} \tag{21}$$

---

56) 除了在 §7 中所引的参考文献之外, 也可见: H. Grassmann, Ausdehnungslehre (Berlin 1862); M. v. Laue, *Das Relativitätsprinzip* (1911 年第一版, 1919 年第三版); H. Weyl, *Raum-Zeit-Materie* (1918 年第一版, 1919 年第二版, 1920 年第三版) [*Space-Time-Matter* (London, 1922)]; G. Ricci 及 T. Levi-Civita, "Méthodes de calcul différentil absolu et leurs application", *Math. Ann.*, **54** (1901) 135; A. Einstein, "Die formale Grundlage der allgemeinen Relativitätstheorie", *S. B. preuss. Akad. Wiss.* (1914) 1030, 及 "Die Grundlage der allgemeinen Relativitätstheorie", *Ann. Phys., Lpz.*, **49** (1916) 769, 还另外出过合订本 (Leipzig 1916). 另一种术语曾为 G. N. Lewis [*Proc. Amer. Acad. Arts Sci.*, **46** (1910) 165] 以及 E. B. Wilson 和 G. N. Lewis [同前, **48** (1912) 387] 使用过, 也可参阅 G. N. Lewis 的报告 [*Jb. Radioakt.*, **7** (1910) 321]. 也可见 H. Kafka, *Ann. Phys., Lpz.*, **58** (1919); H. Lang, *Dissertation* (Munich 1919) 及 *Ann. Phys., Lpz.*, **61** (1920) 32. 也可见 C. Runge, *Vektoranalysis* (Leipzig 1919), 关于互易矢量系统. 但他只限于 R_3. 对于在第 II 编所讨论的材料, 也可见 R. Weitzenböck, 数学百科全书, III E7, 第二部分, C 节. 可以看到, 本书中所表述的仿射变换的张量分析, 只在它所用的术语与代数学中的不变的形式理论中所用的有所不同.

现在张量计算可以用多种方法来建立. 或者把张量元素理解为某些几何实体的射影, 或者用纯粹的代数方法, 由坐标变换中的性质来表征. 闵可夫斯基仅从几何方面考虑四矢量, 有了二秩反号对称张量 (或者按照他原来的说法: 第二种矢量) 的概念以后, 他首先采用了纯粹代数方法. 由于索末菲论文[55] 的影响, 几何方法风行一时, 直到用更一般的变换群来代替洛伦兹群的时候为止. 因此没有几何处理方法包含在 Ricci 和 Levi-Civita[56] 的文章里, 这些文章是一般点变换的张量计算的基础†, 与用几何方法解释矢量的逆变与协变分量的打算是背道而驰的. 仅在以后的海森伯, Levi-Civita 和 Weyl[57] 的文章里, 我们才发现几何方法方面又受到较大程度的重视. 这在 Lang[56] 的论文中也有完整的报道. 纯粹代数表示的优点是形式简洁, 而几何表示的优点是形象鲜明. 我们开始将用前者, 但以后, 在特殊情况下, 对我们所要揭露的概念和定理将用几何方法来解释.

[25]

量 $a_{iklm\cdots}^{\quad rst\cdots}$ 其中指标可以独立地取数值 1, 2, 3, 4 称为张量的分量. 特别是具有指标 $iklm\cdots$ 的张量分量称为协变分量, 具有指标 $rst\cdots$ 的张量分量称为逆变分量, 若下述条件得到满足: 对于仿射变换

$$x'^i = \alpha_k{}^i x^k \tag{22}$$

及其逆变换

$$x^k = \overline{\alpha}_i{}^k x'^i, \tag{23}$$

且系数 $\overline{\alpha}_i{}^k$ 满足

$$\alpha_r{}^i \overline{\alpha}_k{}^r = \alpha_i{}^r \overline{\alpha}_r{}^k = \delta_i{}^k, \tag{24}$$

张量的分量的变换应为[57a]

$$a'^{\quad rst\cdots}_{iklm\cdots} = a_{\iota\varkappa\lambda\mu\cdots}^{\quad \rho\sigma\tau\cdots} \overline{\alpha}_i{}^\iota \overline{\alpha}_k{}^\varkappa \overline{\alpha}_l{}^\lambda \cdots \alpha_\rho{}^r \alpha_\sigma{}^s \cdots. \tag{25}$$

这里所用的求和法则是指标出现两次 (参阅 §14 对任意坐标变换的这个定义的推广). 分量具有的指标数目称为张量的秩. 一秩张量又称为矢量, 这种矢量的最简单的例子是一点的坐标 x^i (逆变的). 由公式 (21) 定出的量 δ_i^k, 按照 (24), 构成张量的分量, 对于指标 i 是协变的, 对于指标 k 是逆变的. 张量 δ_i^k 还有一个性质, 它的分量在所有坐标系中有相同的数值.

† 这篇论文已成为爱因斯坦研究的出发点[56].

57) 分别参见 §10 及 §14 中的注 58a) 及注 65), 66), 67).

57a) 我们认为假使把标记 "逆变的" 和 "协变的" 交换一下, 相应于历史上旧的术语 "协步的" 和 "逆步的" 将更为正确. 这样一来, 像坐标那样变换的量就称为协变量. 但是, 我们这里所采用的是目前一般使用的术语, 这种术语创始于里奇 (Ricci) 及莱维 – 齐维塔 (Levi-Civita), 并为爱因斯坦及外尔 (Weyl) 所采用 [参阅注 56)].

两个张量 [同秩] 相加, 得到一个同秩的新张量; 若相乘, 得出秩数较高的张量. 例如

$$a_i + b_i = c_i,$$
$$a_i b_k = c_{ik}, \quad a_i b^k = c_i{}^k.$$

通过收缩 (对相应的上指标和下指标取和), 我们得到秩数较低的张量. 例如二秩张量 t_i^k 得出不变量 $t = t_i^i$ (这里按照我们的约定, 求和号略去了). 相乘和收缩也可以结合在一起, 例如, 我们可以先用 a_i 乘 b^i 构成张量 [26]

$$s_i{}^k = a_i b^k,$$

然后通过收缩得出不变式

$$s = s_i{}^i.$$

当然, 这也可以从矢量 a_i 和 b^i 通过直接运算得出

$$s = a_i b^i.$$

用同样的方法, 一个二秩张量 a_{ik} 和一个矢量 x^k 可以结合起来构成矢量

$$y_i = a_{ik} x^k$$

和不变量

$$J = a_{ik} x^i x^k.$$

这里应用的法则反过来也同样成立: 若 $a_i x^i$ 对任意矢量 x^i 是不变量, 则 a_i 是矢量的协变分量; 若 $a^{ik} = a^{ki}$, 并且 $a^{ik} x_i x_k$ 对任意矢量 x_i 而言是不变量, 则 a^{ik} 是二秩张量的逆变分量; 等等. 这些结果推广到任意秩张量也是显而易见的.

若将一个张量的指标 i 和 k 互换, 它的分量并不改变或只改变符号, 则这个张量分别称为按指标 i, k 对称或反称 [反号对称] 的张量 (例如 $a_{ik} = a_{ki}$ 或 $a_{ik} = -a_{ki}$). 不难证明, 这种关系不依赖于坐标系的选择. 但是两个指标必须同是上指标, 或者同是下指标.

公式 (19) 引入的量 g_{ik} 也是张量, 这从 $g_{ik} x^i x^k$ 的不变性[58] 可以看出. 这个张量在几何学和物理学中都是很重要的, 称为基本 (或度规) 张量. 我们可以从 g_{ik} 得到新张量如下. 取 g_{ik} 的行列式,

$$g = \det |g_{ik}|, \tag{26}$$

---

58) 在仿射群适用的区域里, 这两点 (它们的距离是由 $g_{ik} x^i x^k$ 所决定) 不一定要假定为彼此极其接近的, 参阅 §10.

用 g 去除某一 g_{ik} 的子式, 这样得出 10 个量 g^{ik} $(g^{ik} = g^{ki})$, 它满足关系式

$$g_{i\alpha}g^{k\alpha} = \delta_i{}^k. \tag{27}$$

这里还应该提及

$$\det |g^{ik}| = \frac{1}{g}. \tag{26a}$$

[27]　现在我们可以断言 g^{ik} 是二秩张量的逆变分量. 为了证明这一点, 取一个矢量的逆变分量 a^k, 以 g_{ik} 相乘, 那么根据收缩法则得到

$$a_i = g_{ik}a^k. \tag{28}$$

这一组方程的逆变换是

$$a^i = g^{ik}a_k, \tag{28a}$$

又因分量 a_k 是完全任意的, 从上面引述的定理可知 g^{ik} 具有张量的性质.

　　我们把量 a_i 和 a^i 称为同一矢量的协变分量和逆变分量. 相应地我们对高秩张量可以确定出指标的升高或降低, 并将最后得出的量看成是属于同一张量. 例如

$$a_{ik} = g_{ir}g_{ks}a^{rs} = g_{ir}a^r{}_k, \quad a^{ik} = g^{ir}g^{ks}a_{rs} = g^{ir}a_r{}^k. \tag{28b}$$

指标的升高或降低对于张量之间的已知关系的正确性并无影响, 但应注意在收缩时必须对相应的上指标和下指标取和; 例如

$$J = a_ib^i = a^ib_i,$$
$$c_i = a_{ik}b^k = a_i{}^kb_k, \quad c^i = a^{ik}b_k = a^i{}_kb^k. \tag{29}$$

　　张量代数法则到此结束. 张量分析 (即对坐标微分导出新的张量的法则) 对仿射群而言, 可以看出是直接服从张量代数法则的. 只需注意到算符 $\dfrac{\partial}{\partial x^k}$ 的行为, 在任何方面, 形式上和一个矢量的协变分量一样. 这些算符的次序关系和几何解释只有在一般变换群的张量计算的体制内才能讨论.

10. 矢量的协变和逆变分量的几何意义[58a)]

　　一个矢量可以用几何学方法以一定长度的线来代表 (所以也可以称为 "线" 张量). 因而它的逆变分量可以用这根线在坐标轴上的平行投影

58a) 我们在这一节中的讨论严格地仿照海森伯的讨论, *Math. Ann.*, **78** (1917) 187.

来表示. 若矢量的始端取作原点, 这些分量和矢量终端的坐标是完全一致的. 在转换到新坐标系时, 按照上节所述, 这些坐标的变换正如一个矢量的逆变分量所要求的一样. 类似于三维空间 R_3 的矢量, 两个矢量的和可用矢量平行四边形的对角线代表.

现在我们要引入距离和角的概念, 为此, 我们将考虑笛卡儿 (正交的) 坐标系 (X_1, X_2, X_3, X_4). 具有分量 X_i 的矢量 x 的长度平方可表为[59)]

$$x^2 = \sum_i X_i^2, \tag{30}$$

并且当

$$x \cdot y = \sum_i X_i Y_i \tag{31}$$

等于零时, 我们说这两个矢量是彼此互相垂直的. 一般地说, $x \cdot y$ 称为矢量 x, y 的标积. 这个定义对于正交变换的不变性质可以从公式 (30) 的不变性质得出, 如果我们考虑到关系式

$$(\lambda x + \mu y)^2 = \lambda^2 x^2 + 2\lambda\mu x \cdot y + \mu^2 y^2,$$

由于此式中 λ, μ 的二次形式是非负的 [59)], 也可以得出

$$(x \cdot y)^2 - x^2 y^2 \leqslant 0$$

(等号仅在 x 与 y 互相平行时, 即 $x = \alpha y$ 时成立). 因此我们可以用下式定出两个方向之间的夹角

$$\cos(x, y) = \frac{x \cdot y}{\sqrt{x^2 y^2}}, \tag{32}$$

标积的几何意义和通常的三维空间一样: 等于矢量 x 在 y 方向的正投影和 y 的长度的乘积. 如果把正交坐标系选成这样: 使其中的一个坐标轴与 y 的方向相同 (这样的选择总是可能的), 上述一点就可以立刻看出来.

为了要在任意的斜坐标系中得出长度以及两个矢量的标积的表达式, 我们用四个基矢量 e_k ($k = 1$ 到 4) 来表征这样一个坐标系作为第一步, 在这坐标系中, 基矢量的逆变分量是

$$\left. \begin{aligned} e_1 &= (1, 0, 0, 0), \\ e_2 &= (0, 1, 0, 0), \\ e_3 &= (0, 0, 1, 0), \\ e_4 &= (0, 0, 0, 1). \end{aligned} \right\} \tag{33}$$

[28]

---

59) 这里我们假定, 在 (30) 式中的所有的平方是正的, 并且假定坐标是实数的. 在 §22 中, 我们将讨论适用于真实的时空世界中的各种条件.

一般说来, 它们的长度可以不等于 1. 所以, 量度一个矢量的长度的单位对所有坐标系是相同的, 而量度轴上的平行投影的单位, 一般说来, 即使在同一坐标系中, 不同的轴也各不相同. 每一矢量 $\boldsymbol{x}$ 可以写成如下形式:

$$\boldsymbol{x} = x^k \boldsymbol{e}_k. \tag{34}$$

[29] 因此, 距离以及标量积的表达式可以直接写出如下:

$$\boldsymbol{x}^2 = (x^i \boldsymbol{e}_i) \cdot (x^k \boldsymbol{e}_k) = \boldsymbol{e}_i \cdot \boldsymbol{e}_k x^i x^k = g_{ik} x^i x^k, \tag{35}$$

$$\boldsymbol{x} \cdot \boldsymbol{y} = (x^i \boldsymbol{e}_i) \cdot (y^k \boldsymbol{e}_k) = \boldsymbol{e}_i \cdot \boldsymbol{e}_k x^i y^k = g_{ik} x^i y^k, \tag{36}$$

其中

$$g_{ik} = \boldsymbol{e}_i \cdot \boldsymbol{e}_k. \tag{37}$$

因而我们也得到量 g_{ik} 的几何意义.

现在我们引入与矢量 $\boldsymbol{e}_k$ 有倒易关系的四个矢量, 它们由下列关系决定

$$\boldsymbol{e}_i \boldsymbol{e}^*_k = \delta_i{}^k, \tag{38}$$

即矢量 $\boldsymbol{e}^*_i$ 与 $\boldsymbol{e}_k$ 中一次取三个矢量所形成的空间垂直, 并且是适当地归一化的. 若用 x_i 表示 $\boldsymbol{x}$ 在倒易轴上用对应的单位量出的平行投影, 我们有

$$\boldsymbol{x} = x_k \boldsymbol{e}^*_k. \tag{39}$$

为了得出 x_i 与 x^i 之间的关系, 我们用 $\boldsymbol{e}_i$ 标乘方程

$$x_i \boldsymbol{e}^*_k = x^k \boldsymbol{e}_k. \tag{39a}$$

应用公式 (37) 和 (38), 我们就得到

$$x_i = g_{ik} x^k. \tag{40}$$

换句话说, 用倒易单位量出来的矢量 $\boldsymbol{x}$ 在倒易轴上的平行投影, 是它的协变分量[60]. 另一方面, 假如我们用 $\boldsymbol{e}^*_i$ 标乘 (39a), 我们得到

$$x^i = \boldsymbol{e}^*_i \cdot \boldsymbol{e}^*_k x_k$$

---

60) Ricci 与 Levi-Civita, 和 Lang 一样 [参阅注 56)], 把协变矢量的分量解释为在原来坐标轴上的正射影. 但是, 在此情形中, 必须附加以一个因子, 它会破坏公式的简洁性和对称性. 因为由 (39) 式可知, 以 $\boldsymbol{e}_i$ 与之作标积, 可得出 $x_i = \boldsymbol{e}_i \cdot \boldsymbol{x}$. 因此在 $\boldsymbol{e}_i$ 上的 $\boldsymbol{x}$ 的正射影是等于

$$\frac{x_i}{|\boldsymbol{e}_i|} = \frac{x_i}{\sqrt{\boldsymbol{e}_i \cdot \boldsymbol{e}_i}} = \frac{x_i}{\sqrt{g_{ii}}} \qquad \text{[根据 (37) 式]}$$

(指标 i 不要求和). 最后, 应该注意, 在一笛卡儿坐标系中, 其中 g_{ik} 具有值 $\delta_i{}^k$, 逆变分量与协变分量之间的区别就消失了, 系统的基矢量 $\boldsymbol{e}_i$ 就与倒易矢量等同.

因为 $x^i = g^{ik} x_k$, 所以

$$g^{ik} = e^*_i \cdot e^*_k. \tag{41}$$

将表达式 (34) 和 (39) 分别平方, 或者将它们乘在一起, 都可得到

$$x^2 = g_{ik} x^i x^k = g^{ik} x_i x_k = x_i x^i. \tag{35a}$$

同理, 应用　　　　　　　　　　　　　　　　　　　　　　　　　　　　[30]

$$x = x^k e_k = x_k e^*_k, \quad y = y^k e_k = y_k e^*_k,$$

就得到标积

$$x \cdot y = g_{ik} x^i y^k = g^{ik} x_i y_k = x_i y^i = x^i y_i. \tag{36a}$$

我们还需要了解基矢量 e_i 在坐标变换中的行为是怎样的. 令 e'_i 代表新 (带撇的) 坐标系中的基矢量, 则对任一矢量 x 我们有

$$x = x'^i e'_i = x^k e_k.$$

应用公式 (22) 和 (23) 就得到

$$e'_i = \overline{\alpha}_i{}^k e_k \tag{42}$$

和

$$e_k = \alpha_k{}^i e'_i. \tag{43}$$

所以 $\overline{\alpha}_i{}^k$ 是新基矢量对于旧坐标系的分量, 而 $\alpha_k{}^i$ 是旧基矢量对于新坐标系的分量. 从公式 (25) 还可导出基本张量 g_{ik} 的变换公式, 在这里应用公式 (37) 和 (42) 可得到证实.

11. "面" 张量和 "体" 张量. 四维体积

在线之后, 最重要的几何实体是面. 类似于矢量 ("线" 张量) 和直线之间的关系, 也存在着一种二秩张量, 我们将称之为 "面" 张量. 考虑两个矢量 x, y, 使它们一起构成一个二维的平行四边形, 就能得到这种张量. 它到六个二维坐标平面上的平行于轴的投影, 用基矢量 e_i 组成的六个平行四边形作为单位来量度, 可用下式表示:

$$\xi^{ik} = x^i y^k - x^k y^i. \tag{44}$$

它们成为二秩反称张量的逆变分量, 并服从关系式

$$\xi^{ik} = -\xi^{ki}. \tag{45}$$

若改用倒易轴和以 e_i^* 构成的单位面时, 就得到协变分量

$$\xi_{ik} = x_i y_k - x_k y_i. \tag{44a}$$

任何二秩反称张量, 要是它的分量满足公式 (45) 就称为 "面" 张量. 并不是每一个这样的张量都可以写成形式 (44) —— 因为 ξ^{ik} 的这一种特殊形式满足关系

$$\xi^{12}\xi^{34} + \xi^{13}\xi^{42} + \xi^{14}\xi^{23} = 0. \tag{46}$$

但是它可以写成如 (44) 那样形式的两个张量之和. 不变量

$$J = \frac{1}{2}\xi_{ik}\xi^{ik} \tag{47}$$

[31]　　代表平行四边形的面积. 更一般地说, 若 ξ_{ik} 和 η_{ik} 是两个具有特殊形式 (44) 的 "面" 张量, 则不变量

$$J = \frac{1}{2}\xi_{ik}\eta^{ik} \tag{48}$$

等于平行四边形 ξ_{ik} 在 η_{ik} 上的正投影和 η_{ik} 的量值的乘积. 与一般的 "面" 张量相应的不变量是这些面的量值乘积的和[60a]. 参阅 §12 中关于公式 (46) 左方在一般 "面" 张量情形下用不变量理论来解释的意义.

　　一个 "体" 张量可用三个矢量 $\boldsymbol{x}, \boldsymbol{y}, \boldsymbol{z}$ 所张的三维空间来表示. 它的分量用行列式

$$\xi^{ikl} = \begin{vmatrix} \xi^i & \eta^i & \zeta^i \\ \xi^k & \eta^k & \zeta^k \\ \xi^l & \eta^l & \zeta^l \end{vmatrix}, \quad \xi_{ikl} = \begin{vmatrix} \xi_i & \eta_i & \zeta_i \\ \xi_k & \eta_k & \zeta_k \\ \xi_l & \eta_l & \zeta_l \end{vmatrix} \tag{49}$$

　　60a) 在这方面, 我们要叙述 Plücker 的直线坐标. 假使 $x_1, \cdots, x_4$ 及 $y_1, \cdots, y_4$ 是在一条三维直线上两点的齐次坐标 (因此 $x_1/x_4, x_2/x_4, x_3/x_4$ 及 $y_1/y_4, y_2/y_4, y_3/y_4$ 是它们的普通坐标), 则直线可以由六个量: $p_{ik} = x_i y_k - x_k y_i$ 来定, 它们之比与线上两点的特殊选择无关. 这些量满足 (46) 式. 这与四维空间中二秩反称张量在形式上完全类似.

　　其次, 假使 ξ_{ik} 是一个 (44a) 类型的特殊的 "面" 张量, 则由于 $\mathrm{d}x^i = \xi^{ik}x_k$, 有一无限小的位移与每一矢量 x^i 对应. 因为 $\mathrm{d}x^i$ 位于 "面" 张量 ξ^{ik} 的平面内, 并与 x_k 垂直, 这里我们所讨论的是具有与 ξ^{ik} 同样大小及指向的, 在 R_4 中的一个无限小的转动. 假使 ξ^{ik} 是一个普遍类型的 "面" 张量, 则对应的位移可以由两个互相垂直的转动相加而得到, 并可以描述为一个螺旋. 闵可夫斯基本人 [参阅注 54], Ⅲ 就强调了 "面" 张量与螺旋之间的这种类似性. 在三维空间中相应的类似性被 Robert Ball 在 *A Treatise on the Theory of Screws* (Cambridge 1900) 一文中推广应用. 也可见 F. Klein 的论文: *Z. Math. Phys.*, **47** (1902) 237 及 *Math. Ann.*, **62** (1906) 419.

　　还应当指出, Grassmann 早已认识到在多维流形中的二秩反称张量的独立的意义, 它正与矢量相反, 他对这一问题曾有所描述 [参阅注 56]].

表示. 它们满足反对称条件, 其中任意两指标互换时, 就改变符号. 独立分量的数目为 4. 与 "面" 张量相反, 公式 (49) 所代表的已是最普遍的 "体" 张量. 换句话说, 每一个三秩张量, 只要它的分量满足上述的对称条件, 就可以用公式 (49) 的形式来表示.

    四个矢量 $x^{(1)}, x^{(2)}, x^{(3)}, x^{(4)}$ 可以说是张成一个四维体元. 在笛卡儿坐标系中, 它的量值只是等于矢量 x 的 4×4 个分量所组成的行列式的数值. 在斜坐标系中, 它的数值可用相应的分量来表示, 应用公式 (34) 和 (39), 借助于行列式相乘法则,

$$S = \det |x^{(i)k}| \cdot \det |e_i| = \det |x^{(i)}_k| \cdot \det |e^*_i|, \tag{50}$$

式中 $\det |e_i|$ 和 $\det |e^*_i|$ 分别为矢量 e_i 和 e^*_i 在笛卡儿坐标系中的 4×4 个分量所组成的行列式. 进一步应用行列式相乘法则, 将行列式平方, 即可得出它们的量值. 应用公式 (37), (41) 和 (26a),   [32]

$$(\det |e_i|)^2 = \det |e_i \cdot e_k| = \det |g_{ik}| = g;$$
$$(\det |e^*_i|)^2 = \det |e^*_i \cdot e^*_k| = \det |g^{ik}| = \frac{1}{g}.$$

因此, 最后得出不变体积

$$S = \det |x^{(i)k}| \cdot \sqrt{g} = \det |x^{(i)}_k| \cdot \frac{1}{\sqrt{g}}. \tag{51}$$

因四重积分

$$\int \mathrm{d}x^1 \mathrm{d}x^2 \mathrm{d}x^3 \mathrm{d}x^4$$

$\left(\text{或简记为} \int \mathrm{d}x\right)$ 变换时和行列式 $\det |x^{(i)k}|$ 一样, 任意区域的体积, 借助于公式 (51), 可表达为

$$\Sigma = \int \sqrt{g} \mathrm{d}x \tag{52}$$

若积分

$$\int \mathfrak{M} \mathrm{d}x$$

为不变式, 则按照 Wyel[61] 的术语, $\mathfrak{M}$ 称为标量密度. 这样的标量密度是由普通标量与 $\sqrt{g}$ 相乘而得出的.

---

61) H. Weyl, *Math. Z.*, **2** (1918) 384; *Raum-Zeit-Materie* (1920 年 Berlin 第三版) 92 页以后. [*Space-Time-Matter* (London 1922) 109 页以后.]

相应地, 具有分量 $\mathbf{m}^i$ 的矢量密度可由下述条件确定, 即积分 (对无限小区域进行)

$$\int \mathbf{m}^i \mathrm{d}x$$

构成一个矢量. 推广之, 可用类似的方法确定张量密度, 它们是由普通张量和 $\sqrt{g}$ 相乘得出的.

在 §9 中讨论张量的分类时, 没有考虑到张量的分量之间的对称关系. 但是从几何观点出发, 我们仍然看到这一点, 例如二秩反称张量完全不同于对称张量. 在我们讨论张量分析的时候, 这种差别将再一次出现 (参阅 §19 和 §20). 这样看来, 按照 Wyel[62] 的处理方法并引入 (紧密地依附于 Grassmann 的 "膨胀理论" 的术语) 一种新的张量分类与旧的张量分类并肩使用是值得考虑的. 像公式 (44) 和 (49) 那样, 我们来组成一个序列 $\xi^i, \xi^{ik}, \xi^{ikl}, \cdots$. 一秩, 二秩, 三秩, …… 的一 "级" 张量 ("线" 张量)[†] 是由单个位移 ξ^i 的一次形式, 二次形式, 三次形式, ……

$$a_i\xi^i, a_{ik}\xi^i\xi^k, a_{ikl}\xi^i\xi^k\xi^l, \cdots$$

组成的. 同样的方法适用于二 "级" 张量 ("面" 张量)

$$b_{ik}\xi^{ik}, b_{iklm}\xi^{ik}\xi^{lm}, \cdots.$$

为了使它们能够从这些形式明确地决定出来, 系数必须满足某些归一化条件. 例如 a_{ik}, a_{ikl} 在任何两个指标互换时须保持不变, b_{ik} 必须是反称的, 而二秩 "面" 张量的分量 b_{iklm} 必须满足条件

$$b_{iklm} = -b_{kilm} = -b_{ikml} = b_{lmik} \tag{53a}$$

和

$$b_{iklm} + b_{ilmk} + b_{imkl} = 0. \tag{53b}$$

条件 (53b) 是从关系 (46) 得来的. 例如, 曲率张量 (参阅 §16) 就是这种二秩 "面" 张量[†]. 因为要满足关系 (53a) 和 (53b), 在 n 维空间中, 这种张量的独立分量的数目就减少到

$$n^2(n^2 - 1)/12.$$

这种分类势不能包括在 §9 中所作出的张量定义里面的所有几何实体. 但仅有能够按照上面分类的那些张量在物理应用中才是重要的.

[33]

---

62) H. Weyl, *Raum-Zeit-Materie* (第一版, Berlin 1918), 45~51 页.
† 见补注 5a.

12. 对偶张量

在四维流形中, 每一面元

$$\xi^{ik} = x^i y^k - x^k y^i \tag{54}$$

可以连带着另一个与之垂直的面元, 它具有这样的性质, 一个面元上的所有直线与另一面元上的所有直线垂直. 若再加上它们的大小相同, 这样的面元就称为与 ξ^{ik} 是对偶的. 首先, 它是由

$$\xi^{*ik} = x^{*i} y^{*k} - x^{*k} y^{*i}$$

决定的, 式中矢量 x^{*i}, y^{*i} 与矢量 x^i, y^i 垂直, 即

$$x_i{}^* x^i = 0, \quad x_i{}^* y^i = 0, \quad y_i{}^* x^i = 0, \quad y_i{}^* y^i = 0.$$

作一次简单的计算就可以证明, 分量 ξ^{*ik} 是由分量 ξ_{ik} 通过指标的偶次置换, 再分别加上因子 $\sqrt{g}$ 或 $1/\sqrt{g}$ 直接得到的:

$$\left.\begin{array}{lll} \xi^{*14} = \dfrac{1}{\sqrt{g}}\xi_{23}, & \xi^{*24} = \dfrac{1}{\sqrt{g}}\xi_{31}, & \xi^{*34} = \dfrac{1}{\sqrt{g}}\xi_{12}, \\[2mm] \xi^{*23} = \dfrac{1}{\sqrt{g}}\xi_{14}, & \xi^{*31} = \dfrac{1}{\sqrt{g}}\xi_{24}, & \xi^{*12} = \dfrac{1}{\sqrt{g}}\xi_{34}. \end{array}\right\} \tag{54a}$$

将 ξ^{ik} 和 ξ^{*ik} 互换可以得出相应的结果 [34]

$$\left.\begin{array}{lll} \xi^*{}_{14} = \sqrt{g}\xi^{23}, & \xi^*{}_{24} = \sqrt{g}\xi^{31}, & \xi^*{}_{34} = \sqrt{g}\xi^{12}, \\[2mm] \xi^*{}_{23} = \sqrt{g}\xi^{14}, & \xi^*{}_{31} = \sqrt{g}\xi^{24}, & \xi^*{}_{12} = \sqrt{g}\xi^{34}. \end{array}\right\} \tag{54b}$$

即使 ξ^{ik} 不具有如 (44) 的特殊形式, 这些关系式也可以用来与 ξ^{ik} 连成一个对偶张量. "面" 张量 ξ_{ik} 与它的对偶张量 ξ^{*ik} 的标积, 根据公式 (48), 可得出具有特别简单结构的不变式

$$J = \frac{1}{2}\xi_{ik}\xi^{*ik} = \frac{1}{\sqrt{g}}(\xi_{12}\xi_{34} + \xi_{13}\xi_{42} + \xi_{14}\xi_{23}) \tag{46a}$$

用同样的方法可以使对偶矢量 ξ^{*i} 与 "体" 张量 ξ^{ikl} 连在一起. 所以对偶矢量是与体元的所有直线都垂直的直线, 它的长度与体元的体积相等. 对于 $iklm$ 的任意偶次置换, 我们有

$$\xi^{*m} = \frac{1}{\sqrt{g}}\xi_{ikl}, \quad \xi^*{}_m = \sqrt{g}\xi^{ikl}. \tag{55}$$

13. 向黎曼几何学的过渡

现在我们来讨论所有点变换群的不变量理论. 为此, 必须首先考虑决定长度的方法和普遍的黎曼几何学的定理. 比较古老的 Bolyai 和 Lobachevski 几何学已经扬弃了欧几里得的平行公理, 但全部保留了刚性点坐标系自由迁移的公理 (全等公理), 这只有在曲率为常数的空间的特殊情形才可以得到. 从射影几何学出发, 我们仍然不能得到更一般的度规. 黎曼[63] 首先注意到这种可能性. 在狭义和广义相对论中对刚体概念的修正, 意味着以前认为是不言而喻的全等公理, 现在必须扬弃, 并且在我们对空间和时间的考虑中, 必须以普遍的黎曼几何学作为基础.

我们将假定流形中的每一点的给定的、有限的邻域都能用坐标 x^1, $x^2, \cdots, x^n$ 以唯一且连续的方式来表征. 现在我们简单地称这个邻域为 "空间". 这个假定决不会对整个流形都成立. 流形的维数 n 是任意的. 所以度规的基础是给定曲线

$$x^k = x^k(t) \quad (k = 1, 2, \cdots, n)$$

的弧长 s, 式中 t 为一任意参量. 不必等到这个长度已经用某些物理方法确定出来, 我们就可以将数学研究的结果应用到实际存在的流形中. 在 [35] R_3 中, 必须想象用一根量线来替代刚性量杆.

现在我们必须知道, 关于函数 $s(t)$ 可以作出怎样合理的假设. 因为这些假设仅与微商 $\dfrac{\mathrm{d}s}{\mathrm{d}t}$ 有关, 所以, 对比于欧几里得几何学称为 "有限" 几何学, 黎曼几何学就可称为微分几何学. 这里的第一个公理是:

公理 I. 在曲线上给定点的微商 $\dfrac{\mathrm{d}s}{\mathrm{d}t}$ 仅依赖于这一点的微商 $\dfrac{\mathrm{d}x^k}{\mathrm{d}t}$, 而与高阶微商或曲线其他部分的性质无关.

因为弧长 s 与选择参数 t 无关, 所以 $\dfrac{\mathrm{d}s}{\mathrm{d}t}$ 必须为量 $\dfrac{\mathrm{d}x^k}{\mathrm{d}t}$ 的一次齐次函数. 两点之间的距离用它们的最短连接线的弧长来表示. 若两线相交于一点 S, 从线 1 上的任意点 P 到 S 的距离小于从 P 到线 2 上另一任意点 Q 的距离, 则第一根线就称为与第二根线垂直. 按照公理 I, 点 P 在线 1 上的位置是无关重要的, 我们仅须考虑在点 S 的微商 $(\mathrm{d}x^k/\mathrm{d}t)_1$ 和 $(\mathrm{d}x^k/\mathrm{d}t)_2$. 因此, 我们也可以这样说, 方向 1 与方向 2 垂直. 一般说来, 并

63) B. Riemann, "Über die Hypothesen, welche der Geometrie zugrunde liegen", 受奖典礼演讲 (1854). 作者死后发表于 *Nachr. Ges. Wiss. Göttingen*, **13** (1868) 133 (Dedekind 主编), 也刊载在黎曼的论文集中, 254 页. 最近以小册子的形式单独出版, 由 Weyl 主编 (Berlin 1920).

不能从这儿就得出方向 2 也垂直于方向 1. 但我们对函数 $\mathrm{d}s/\mathrm{d}t$ 的性质将用第二个公理加以限制:

公理 II. $\mathrm{d}s/\mathrm{d}t$ 是 $\mathrm{d}x^k/\mathrm{d}t$ 的二次型的平方根:

$$\frac{\mathrm{d}s}{\mathrm{d}t} = \sqrt{g_{ik}\frac{\mathrm{d}x^i}{\mathrm{d}t}\frac{\mathrm{d}x^k}{\mathrm{d}t}},$$

或更简洁地为

$$\mathrm{d}s^2 = g_{ik}\mathrm{d}x^i\mathrm{d}x^k. \tag{19}$$

这正是在 §8 中写出的方程. 公理 II 可以视为两个无限接近的点的 Pythagoras 定理. 正是这种有效区域的限制, 它表征着从 "有限" 几何学到微分几何学的过渡. 按照公理 II, 两个方向的正交性是一个互易关系. 这一公理的推论是: 若这样的互易关系成立, 则线元一定可表为式 (19)[64]. 由于这一原因, 公理 II 也可以用另一公理来代替:

公理 II′. 若点 P 的方向 1 垂直于方向 2, 则方向 2 也垂直于方向 1.

取 $n = 2$, 以公理 II 作根据, 我们就回到任意曲面的高斯几何学. 正如我们能够想象每一个二维曲面是浸没在欧几里得三维空间 R_3 中一样, 每一个 n 维黎曼空间 R_n 也可以放在欧几里得空间 $R_{n(n+1)/2}$ 中 [这里 $n(n+1)/2$ 与分量 g_{ik} 的数目相对应]. 但是所有那些在相对论理论中显得重要的几何定理, 也可以不用这种方法导出. 点 P 的两个方向 $\mathrm{d}x^i$ 和 δx^i 之间的夹角 (1, 2) 可以用与欧几里得空间相同的方法来确定, 只要把直线换成无限小的最短线就行了. 类似于公式 (32), [36]

$$\cos(1,2) = \frac{g_{ik}\mathrm{d}x^i\delta x^k}{\sqrt{g_{ik}\mathrm{d}x^i\mathrm{d}x^k}\sqrt{g_{ik}\delta x^i\delta x^k}}. \tag{56}$$

决定了 $n(n+1)/2$ 个独立方向上的线元, 可以得出任一点 P 的 g_{ik} [即在 $n(n+1)/2$ 个方向上由相应的量 $\mathrm{d}x^i\delta x^k$ 的 $n(n+1)/2$ 行组成的行列式不等于零].

对于一任意的点变换

$$x'^i = x'^i(x^1, x^2, \cdots, x^n) \quad (i = 1, 2, \cdots, n) \tag{57}$$

微分 $\mathrm{d}x^k$ 正如公式 (22) 中的坐标一样, 服从线性齐次变换定律,

$$\mathrm{d}x'^i = \alpha_k{}^i\mathrm{d}x^k, \tag{58}$$

64) D. Hilbert, "Grundlagen der Physik, 2. Mitt.", *Nachr. Ges. Wiss. Göttingen* (1917) 53; W. Blaschke, *S. B. naturf. Ges., Lpz., Math. phys. Kl.*, **68** (1916) 50.

$$\alpha_k{}^i = \frac{\partial x'^i}{\partial x^k}, \tag{59}$$

并有相应的逆变换

$$\mathrm{d}x^k = \overline{\alpha}_i{}^k \mathrm{d}x'^i, \tag{60}$$

$$\overline{\alpha}_i{}^k = \frac{\partial x^k}{\partial x'^i}. \tag{61}$$

这就是普遍的变换群与仿射群之间的关系. 但是应该注意: $\alpha_k{}^i$ 不能为坐标的任意函数, 必须满足积分条件

$$\frac{\partial \alpha_k{}^i}{\partial x^l} = \frac{\partial \alpha_l{}^i}{\partial x^k} \tag{62}$$

或它的逆条件

$$\frac{\partial \overline{\alpha}_i{}^k}{\partial x'^l} = \frac{\partial \overline{\alpha}_l{}^k}{\partial x'^i}. \tag{63}$$

这一点是很重要的. 不过在任意给定点 $P_0, \alpha_i{}^k$ 仍然可取任意值. 只要我们所讨论的是同一点的张量之间的关系, 并不是张量场的微分和积分, 我们可以应用仿射群中的所有的张量运算. 这也可以用另一方式表示. 在张量代数中, 给定点 P_0 的黎曼空间可以用 "切向" 空间代替. 在黎曼空间中, g_{ik} 在 P_0 才有常数值 $g_{ik}(P_0)$, 在任何地方的 g_{ik} 都让它等于同一常数值 $g_{ik}(P_0)$ 就得到切向空间. 根据定义, 二次型 $\mathrm{d}s^2$ 是不变量, g_{ik} 是二秩张量的协变分量. 还有, 张量代数的法则在变换到逆变分量 g^{ik} 以及形成体元 $\mathrm{d}\Sigma$ 时也可以应用.

[37]

14. 矢量的平行位移

矢量平行位移的概念已越来越显得是黎曼空间张量计算的重要的几何学基础. Levi-Civita[65]最先联系到将黎曼空间 R_n 放置在欧几里得空间 $R_{n(n+1)/2}$ 内 (参阅 §13) 的办法使矢量平行位移的概念列成公式, 后来 Wyel[66] 又作了推导 (参阅第 V 编)[67].

让我们再来考虑曲线

$$x^k = x^k(t)$$

65) T. Levi-Civita, "Nozione di parallelismo", 等, *R. C. Circ. mat. Palermo*, **42** (1917) 173.

66) H. Weyl, *Raum-Zeit-Materie* (第一版, Berlin 1918) 97~101 页.

67) H. Weyl, *Math. Z., 2* (1918) 384; *Raum-Zeit-Materie* (第三版, Berlin 1920), 100~102 页.

和从曲线上每一点 P 出发的所有的矢量的集合. 我们必须从所有的将矢量集 $P_0(t)$ 映射到矢量集 $P(t)$ 的映射

$$\xi^i = f^i(\mathring{\xi}^k, t)$$

中用不变方式选取一个特殊群, 并且还要辨明它是一种平行位移 (或平移运动). 现在不能简单地假定, 在距离为有限的两点的两个平行矢量一定具有相同的分量, 即使在一个坐标系中可能发生这种情况, 在另一坐标系中, 一般说来就不是那样. 因此, 上面所说的移动的性质应该用下述方法描述:

(a) 在每一点 P 存在着这样一个坐标系, 就是对于沿着从 P 点出发的所有曲线的一个无限小移动, 一个矢量的分量变化等于零, 即在点 P

$$\frac{\mathrm{d}\xi^i}{\mathrm{d}t} = 0.$$

作了以下的规定以后, 即矢量分量的无限小变化对从 P 点开始的所有曲线应该同时变换, 我们就能把沿不同曲线的平行位移连结在一起. 容易看出, 由于假设 (a), 矢量分量的变化 $\dfrac{\mathrm{d}\xi^i}{\mathrm{d}t}$ 在一个任意坐标系中可由下式:

$$\frac{\mathrm{d}\xi^i}{\mathrm{d}t} = -\Gamma^i_{rs}\frac{\mathrm{d}x^s}{\mathrm{d}t}\xi^r \tag{64}$$

表示, 式中 Γ^i_{rs} 仅与坐标有关而与坐标的导数无关. 它们满足对称关系

$$\Gamma^i_{rs} = \Gamma^i_{sr}. \tag{65}$$

反之, 亦可证明, 当公式 (64) 和 (65) 成立时, 假设 (a) 也是满足的. Γ^i_{rs} 的性质, 在线性变换时, 和张量的分量一样, 但是对于一般变换群而言, 和张量的分量不一样. 这从以下事实就可看出, Γ^i_{rs} 在某一坐标系中总可使其等于零, 但张量的分量在一个坐标系中等于零时, 在所有的坐标系中也应等于零, 因为它们的变换是齐次的. 这里我们也可以通过关系 [38]

$$\Gamma_{i,rs} = g_{ik}\Gamma^k_{rs}, \quad \Gamma^i_{rs} = g^{ik}\Gamma_{k,rs} \tag{66}$$

同样地定出另一组量 $\Gamma_{i,rs}$.

要使平行位移的定义很圆满, 还须引入第二个假设†:

(b) 移动是一个全等变换, 即它使矢量的长度保持不变,

$$\frac{\mathrm{d}}{\mathrm{d}t}g_{ik}\xi^i\xi^k = \frac{\mathrm{d}}{\mathrm{d}t}\xi_i\xi^i = 0. \tag{67}$$

---

† 见补注 6.

用这样的方法把短程分量和基本张量连在一起. 假设 (b) 的一个简单结果是: 在平行位移下, 角也保持不变. 因为公式 (64) 和 (67) 对于任意的 ξ^i 都应该成立, 我们就直接得到

$$\frac{\partial g_{ir}}{\partial x^s} = \Gamma_{i,rs} + \Gamma_{r,is} \tag{68}$$

$$\frac{1}{2}\left(\frac{\partial g_{ir}}{\partial x^s} + \frac{\partial g_{is}}{\partial x^r} - \frac{\partial g_{rs}}{\partial x^i}\right) = \Gamma_{i,rs}. \tag{69}$$

因此, 从公式 (66) 可得出量 $\Gamma^i{}_{rs}$. 公式 (66) 和 (69) 所规定的量第一次在出版物中出现是在 Christoffel 的论文[68] 中, 他用符号 $\begin{bmatrix} rs \\ i \end{bmatrix}$ 和 $\begin{Bmatrix} rs \\ i \end{Bmatrix}$ 代替 $\Gamma_{i,rs}$ 和 $\Gamma^i{}_{rs}$. 这两个量常被分别称为 Christoffel 第一种和第二种符号. Wyel[69] 称它们为仿射联结的分量, 因为按照 (64) 式, 无限小移动是矢量的仿射映射. 我们将简单地把它们称为该参考系中的短程分量. 短程分量在一点 P 上等于零的坐标系就称为这一点的短程坐标系.

同理, 协变分量 ξ_i 的变换公式可以借助于公式 (64) 从 $\xi_i \eta^i$ 对于任意 η^i 的不变条件而得出

$$\frac{\mathrm{d}\xi^i}{\mathrm{d}t} = \Gamma^r{}_{is}\frac{\mathrm{d}x^s}{\mathrm{d}t}\xi_r = \Gamma_{r,is}\frac{\mathrm{d}x^s}{\mathrm{d}t}\xi^r; \tag{70}$$

[39]　并且从

$$\frac{\mathrm{d}}{\mathrm{d}t}(g^{ik}\xi_i\xi_k) = 0$$

得出恒等式

$$\frac{\partial g^{ik}}{\partial x^s} + g^{ir}\Gamma^k{}_{rs} + g^{kr}\Gamma^i{}_{rs} = 0. \tag{71}$$

微分 (26) 和 (27) 式得出以下方程:

$$\mathrm{d}g^{ik} = -g^{ir}g^{ks}\mathrm{d}g_{rs}, \quad \mathrm{d}g_{ik} = -g_{ir}g_{ks}\mathrm{d}g^{rs}, \tag{72}$$

$$\frac{\partial g^{ik}}{\partial x^l} = -g^{ir}g^{ks}\frac{\partial g_{rs}}{\partial x^l}, \quad \frac{\partial g_{ik}}{\partial x^l} = -g_{ir}g_{ks}\frac{\partial g^{rs}}{\partial x^l}, \tag{72a}$$

和

$$\mathrm{d}g = gg^{ik}\mathrm{d}g_{ik} = -gg_{ik}\mathrm{d}g^{ik}, \tag{73}$$

$$\frac{\partial g}{\partial x^l} = gg^{ik}\frac{\partial g_{ik}}{\partial x^l} = -gg_{ik}\frac{\partial g^{ik}}{\partial x^l}. \tag{73a}$$

68) E. B. Christoffel, *J. reine angew. Math.*, **70** (1869) **46**. 也可参阅 R. Lipschitz, *J. reine angew. Math.*, **70** (1869) 71. 黎曼的有关的推导见于 1861 年的一篇得奖论文中 (Paris), 直到 1876 年才出版, 见于黎曼论文集的第一版, 370 页.

69) H. Weyl, *Raum-Zeit-Materie* (第三版, Berlin 1920), 101 页.

通过收缩, 我们也可以得到

$$\Gamma^r_{ir} = g^{rs}\Gamma_{r,is} = \frac{1}{2}g_{rs}\frac{\partial g_{rs}}{\partial x^i} = \frac{1}{\sqrt{g}}\frac{\partial \sqrt{g}}{\partial x^i} = \frac{\partial \log \sqrt{g}}{\partial x^i}, \tag{74}$$

由公式 (69) 并应用公式 (71),

$$\frac{1}{\sqrt{g}}\frac{\partial \sqrt{g}g^{ik}}{\partial x^k} + g^{\ rs}\Gamma^i_{rs} = 0. \tag{75}$$

15. 短程线

曲线 $x^k = x^k(t)$ 上任一点 P 的方向可由矢量 u^i 来表征,

$$u^i = \frac{\mathrm{d}x^i}{\mathrm{d}s} \quad (s = \text{弧长}). \tag{76}$$

它具有曲线在点 P 的切线的方向并且是单位长度. 事实上

$$u_i u^i = g_{ik}\frac{\mathrm{d}x^i}{\mathrm{d}s}\frac{\mathrm{d}x^k}{\mathrm{d}s} = 1. \tag{77}$$

那么, 短程线是始终保持其方向不变[70] 的一条曲线. 也就是说, 假如我们在短程线上任意一点 P_0 绘出适宜的方向矢量 u^i, 我们就可以通过 u^i 沿短程线的平行位移得到其他点的方向矢量. 根据公式 (64) 和 (70), 这可以解析地用 (完全等价的) 关系式 [40]

$$\frac{\mathrm{d}u_i}{\mathrm{d}s} = \Gamma_{r,is}u^r u^s = \frac{1}{2}\frac{\partial g_{rs}}{\partial x^i}u^r u^s \tag{78}$$

和

$$\frac{\mathrm{d}u^i}{\mathrm{d}s} = -\Gamma^i_{\ rs}u^r u^s \tag{79}$$

来表示, 后一个式子也可以写成

$$\frac{\mathrm{d}^2 x^i}{\mathrm{d}s^2} + \Gamma^i_{\ rs}\frac{\mathrm{d}x^r}{\mathrm{d}s}\frac{\mathrm{d}x^s}{\mathrm{d}s} = 0. \tag{80}$$

这就是短程线的微分方程组. 因为矢量的长度对于平行位移是不变的, 从公式 (80) 可得

$$g_{ik}\frac{\mathrm{d}x^i}{\mathrm{d}s}\frac{\mathrm{d}x^k}{\mathrm{d}s} = \text{常数}. \tag{77a}$$

因此, 公式 (80) 仅对这样的参量 s 成立, 这参量除了一常数因子外, 等于弧长.

---

70) H. Weyl, *Raum-Zeit-Materie* (第一版, Berlin 1918) 102 页.

短程线也可以用变分原理来表征. 因为它们也是 §13 中所提到的 "最短" 线, 或者, 更严格地说, 它们是弧长的变分为零时所取的 "极值"[70a] (后者不一定要求极小). 设 A 和 B 分别为固定的始点和终点, s 为弧长, λ 为任意参变量. 那么, 对短程线而言, 必须证明

$$\delta \int_A^B \mathrm{d}s = \delta \int_A^B \sqrt{g_{ik} \frac{\mathrm{d}x^i}{\mathrm{d}\lambda} \frac{\mathrm{d}x^k}{\mathrm{d}\lambda}} \mathrm{d}\lambda = 0, \tag{81}$$

式中 g_{ik} 为坐标 x^i 的已知函数, 而函数 $x^k = x^k(\lambda)$ 是变化的.

现在关系式 (81) 可以像力学中熟知的方式进行变换[70b]. 为此, 我们这样来选择 λ, 使它在端点与弧长 s 重合, 并且有相同的数值范围, 这样一来, 在最后的微分方程中, λ 可以用 s 代替. 现在假如我们令

$$L = \frac{1}{2} g_{ik} \frac{\mathrm{d}x^i}{\mathrm{d}\lambda} \frac{\mathrm{d}x^k}{\mathrm{d}\lambda}, \tag{82}$$

则

$$\delta \int_A^B \mathrm{d}s = \int_A^B \frac{\delta L}{\sqrt{g_{ik} \dfrac{\mathrm{d}x^i}{\mathrm{d}\lambda} \dfrac{\mathrm{d}x^k}{\mathrm{d}\lambda}}} \mathrm{d}\lambda,$$

[41] 并且由于在端点方根号内的数值变为 1, 我们可以只写出

$$\int_A^B \delta L \mathrm{d}\lambda = \delta \int_A^B L \mathrm{d}\lambda = 0 \tag{83}$$

来代替公式 (81). 假如我们把 L 看成拉格朗日函数, 就得到与力学中哈密顿原理完全类似的结果. 现在, 如果将 $\dfrac{\mathrm{d}x^i}{\mathrm{d}\lambda} = \dfrac{\mathrm{d}x^i}{\mathrm{d}s}$ 写成 $\dot{x}^i$, 那么, 由公式 (83) 所导出的微分方程组将为[70c]

$$\frac{\mathrm{d}}{\mathrm{d}s} \frac{\partial L}{\partial \dot{x}^i} - \frac{\partial L}{\partial x^i} = 0. \tag{84}$$

按照公式 (20)

$$\frac{\partial L}{\partial \dot{x}^i} = g_{ik} \frac{\mathrm{d}x^k}{\mathrm{d}s}.$$

实际上我们就得到

$$\frac{\mathrm{d}}{\mathrm{d}s} \left(g_{ik} \frac{\mathrm{d}x^k}{\mathrm{d}s} \right) = \frac{1}{2} \frac{\partial g_{rs}}{\partial x^i} \frac{\mathrm{d}x^r}{\mathrm{d}s} \frac{\mathrm{d}x^s}{\mathrm{d}s},$$

70a) 参阅 A. Kneser, 数学百科全书, II, 8, 597 及 600 页.

70b) 从雅可比最小作用原理的形式过渡到哈密顿原理在力学中是一个问题. 参阅 A. Voss, 数学百科全书, IV, 1, 96 页.

70c) 在通常的力学中, 格拉朗日方程是在允许所有可能的空间坐标的点变换之下求得的, 上面证明, 即使时间坐标也使之作任意的变换, 这方程还是具有同样的形式. 现在独立变量自然不是 t 而是 S. 参阅 T. Levi-Civita, *Enseign. math.*, **21** (1920) 5.

这和公式 (78) 是一致的. (在流形中, 若 $\mathrm{d}s^2$ 是不定形式, 这里的推导就不适用于 $\mathrm{d}s = 0$ 的那些曲线, 参阅 §22 关于这些 "零线" 的例外情况.)

16. 空间曲率

空间曲率的概念最初是由黎曼[71] 作为高斯曲面曲率推广到 n 维流形而引入的 (参阅 §17). 他对这个问题的分析研究, 直到他的巴黎奖金论文集[72] 出版为止, 一直没有被人知道; 这个文集包含了他在这一方面用消去法和变分法的全部研究工作. 但是, 在这以前, Christoffel[73] 和 Lipschitz[74] 通过列出一定的二次型

$$g_{ik}\mathrm{d}x^i\mathrm{d}x^k \quad (g_{ik} \text{为 } x \text{ 的函数})$$

变换为

$$\sum_i (\mathrm{d}x^i)^2$$

所应满足的条件, 已得到相同的结果. 这表明它本身就是微分二次形式等价问题的特殊情况, 这个问题 Christoffel 也曾研究过, 就是, 在什么条件下, 两个二次型

$$g_{ik}\mathrm{d}x^i\mathrm{d}x^k \quad \text{和} \quad g'_{ik}\mathrm{d}x'^i\mathrm{d}x'^k$$

[42]

可以互相变换. 这个等价的普遍性问题, 以前一直没有弄清楚是一个物理学上的重要问题. Ricci 和 Levi-Civita[75] 用纯粹形式的方法推导了曲率张量, 这方法比 Christoffel 的相当冗长的计算方法要简便得多, 并为爱因斯坦[76] 所继承. 后来, 海森伯[77] 和 Levi-Civita[78] 从矢量平行位移的概念出发得出了曲率张量的、直观的几何解释.

在 §14 中, 一个矢量的平行位移总是沿着一个给定的曲线的, 从未涉及从一点 P 到另一任意点 P' 的平行位移. 实际上, 仅在欧几里得几何中, 这个位移才与路径的选择无关. 然而, 假使有一个矢量 ξ^i 沿着封闭

---

71) 参阅注 63).

72) 参阅注 68).

73) 参阅注 68).

74) R. Lipschitz, *J. reine angew. Math.*, **70** (1869) 71, **71** (1870) 244 及 288, 及 **72** (1870) 1, 以及 **82** (1877) 316. 上列论文中的最后一篇在黎曼的得奖论文发表以后才发表.

75) 参阅注 56).

76) 参阅注 56), *Ann. Phys., Lpz.*, 同前所引.

77) 参阅注 58a).

78) 参阅注 65), 同前. 也可参阅 Weyl 在 *Raum-Zeit-Materie* (第一版及第二版) 中的讨论.

的曲线作平行位移, 我们所得到的一个矢量 ξ^{*i} 是与开始时的矢量 ξ^i 不同的. 这一事实可用来作为曲率张量的定义. 令具有两个参量的曲线族 $x^k = x^k(u, v)$ 为已知, 并令任意矢量 ξ^h 从点 $P_{00}(u, v)$ 开始, 交替地沿着 v 等于常数和 u 等于常数的曲线, 经

$$P_{10}(u + \Delta u, v), P_{11}(u + \Delta u, v + \Delta v), P_{01}(u, v + \Delta v)$$

再回到 $P_{00}(u, v)$. 显然两矢量之差 $\xi^{*h} - \xi^h = \Delta \xi^h$ 的数量级为 $\Delta u \Delta v$, 因为当 Δu 或 Δv 有一个为零时, 它也是零. 这里显得重要的极限

$$\lim_{\substack{\Delta u \to 0 \\ \Delta v \to 0}} \frac{\Delta \xi^h}{\Delta u \Delta v}$$

借助于 (64) 式立刻可以算出, 结果为:

$$\lim \frac{\Delta \xi^h}{\Delta u \Delta v} = R^h_{ijk} \xi^i \frac{\partial x^j}{\partial u} \frac{\partial x^k}{\partial v}, \tag{85}$$

式中

$$R^h_{ijk} = \frac{\partial \Gamma^h_{ij}}{\partial x^k} - \frac{\partial \Gamma^h_{ik}}{\partial x^j} + \Gamma^h_{k\alpha} \Gamma^\alpha_{ij} - \Gamma^h_{j\alpha} \Gamma^\alpha_{ik}. \tag{86}$$

公式 (85) 的左边具有矢量性质, 由此可知右边也是一个矢量 (应该注意的是 $\Delta \xi^h$ 是同一点的两个矢量的差). 因此, 量 R^h_{ijk} 是一个张量的分量. 这个张量就是 "混合" 曲率张量, 或者用发现者的人名字来叫, 称为 Riemann-Christoffel 张量. 假如我们用微分来代替微分系数的话, 公式 (85) 的意义就更明白一些. 记 $\frac{\partial x^j}{\partial u} du$ 为 dx^j, $\frac{\partial x^k}{\partial v} dv$ 为 δx^k, 并引入 "面" 张量†

$$d\sigma^{jk} = dx^j \delta x^k - dx^k \delta x^j$$

[43]

(因 R^h_{ijk} 对 j 及 k 而言是反对称的), 公式 (85) 可以写成[78a]

$$\Delta \xi^h = \frac{1}{2} R^h_{ijk} \xi^i d\sigma^{jk}. \tag{87}$$

导出公式 (86) 的同一步骤可以用来求出对于沿着上述封闭回路的平行位移的协变分量的变化. 借助于公式 (70), 得

$$\Delta \xi_h = \frac{1}{2} R_{hijk} \xi^i d\sigma^{jk}, \tag{88}$$

---

† 见补注 5a.

78a) 对于一个二维流形, 这方法导致高斯曲率与在一短程三角形三角之和过度 (缺陷) 之间的关系. 这个关系已被高斯所证明.

式中

$$R_{hijk} = \frac{\partial \Gamma_{i,hk}}{\partial x^j} - \frac{\partial \Gamma_{i,hj}}{\partial x^k} + g^{\alpha\beta}(\Gamma_{\alpha,hj}\Gamma_{\beta,ik} - \Gamma_{\alpha,hk}\Gamma_{\beta,ij})$$
$$= \frac{1}{2}\left(\frac{\partial^2 g_{hj}}{\partial x^i \partial x^k} + \frac{\partial^2 g_{ik}}{\partial x^h \partial x^j} - \frac{\partial^2 g_{hk}}{\partial x^i \partial x^j} - \frac{\partial^2 g_{ij}}{\partial x^h \partial x^k}\right)$$
$$+ g^{\alpha\beta}(\Gamma_{\alpha,hj}\Gamma_{\beta,ik} - \Gamma_{\alpha,hk}\Gamma_{\beta,ij}). \tag{89}$$

并且, 不难证明

$$\Delta \xi_h = g_{h\alpha}\Delta \xi^\alpha, \tag{90}$$

因此, R_{hijk} 是与 R^h_{ijk} 相联的协变分量,

$$R_{hijk} = g_{h\alpha}R^\alpha_{ijk}. \tag{91}$$

由公式 (89) 可知 R_{hijk} 满足对称条件

$$\left.\begin{array}{l} R_{hijk} = -R_{hikj} = -R_{ihjk} = R_{jkhi}, \\ R_{hijk} + R_{hjki} + R_{hkij} = 0. \end{array}\right\} \tag{92}$$

按照 §11, [协变] 曲率张量就可以看做二秩 "面" 张量[†]. 如海森伯[79] 所曾证明的, 关系 (92) 也可以从曲率张量的定义 (87) 式直接求得. 因为黎曼用 $(hijk)$ 代替 R_{hijk}, 这些量有时也称为四指标符号. 在欧几里得空间中, 它们都是零, 因为它们在那些 g_{ik} 等于常数的坐标系中一定为零, 那么, 根据它们的张量性质, 在所有的坐标系中必须是零. 所以 R_{hijk} 等于零就是 $g_{ik}\mathrm{d}x^i\mathrm{d}x^k$ 可变换到 $\sum(\mathrm{d}x'^i)^2$ 的必要条件.

由二秩 "面" 张量 R^h_{ijk} 经过收缩可以得到二秩 "线" 张量 R_{ik}, [44]

$$R_{ik} = R^\alpha_{i\alpha k} = g^{\alpha\beta}R_{\alpha i\beta k} = g^{\alpha\beta}R_{i\alpha k\beta}. \tag{93}$$

它的对称性质可从下式看出:

$$g^{\alpha\beta}R_{\alpha i\beta k} = g^{\alpha\beta}R_{\beta k\alpha i} = g^{\alpha\beta}R_{ak\beta i}.$$

借助于公式 (86), 它的分量可写出如下:

$$R_{ik} = \frac{\partial \Gamma^\alpha_{i\alpha}}{\partial x^k} - \frac{\partial \Gamma^\alpha_{ik}}{\partial x^\alpha} + \Gamma^\beta_{i\alpha}\Gamma^\alpha_{k\beta} - \Gamma^\alpha_{ik}\Gamma^\beta_{\alpha\beta}. \tag{94}$$

进一步收缩就导致曲率不变量[79a]

$$R = g^{ik}R_{ik}. \tag{95}$$

[†] 见补注 5a.

79) 参阅注 58a).

79a) 这首先由 Lipschitz 所提出, 参阅注 74).

应该注意的是 Herglotz[80] 和 Wyel 在他最近的论文[81] 里用跟这里和其他作者相反的符号来规定曲率张量.

17. 黎曼坐标及其应用

有许多地方, 用黎曼所用的坐标系比较方便. 设有一已知的任意坐标系 x^i, 并令所有短程线是从一任意点 P_0 开始画出的, 它们的方向用在 P_0 的具有分量 $\left(\dfrac{\mathrm{d}x^k}{\mathrm{d}s}\right)_0$ 的切向矢量来表征. 在 P_0 的某一邻域中, 经过给定点 P 以及 P_0 仅存在一根短程线. 若短程线的弧长 PP_0 为 s, 则点 P 可用以下的量确切地定出:

$$y^k = \left(\frac{\mathrm{d}x^k}{\mathrm{d}s}\right)_0 s, \tag{96}$$

y^k 称为黎曼坐标. 显然, 坐标系 y 与坐标系 x 在 P_0 点相切, 因此, 在这一点, 张量 g_{ik} (并且, 由于这个原因, 任意张量的分量) 在两个坐标系中是相等的. 我们用一个零上标来区别它们, 例如 $\overset{\circ}{g}_{ik}$. 坐标系 x 中的任一变换在坐标系 y 中有一仿射变换与之对应. 现在我们撇开坐标系 x 来研究黎曼坐标系中线元所取的形式. 首先, 在 P_0 点, $\Gamma^i{}_{rs}$ 必须为零, 按照公式 (80), 所有从 P_0 开始的短程线具有线性方程

$$\overset{\circ}{\Gamma}{}^i{}_{rs} = 0. \tag{97}$$

换句话说, 黎曼坐标系在 P_0 点是短程的. 在任意点 P, 除了那一条经过 P_0 的短程线以外, 没有从 P 点开始的其他短程线有线性方程. 这可表示为

[45]

$$\Gamma^i{}_{rs}(y)y^r y^s = 0, \tag{98}$$

式中 $\Gamma^i{}_{rs}(y)$ 是点的坐标为 y 时短程分量的数值. 这个方程必须对所有的 y 都成立. 反之, 若关系 (97) 和 (98) 对于一给定坐标系成立, 则这个坐标系是黎曼坐标系. 可以证明[81a], 作为这些关系的结果, 线元 $\mathrm{d}s^2$ 必须有以下形式:

$$\mathrm{d}s^2 = \overset{\circ}{g}_{ik}\mathrm{d}y^i\mathrm{d}y^k + \sum_{(hi)(jk)} p_{hijk}(y)(y^h\mathrm{d}y^i - y^i\mathrm{d}y^h)(y^j\mathrm{d}y^k - y^k\mathrm{d}y^j). \tag{99}$$

---

80) G. Herglotz, "Zur Einsteinschen Gravitationstheorie", *S. B. naturf. Ges., Lpz., math. phys. Kl.,* **68** (1916) 199.

81) 参阅注 67).

81a) 参阅 Weber 在黎曼论文集中的注释 (第二版), 405 页, 及 F. Schur, *Math. Ann.,* **27** (1886) 537.

求和对每一对指标 (hi) 和 (jk) 的所有可能的 $\dfrac{n(n-1)}{2}$ 个组合进行. 反之, 方程 (97) 和 (98) 可以从方程 (99) 得出, 所以, 线元的这种形式是 y 坐标系为黎曼坐标系的充分和必要条件. $p_{hijk}(y)$ 是坐标 y 的正则函数, 在 y 作线性变换时, 它具有二秩 "面" 张量的性质[†]; 它们总是可以用这样的方法确定[81b], 即它们满足对称条件 (53) (参阅 §11). 在原点 ["极"] 的曲率张量与那里的 p_{hijk} 的数值有一很简单的关系连在一起,

$$\overset{\circ}{R}_{hijk} = 3\overset{\circ}{p}_{hijk}. \tag{100}$$

因此, 这个表示法中的 R_{hijk} 可以直接量度这种几何学与欧几里得几何学之间的偏离. 而且, 黎曼认为在一个二维流形的情况 (其中线元由下式给出:

$$\mathrm{d}s^2 = \gamma_{11}\mathrm{d}u^2 + 2\gamma_{12}\mathrm{d}u\mathrm{d}v + \gamma_{22}\mathrm{d}v^2,$$

曲率张量的唯一独立分量 R_{1212}, 可按照以下公式来确定曲面的高斯曲率 K:

$$K = -\frac{R_{1212}}{\gamma_{11}\gamma_{22} - \gamma_{12}^2} \tag{101}$$

这可以将公式 (89) 直接与高斯公式比较来证明. 例如, 若 u, v 为曲面的黎曼坐标, 则线元的形式为

$$\mathrm{d}s^2 = \overset{\circ}{\gamma}_{11}\mathrm{d}u^2 + 2\overset{\circ}{\gamma}_{12}\mathrm{d}u\mathrm{d}v + \overset{\circ}{\gamma}_{22}\mathrm{d}v^2 + \pi(u,v)(u\mathrm{d}v - v\mathrm{d}u)^2. \tag{102}$$

那么, 由于公式 (100) 和 (101), 在 P_0 点的高斯曲率也可以写成

$$\overset{\circ}{K} = -\frac{3\overset{\circ}{\pi}}{\overset{\circ}{\gamma}_{11}\overset{\circ}{\gamma}_{22} - \overset{\circ}{\gamma}_{12}^2}. \tag{103}$$

关于 K 的符号的选择是有历史原因的, 因为它与包围它的三维欧几里得空间 R_3 有关而与曲面本身的度规性质无关. 从线元的形式 (99) 看来, 似乎选择相反的符号更自然一些, 这样, 以球为例, 曲率将是负的. [46]

借助于黎曼坐标, 空间 R_n 的曲率概念可以与曲面的曲率概念联系起来. 事实上, 黎曼最初所想到的就是这种方法. 令两个方向分别由矢量 ξ^i 和 η^i 所表征. 这两个矢量的长度是无关紧要的. 因而, 这两个矢量可以确定线束

$$\xi^i u + \eta^i v$$

[†] 见补注 5a.

81b) H. Vermeil, *Math. Ann.*, **79** (1918) 289.

和面方向

$$\xi^{ik} = \xi^i \eta^k - \xi^k \eta^i.$$

沿着线束中的每一方向, 我们从 P_0 开始给出短程线. 这些短程线的集形成了一个曲面, 它的曲率就是我们要决定的曲率. 曲面上的线元可以将

$$y^i = \xi^i u + \eta^i v$$

代入公式 (99) 求出. 它将具有公式 (102) 的形式, 其中 $\mathring{\gamma}_{ik}$ 和 π 取以下数值:

$$\mathring{\gamma}_{11} = \mathring{g}_{ik}\xi^i\xi^k = \xi_i\xi^i, \quad \mathring{\gamma}_{12} = \frac{1}{2}\mathring{g}_{ik}(\xi^i\eta^k + \xi^k\eta^i) = \xi_i\eta^i,$$

$$\mathring{\gamma}_{22} = \mathring{g}_{ik}\eta^i\eta^k = \eta_i\eta^i, \quad \pi = \sum_{(hi)(jk)} p_{hijk}\xi^{hi}\xi^{jk}.$$

公式 (100) 和 (103) 直接得出曲率的表达式 (略去上标 ∘)

$$-K = \frac{\displaystyle\sum_{(hi)(jk)} R_{hijk}\xi^{hi}\xi^{jk}}{\frac{1}{2}\xi_{ik}\xi^{ik}} = \frac{\displaystyle\sum_{(hi)(jk)} R_{hijk}\xi^{hi}\xi^{jk}}{\displaystyle\sum_{(hi)(jk)} (g_{hj}g_{ik} - g_{hk}g_{ij})\xi^{hi}\xi^{jk}}. \tag{104}$$

这个结果已经不再与黎曼坐标系有任何关系. ξ^{ik} 的量值显然可以约去, 因而我们得出的是与每一面方向有关的不变高斯曲率. 这个曲率依照黎曼的说法称为在给定的面方向 (在给它以相反符号以后) 的空间 R_n 的 "截面" 曲率. 这里量 R_{hijk} 是二秩 "面" 张量的分量也变得显而易见了[†].

[47] 关于黎曼所导出的公式 (104), Herglotz[82] 证明了收缩的曲率张量和曲率不变量也可以用几何方法来解释. 他的结论如下: 给定了 n 个正交方向, 可定出 $\binom{n}{2}$ 个面方向, 假定 $K(r,s)$ 是第 r 个和第 s 个矢量所张的曲面的 "截面" 曲率, 则曲率不变量 R 等于累和的两倍,

$$R = 2\sum_{(rs)} K(rs) \tag{105}$$

[对所有的指标组合 (rs) 求和]. 这个曲率和 n 个方向 $1, 2, \cdots, n$ 的选择无关, 可以描述为在特定的一点上的平均曲率 R_n. 现在, 若再有一个由矢

[†] 见补注 5a.

[82] 参阅注 80). 在 Herglotz 之前, H. A. Lorentz 早已作了曲率不变量的解释, *Versl. gewone Vergad. Akad. Amst.*, **24** (1916) 1389.

量 ξ^i 决定的另一方向 o, 则

$$\sum_{(or)} K(or) \sin^2(o,r) = \frac{R_{ik}\xi^i\xi^k}{\xi_i\xi^i} \tag{106}$$

决定收缩的曲率张量 (这个累和计算出来也与 n 个方向选择无关). 这就是 R_{ik} 的张量性质和 R 的不变性的几何证明, 而这两个性质以前都是用代数方法确定的. 例如, 若令正交方向中的一个, 譬如 1, 与方向 o 重合, 则

$$\frac{R_{ik}\xi^i\xi^k}{\xi_i\xi^i} = \sum_{r=2}^{n} K(1r). \tag{107}$$

最后, 从公式 (105) 和 (107) 可以得出 R_{n-1} 的平均曲率的表达式. R_{n-1} 与方向 1 垂直并由矢量 ξ^i 表征,

$$\sum_{\substack{(rs) \\ r \neq 1, s \neq 1}} K(rs) = \frac{1}{2}R - \frac{R_{ik}\xi^i\xi^k}{\xi_i\xi^i} = -\frac{G_{ik}\xi^i\xi^k}{\xi_i\xi^i}, \tag{108}$$

式中

$$G_{ik} = R_{ik} - \frac{1}{2}g_{ik}R. \tag{109}$$

在广义相对论中, 这个张量是很重要的, 并称为爱因斯坦张量.

　　此外, 我们提一下 Vermeil[83] 的一个简单定理, 它是以线元的表达式 (99) 为依据的. 在欧几里得空间 R_n 中, 半径为 r 的 [超越] 球的体积有简单值

$$V_n = C_n r^n,$$

式中 C_n 为一数值因子, 它的大小在这里是无关重要的. 在任意的黎曼流形中, V 是 r 的复杂函数. 我们假定这个函数可以展成 r 的幂级数并仅保留 $C_n r^n$ 的后面的项, 那么 [48]

$$V_n = C_n r^n \left\{1 + \frac{R}{6}\frac{r^2}{n+2} + \cdots\right\}, \tag{110}$$

式中 R 为球心的曲率不变量. 微分上式, 我们就得到球的表面 S_n 的表达式

$$S_n = nC_n r^{n-1}\left\{1 + \frac{R}{6}\frac{r^2}{n} + \cdots\right\}. \tag{111}$$

83) H. Vermeil, "Notiz über das mittlere Krümmungsmass einer n-fach ausgedehnten Riemannschen Mannigfaltigkeit", *Nachr. Ges. Wiss. Göttingen* (1917) 334.

这个关系式可以用来作为曲率不变量的一个新的几何定义,

$$R = \lim_{r \to 0} \left(\frac{V_n}{C_n r^n} - 1 \right) \frac{6(n+2)}{r^2}$$

$$= \lim_{r \to 0} \left(\frac{S_n}{n C_n r^{n-1}} - 1 \right) \frac{6n}{r^2}. \tag{112}$$

黎曼坐标的引入, 使一般坐标变换中的不变量问题简化为线性变换中的不变量问题[84]. 因而可以证明, 除了一个并不重要的常数因子以外, R 为唯一的不变量. 这个不变量仅含有 g_{ik} 以及 g_{ik} 的一阶和二阶导数, 并仅为后者的线性函数[84a]. 还有, 对于 g_{ik} 有这种性质的所有的二秩 "线" 张量具有以下形式:

$$c_1 R_{ik} + c_2 R g_{ik} + c_3 g_{ik} \tag{113}$$

(c_1, c_2, c_3 是常数)[84a].

18. 欧几里得几何和恒定曲率的特殊情况

显而易见, 在欧氏空间中曲率张量 R_{hijk} 为零 (参阅 §16). 但黎曼在他的 "受奖典礼演讲" 中曾经指出, 这个定理的逆定理也是正确的: 若曲率张量为零, 则空间为欧氏空间, 也就是总可以找到一个 g_{ik} 是常数的坐标系. Lipschitz[85] 最先指出这一点, 虽然他的证明很冗长. Weyl[86] 曾经指出一种比较清晰和易于理解的论证方法. 在一般情况下, 一个矢量平行位移的结果主要是和它移动时经过的路径有关. 当矢量的分量不是 s 的函数时就不是这样, 但是可以用下述方法作为坐标的函数加以确定, 即在曲线上任一点和对于所有方向, 方程 (64) 都得到满足. 这就是说, ξ^i 必须满足微分方程组

$$\frac{\partial \xi^i}{\partial x^s} = -\Gamma^i_{rs} \xi^r. \tag{114}$$

[49]

由此可知, 可积条件相当于条件 $R_{hijk} = 0$. 换句话说, 若曲率张量为零, 则方程组 (114) 一定是可解的, 方向转换与路径的选择无关, 即它是可积的. 现在所需要的是引入一个具有以下性质的基矢量为 e'_i 的新坐标系 K' 来代替基矢量为 e_k 的给定坐标系. 在一任意点 P_1 的 e'_i 与另一任意点 P_2 的 e'_i 平行. 由于公式 (114), 它们在坐标系 K 中的分量 $\alpha_i{}^k$ (参阅 §10)

84) 参阅在 E. Noether, "Invarianten beliebiger Differentialausdrücke" 文中的一般评论: *Nachr. Ges. Wiss. Göttingen* (1918) 37. 也可参阅 H. Vermeil [参阅注 81b)].

84a) H. Vermeil [参阅注 83)] 及 H. Weyl, *Raum-Zeit-Materie* (第四版) 附录.

85) 参阅注 74).

86) H. Weyl, *Raum-Zeit-Materie* (第一版, Berlin 1918) 111 页.

要满足方程组

$$\frac{\partial \overline{\alpha}_i{}^k}{\partial x^s} = -\Gamma^k_{rs}\overline{\alpha}_i{}^r.$$ (115)

由公式 (115) 可知, 可积条件 (63) 自然得到满足, 因此选择这样一种坐标是可能的. 事实上

$$\frac{\partial \overline{\alpha}_i{}^k}{\partial x'^l} = \frac{\partial \alpha_i{}^k}{\partial x^s}\overline{\alpha}^s = -\Gamma^k_{rs}\overline{\alpha}_i{}^r\overline{\alpha}_l{}^s$$

对于 i 和 l 是对称的. 现在在每一点有 n 个矢量 (n 个基矢量 e'_i), 它们在 K' 中的分量对于所有的无穷小移动保持不变. 因为一个矢量 $\boldsymbol{x}$ 可以用 e'_i 的线性组合表示, 又因为根据 §14 无穷小移动是仿射变换, 移动将不改变 $\boldsymbol{x}$ 在 K' 中的分量. 仅当 K' 中每一点的短程分量为零时, 即当 g'_{ik} 是常数时, 才有这种可能. 这一点不难从 $\dfrac{\partial g'_{ik}}{\partial x'^l}$ 的直接计算来证明. 证明于是完毕.

黎曼流形的一种更广泛的类型是它们的曲率与曲面方向和位置都没有关系. 从公式 (104) 可知, 它们是由关系

$$R_{hijk} + \alpha(g_{hj}g_{ik} - g_{hk}g_{ij}) = 0$$ (116)

来表征的, 式中 α 是一个 (正的或负的) 常数. 收缩以后就得到

$$R_{ik} + (n-1)\alpha g_{ik} = 0$$ (117)

和

$$R = -n(n-1)\alpha.$$ (118)

为了以后的应用, 我们也把 [爱因斯坦] 张量 G_{ik} 的表达式写出来, 它是由公式 (109) 确定的,

$$G_{ik} = \frac{(n-1)(n-2)}{2}\alpha g_{ik}.$$ (119)

当 $\alpha = 0$, 就成为零曲率的情况.

恒定曲率空间的一个例子是 n 维的球, 它可以设想为是浸没在一个欧氏 R_{n+1} 空间中的. 假如我们仅涉及球的内在度规关系, 这里最好只谈到一个球形空间 R_n. 那么, 我们有

[50]

$$\mathrm{d}s^2 = \sum_i (\mathrm{d}x^i)^2 + (\mathrm{d}x^{n+1})^2,$$ (120)

$$\sum_i (x^i)^2 + (x^{n+1})^2 = a^2,$$ (121)

式中累和指标是从 1 到 n. 首先, 我们引入 $x^i (i = 1, \cdots, n)$ 作为球上的坐标, 它们对应于赤道平面 $x^{n+1} = 0$ 上的平行射影. 那么, 利用公式 (121), 从公式 (120) 中消去 x^{n+1}

$$ds^2 = \sum_i (dx^i)^2 + \frac{(x^i dx^i)^2}{a^2 - r^2} \quad \left[r^2 = \sum_i (x^i)^2 \right]. \tag{122}$$

赤道 $x^{n+1} = 0$ 是坐标系的一根奇异线, 并且对于每一组坐标值在球形空间 R_n 中有对应的两点. 也可以将球上的点从球心投影到平面 $x^{n+1} = -a$ 上, 这相当于坐标变换

$$\left. \begin{array}{l} x^i = \dfrac{r}{r'} x'^i, \quad \left[r'^2 = \sum_i (x'^i)^2 \right]; \\[3mm] \dfrac{r}{r'} = \dfrac{|x^{n+1}|}{a} = \dfrac{a}{\sqrt{a^2 + r'^2}}. \end{array} \right\} \tag{123}$$

在最后结果中舍去撇号, 线元就具有如下形式:

$$ds^2 = \frac{a^2}{(a^2 + r^2)^2} \left[(a^2 + r^2) \sum_i (dx^i)^2 - (x^i dx^i)^2 \right]. \tag{124}$$

这个坐标系仅包含了一个半球, 赤道移向无穷远 $(r = \infty)$.

用同样的方法, 从球极平面射影可得

$$x^i = \frac{r}{r'} x'^i, \quad \frac{r}{r'} = \frac{a - x^{n+1}}{2a} = \frac{1}{1 + (r'^2/4a^2)}, \tag{125}$$

$$ds^2 = \frac{\sum_i (dx^i)^2}{[1 + (r^2/4a^2)]^2}, \tag{126}$$

这里在最后的式子中, 撇号也被舍去了. 这个坐标系仅在极点 $x^{n+1} = a$ 是奇异的, 那里 $r = \infty$.

线元的第四种形式可以利用黎曼坐标的方法得出. 将

$$\left. \begin{array}{l} x^i = \dfrac{r}{\rho} y^i, \quad \left[\rho = \sum_i (y^i)^2 \right]; \\[3mm] \dfrac{r}{\rho} = \dfrac{a}{\rho} \sin \dfrac{\rho}{a}; \quad x^{n+1} = a \cos \dfrac{\rho}{a} \end{array} \right\} \tag{127}$$

[51] 代入 (122), 结果得

$$ds^2 = \frac{a^2}{\rho^2} \sin^2 \frac{\rho}{a} \sum_i (dx^i)^2 + \frac{1}{\rho^2} \left(1 - \frac{a^2}{\rho^2} \sin^2 \frac{\rho}{a} \right) (y^i dy^i)^2. \tag{128}$$

由于

$$\sum_{(ik)} (y^i \mathrm{d}y^k - y^k \mathrm{d}y^i)^2 = \rho^2 \sum (\mathrm{d}y^i)^2 - (y^i \mathrm{d}y^i)^2 \tag{129}$$

[在左边求和时, 每一组合 (ik) 仅计算一次], 上式也可以写成

$$\mathrm{d}s^2 = \sum_i (\mathrm{d}y^i)^2 - \frac{1}{\rho^2} \left(1 - \frac{a^2}{\rho^2} \sin^2 \frac{\rho}{a} \right) \sum_{(ik)} (y^i \mathrm{d}y^k - y^k \mathrm{d}y^i)^2. \tag{128a}$$

因而 y^i 实际上就是黎曼坐标. 这些表达式也可以用极坐标的方法导出. 极点 $x^{n+1} = a$ 对应于 y^i 坐标系的原点; 对于 $\rho = a\pi$, 坐标系是奇异的, 因为同一点, 即极点 $x^{n+1} = -a$, 对应于所有满足条件 $\rho = a\pi$ 的 y^i 的数值. 假如我们限制 ρ 必须满足条件 $\rho \leqslant a\pi$, 球上的所有各点都可以得到.

由于公式 (99) 和 (100), 从 (128a) 可以得到在点 $y^i = 0$, 空间曲率与曲面方向无关, 所以 (116) 式那样的关系在这一点是成立的. 由于

$$\frac{1}{\rho^2} \left(1 - \frac{a^2}{\rho^2} \sin^2 \frac{\rho}{a} \right) \bigg|_{\rho=0} = \frac{1}{3a^2},$$

又由于公式 (100), 系数 α 具有数值

$$\alpha = \frac{1}{a^2}. \tag{130}$$

用了上述 α 的同一数值, 关系 (116) 在球形空间中的所有的点都是成立的. 这是由于存在着一个变换群 $G_{n(n+1)/2}$, 它可以将给定点和一个连带的 n 维子空间变为另一任意点和另一 n 维子空间. 主要的一点是变换必须在这样的方式下完成, 即所有曲线的长度必须保持不变. 令 S 代表变换 (127), 它把欧氏空间 R_{n+1} 的坐标系 $x^1, \cdots, x^{n+1}$ 变为球形空间 R_n 的黎曼坐标系, 并令 T 代表前一坐标系的正交变换的 $\frac{1}{2}n(n+1)$ 参数群, 那么

$$G_{n(n+1)/2} = S^{-1} T S$$

即为所求的变换群. 这表明, 在所有黎曼坐标系中线元具有同一形式, 不论坐标系的原点在球形空间 R_n 中的位置如何. 由此可知, 关系式 (116) 和 (130) 在球形空间中是普遍成立的. 当然, 这些可以用直接计算来验证.

所以, 当 R_n 具有以下性质, 曲率总是一个常数. 在 R_n 中每一点的某一 (有限) 邻域, 可以这样来决定一个坐标系, 使得在这一点的线元具有四种等价形式 (120), (122), (124) 和 (128) 当中的一种; α 不一定是正数. 若 α 是负数, 则在有关的公式中, a^2 应换成 $-a^2$, 而

[52]

$$\alpha = -\frac{1}{a^2}. \tag{130a}$$

反之, 若公式 (116) 成立, R_n 一定有这个性质. 这一点黎曼在他的受奖典礼演讲中曾经指出, 并且由 Lipschitz[87] 首先作了证明. Vermeil[88] 应用黎曼坐标系中线元的幂级数展开式对普遍定理作了简单的证明, 即对于给定的曲率张量, 黎曼坐标系中的线元的形式也早已明显地被确定了. 这一点黎曼也曾提示过. 到现在为止, 这一推论没有在物理学中找到任何应用.

但是对于宇宙学上的问题 (参阅第 IV 编), 下述情况是很重要的. R_n 的大标度的度规关系不是由线元的形式唯一地确定的, 在这里投影观点必须作为微分几何观点的补充. 前一观点能够使我们对于恒定曲率空间立刻确定整个空间的关系. 这样, 有如 Klein[89] 所首先证明的, 对于恒定正曲率的空间, 就有了两种方式可以选择. 在公式 (122) 所代表的坐标系中, 对应于坐标的每一组数值, 可以有两个也可以仅有一个空间点. 按照投影观点, 第一种情况空间是球形的, 第二种情况空间是椭球形的. 两种空间尽管无界, 在黎曼的意识中仍然是有限的. 显然, 椭球空间的总体积是具有相同曲率的球形空间的体积的一半. 在两空间中, (封闭) 短程线的总长度具有相同的比值也是正确的. 对于恒定负曲率空间, 可选择的方式要多得多. 特别值得注意的是 Clifford 曲面, 它指示出零曲率的有限流形的可能性. 常曲率流形中的大标度度规关系的全部问题, Killing 称为 "Clifford-Klein 空间形式问题".

19. 四维黎曼流形中的高斯和斯托克斯积分定理

引起广义变换群的张量分析的复杂性的原因是由于各个点的两个张量的分量现在不能再简单地相加了, 这是和仿射群张量分析不同的地方. 为了用微分张量的方法导出新张量, 我们必须依靠 §14 中所阐明的平行位移概念. 平行位移的法则最初是由 Christoffel[90] 用纯粹形式的方法导出的, 后来由 Ricci 和 Levi-Civita[56] 加以系统化. 形式的简化和几何解释在 Weyl[91]、海森伯 [58a] 和 Lang[56] 的论文中有所论述.

对于某些运算, 短程分量在最后结果中不出现. 现在来考虑这样的运算, 并且用一秩张量来运算 (参阅 §11). 所以在它们的推导中不用平行

[53]

---

87) 参阅注 74).

88) 参阅注 81b).

89) F. Klein, *Math. Ann.,* **4** (1871) 573, **6** (1872) 112, 要详尽些可参阅 *Math. Ann.,* **37** (1890) 544, 那里解题十分全面. 也可见 *Programm zum Eintritt in die philosophische Fakultät in Erlangen* ("*Erlanger Programm*") (1872), 重印于 *Math. Ann.,* **43** (1893) 63.

90) 参阅注 68).

91) H. Weyl, *Raum-Zeit-Materie* (第一版, 1918) 103~107 页.

位移的概念似乎是很自然的. 首先, 矢量 $\mathrm{grad}\,\phi$ 可以从标量 ϕ 用微分方法导出. 这可以从不变量

$$\mathrm{d}\phi = \frac{\partial \phi}{\partial x^i}\mathrm{d}x^i$$

立刻得出. 应该注意 $\dfrac{\partial \phi}{\partial x^i}$ 是协变分量,

$$\mathrm{grad}_i\,\phi = \frac{\partial \phi}{\partial x^i}. \tag{131}$$

要求出进一步的关系, 我们必须把高斯和斯托克斯的积分定理应用于这里的情况, 但仅限于四维流形. 对于任意维流形的高斯和斯托克斯定理的最一般形式的相应推广, 可以在庞加莱[92] 和 Goursat[93] 的论文中找到. 对于狭义相对论的情况 (欧氏几何和正交坐标) 而言, 这些公式也已经由索末菲[55b] 导出.

令

$$f^i, \quad F^{ik}, \quad A^{ikl} \tag{132}$$

分别表示 "线", "面" 和 "体" 张量的分量, 并令

$$\mathrm{d}s^i, \mathrm{d}\sigma^{ik}, \mathrm{d}S^{ikl}, \mathrm{d}\Sigma \tag{133}$$

分别表示线元, 面元, 体元和世界元的分量, 具有绝对值

$$\mathrm{d}s, \mathrm{d}\sigma, \mathrm{d}S, |\mathrm{d}\Sigma|. \tag{133a}$$

分量 (133) 可通过以下方法用坐标表示. $\mathrm{d}s^i$ 等于坐标的微分

$$\mathrm{d}s^i = \mathrm{d}x^i; \tag{134a}$$

还有, 若 $\mathrm{d}x^i, \delta x^i$ 和 $\mathrm{d}x^i, \delta x^i, \delta x^i$ 分别表示面元和体元上的两个和三个独立方向的线元, 那么

[54]

$$\mathrm{d}\sigma^{ik} = \begin{vmatrix} \mathrm{d}x^i & \delta x^i \\ \mathrm{d}x^k & \delta x^k \end{vmatrix}, \tag{134b}$$

$$\mathrm{d}S^{ikl} = \begin{vmatrix} \mathrm{d}x^i & \delta x^i & \delta x^i \\ \mathrm{d}x^k & \delta x^k & \delta x^k \\ \mathrm{d}x^l & \delta x^l & \delta x^l \end{vmatrix}. \tag{134c}$$

---

92) H. Poincaré, *Acta math., Stockh.,* **9** (1887) 321.

93) E. Goursat, *J. Math. pures appl.,* (6) **4** (1908) 331.

55b) A. Sommerfeld [参阅注 55)]. 他关于 "面" 张量的散度的推导和我们的推导不同.

分别将上述表达式代入形式为

$$\int \phi(x)\mathrm{d}\sigma^{ik} \quad \text{或} \quad \int \phi(x)\mathrm{d}S^{ikl}$$

的面积分和空间积分中, 这和 Klein[94] 引用的称为 Grassmann 记法的写重积分的方法相当. 这是一种自然记法, 因为它使我们能立刻看出坐标变换时重积分的行为, 所以 Klein 认为比普通记法好, 并加以推荐. 普通记法有一个好处, 就是比较简单, 但另一方面, 也有不好的地方, 就是在坐标变换时, 被积函数的性质不能直接看出. 假定面 (体) 元的分量的独立方向 $\mathrm{d}, \delta(\mathrm{d}, \delta, \delta)$ 与对应的坐标平行, 就成为普通记法. 在这种情况下,

$$\mathrm{d}\sigma^{ik} = \mathrm{d}x^i \delta x^k, \quad \mathrm{d}S^{ikl} = \mathrm{d}x^i \delta x^k \delta x^l;$$

或者, 更简单一些,

$$\mathrm{d}\sigma^{ik} = \mathrm{d}x^i \mathrm{d}x^k, \quad \mathrm{d}S^{ikl} = \mathrm{d}x^i \mathrm{d}x^k \mathrm{d}x^l. \tag{135}$$

但是应该注意, 在坐标变换时, 这些表达式的性质是分别和 "面" 张量和 "体" 张量的分量一样的.

从张量 (132) 和 (133) 我们可以组成两类不变式:

(a) $\boldsymbol{f}, \boldsymbol{F}, \boldsymbol{A}$ 在 $\mathrm{d}s, \mathrm{d}\sigma, \mathrm{d}S$ 上的正射影乘以张量 $\mathrm{d}s, \mathrm{d}\sigma, \mathrm{d}S$ 的数值

$$f_s \mathrm{d}s = f_i \mathrm{d}x^i, \tag{136a}$$

$$F_\sigma \mathrm{d}\sigma = F_{ik} \mathrm{d}\sigma^{ik}, \tag{136b}$$

$$A_S \mathrm{d}S = A_{ikl} \mathrm{d}S^{ikl}. \tag{136c}$$

(b) 矢量 $\boldsymbol{f}$ 在与 $\mathrm{d}S$ 垂直的方向上的正射影, $\boldsymbol{F}$ 在与 $\mathrm{d}\sigma$ 垂直的方向上的正射影, 以及 $\boldsymbol{A}$ 在与 $\mathrm{d}s$ 垂直的方向上的正射影, 每一种情况都乘以第二个张量的数值, 这些表达式的数值可借助于与 $\mathrm{d}s, \mathrm{d}\sigma, \mathrm{d}S$ 对偶的张量求得 [参阅 §12 (54b) 和 (55)],

$$f_n \mathrm{d}S = f^i \mathrm{d}S^*_{\ i} = \sum_{(iklm)} \sqrt{g} f^i \mathrm{d}S^{klm} = \sum_{(ikm)} \mathfrak{f}^i \mathrm{d}S^{klm}, \tag{137a}$$

$$F_N \mathrm{d}\sigma = F^{ik} \mathrm{d}\sigma^*_{\ ik} = \sum_{(iklm)} \sqrt{g} F^{ik} \mathrm{d}\sigma^{lm} = \sum_{(iklm)} \mathfrak{F}^{ik} \mathrm{d}\sigma^{lm}, \tag{137b}$$

$$A_n \mathrm{d}s = A^{ikl} \mathrm{d}s^*_{\ ikl} = \sum_{(iklm)} \sqrt{g} A^{ikl} \mathrm{d}s^m = \sum_{(iklm)} \mathfrak{A}^{ikl} \mathrm{d}s^m. \tag{137c}$$

[55]

---

94) F. Klein, "Über die Integralform der Erhaltungssätze und die Theorie der räumlich geschlossenen Welt", *Nachr. Ges. Wiss. Göttingen* (1918) 394.

累和 $\displaystyle\sum_{(iklm)}$ 对所有的偶置换进行, $\mathfrak{f}^i, \mathfrak{F}^{ik}, \mathfrak{A}^{ikl}$ 为与 $\boldsymbol{f}, \boldsymbol{F}, \boldsymbol{A}$ 相应的张量密度 (§11).

现在可以把推广的高斯和斯托克斯定理列成公式了. 将 (136a) 沿封闭曲线积分, (136b) 和 (137b) 沿封闭曲面积分, 将 (137a) 沿封闭空间区域积分 [我们略去了 (136c) 和 (137c) 的类似定理, 因为目前在物理学上还没有什么用处]. 这些积分可以分别变换为它们所包围的面、空间和世界区域的积分

$$\int f_s \mathrm{d}s = \int \mathrm{Curl}_N \boldsymbol{f} \cdot \mathrm{d}\sigma = \int \mathrm{Curl}_{ik} \boldsymbol{f} \cdot \mathrm{d}\sigma^{ik}, \tag{138a}$$

$$\int F_\sigma \mathrm{d}\sigma = \int \mathrm{Curl}_n \boldsymbol{F} \cdot \mathrm{d}S = \int \mathrm{Curl}_{ikl} \boldsymbol{F} \cdot \mathrm{d}S^{ikl}, \tag{138b}$$

$$\int f_n \mathrm{d}S = \int \mathrm{Div}\,\boldsymbol{f} \cdot \mathrm{d}\Sigma = \int \mathfrak{Div} \boldsymbol{f} \cdot \mathrm{d}x, \tag{139a}$$

$$\int F_N \mathrm{d}\sigma = \int \mathrm{Div}_n \boldsymbol{F} \cdot \mathrm{d}S = \int \sum_{(iklm)} \mathfrak{Div}^i \boldsymbol{F} \cdot \mathrm{d}S^{klm}, \tag{139b}$$

式中

$$\mathrm{Curl}_{ik} \boldsymbol{f} = \frac{\partial f_k}{\partial x^i} - \frac{\partial f_i}{\partial x^k}, \tag{140a}$$

$$\mathrm{Curl}_{ikl} \boldsymbol{F} = \frac{\partial F_{ik}}{\partial x^l} + \frac{\partial F_{li}}{\partial x^k} + \frac{\partial F_{kl}}{\partial x^i} \tag{140b}$$

和

$$\mathfrak{Div} \boldsymbol{f} = \frac{\partial \mathfrak{f}^i}{\partial x^i} \quad \left(\mathrm{Div}\,\boldsymbol{f} = \frac{1}{\sqrt{g}} \frac{\partial \sqrt{g} f^i}{\partial x^i} \right), \tag{141a}$$

$$\mathfrak{Div}^i \boldsymbol{F} = \frac{\partial \mathfrak{F}^{ik}}{\partial x^k} \quad \left(\mathrm{Div}\,^i \boldsymbol{F} = \frac{1}{\sqrt{g}} \frac{\partial \sqrt{g} F^{ik}}{\partial x^k} \right). \tag{141b}$$

这里重要的一点是初始积分的不变性也隐含着最后积分的不变性. 但是这种情况仅当被积函数本身在任何区域都不变才有可能, 因为积分区域总是可以选得任意小. 由此可知, Curl_{ik} 和 $\mathrm{Curl}_{ikl} \boldsymbol{F}$ 分别是 "面" 张量和 "体" 张量的协变分量, $\mathfrak{Div} \boldsymbol{f}$ 是标量密度, $\mathfrak{Div}^i \boldsymbol{F}$ 是矢量密度的逆变分量. 算符 Curl 和 Div 的这些性质可以概括为以下法则:

(a) 运算 Curl 使张量的 "阶" 增高 (参阅 §11), 而运算 $\mathfrak{Div}$ 则降低张量的 "阶". [56]

(b) 运算 Curl 就是对张量的协变分量进行微分, 运算 $\mathfrak{Div}$ 就是对张量密度的逆变分量进行微分.

我们还可以加上第三个法则:

(c) 运算 Curl 和 $\mathfrak{Div}$ 是互相对偶的. 这可以从公式 (137) 得出. 例如, 不难证明

$$\mathrm{Curl}_{ikl}\boldsymbol{F} = \mathfrak{Div}^m \boldsymbol{F}^*. \tag{142}$$

和通常的矢量分析一样, 运算 Grad, Curl 和 $\mathfrak{Div}$ 还可以结合起来, 故得

$$\mathrm{Curl}\,\mathrm{Grad}\,\phi = \mathfrak{Div}\,\mathfrak{Div}\,\boldsymbol{F} = \mathrm{Curl}\,\mathrm{Curl}\,\boldsymbol{f} = 0. \tag{143}$$

依次对一个标量进行 Div 和 Grad 运算, 我们得到推广的拉普拉斯算符 Δ. 按照 Cauchy 的建议, 把它记为 $\square$. Beltrami[94a] 曾经在 n 维流形的不变量理论中引用过; 在狭义相对论方面的最早应用可以在庞加莱的著作中找到. 应该注意的是当构成 Grad 以后, 我们就须考查矢量密度的逆变分量, 由于 (141a),

$$\square\phi = \mathrm{Div}\,\mathrm{Grad}\,\phi = \frac{1}{\sqrt{g}}\frac{\partial}{\partial x^k}\left(\sqrt{g}\,g^{ik}\frac{\partial\phi}{\partial x^i}\right). \tag{144}$$

当 g_{ik} 为常量时, 上式成为

$$\square\phi = g^{ik}\frac{\partial^2\phi}{\partial x^i\partial x^k}. \tag{144a}$$

在这种特殊情况下, 我们可以通过运算 $\square$, 从矢量 $\boldsymbol{f}_i$ 导出一个新矢量. 正如在通常矢量分析中一样, 有

$$\mathrm{Div}_i\,\mathrm{Curl}\,\boldsymbol{f} = \mathrm{Grad}_i\,\mathrm{Div}\,\boldsymbol{f} - \square\boldsymbol{f}_i. \tag{145}$$

当然, 这个关系不能推广到 g_{ik} 不是常量的情况.

最后, 应该提醒一下, 在 §11 中从几何观点引入的张量体系, 在这里的计算中已证明它是完全正确的. 一秩张量在分析上是和高秩张量有区别的, 因为一秩张量不必用参考系的短程分量, 可以用微分方法得到新的张量.

20. 应用短程分量推导不变量的微分运算

现在我们来讨论第二类微分运算, 在这一类运算中, 平行位移的概念将起着重要的作用. 对于物理学方面的应用来说, 其中仅有两种运算是比较重要的, 就是对应于仿射群中的这两种运算

$$a_{ik} = \frac{\partial a_i}{\partial x^k}$$

94a) E. Beltrami, "Sulla teoria generale dei parametri differenziali", *Mem. R. Accad. Bologna*, (2) **8** (1869) 549.

和

$$t_i = \frac{\partial t_i{}^k}{\partial x^k} \quad \text{(二秩张量的散度)}.$$

要对一般的变换群得出这些表达式, 我们必须借助于以下的图像. 首先, 在曲线 $x^k = x^k(t)$ 的每一点上给定一个具有分量 a^i 的矢量. 若 P 为曲线上的任一点, 我们可以沿着曲线移动这个矢量 $a^i(P)$ 并使它与本身平行, 这样就绘出了第二组矢量 $\bar{a}^i(P')$ (P' 是任意的). 因而, $\bar{a}^i$ 与 a^i 在 P 点重合,

$$\bar{a}^i(P) \equiv a^i(P).$$

令

$$A^i = \lim_{P' \to P} \frac{a^i(P') - \bar{a}^i(P')}{\Delta t}$$

就可以在不变方式下定出一个新矢量, 因为分子是在同一点上的两个矢量之差. 根据公式 (64) 和 (70), 我们立刻得出

$$A^i = \frac{\mathrm{d}a^i}{\mathrm{d}t} + \varGamma^i{}_{rk} a^r \frac{\mathrm{d}x^k}{\mathrm{d}t} \tag{146a}$$

和

$$A_i = \frac{\mathrm{d}a_i}{\mathrm{d}t} - \varGamma^r{}_{ik} a_r \frac{\mathrm{d}x^k}{\mathrm{d}t}. \tag{146b}$$

用弧长 s 代替 t, 用切向矢量 $u^i = \mathrm{d}x^i/\mathrm{d}s$ 代替 a^i, 这样我们就得到 "加速度" 矢量, 它的分量 B^i 和方程 (80) 的左方一致,

$$B^i = \frac{\mathrm{d}^2 x^i}{\mathrm{d}s^2} + \varGamma^i{}_{rs} \frac{\mathrm{d}x^r}{\mathrm{d}s} \frac{\mathrm{d}x^s}{\mathrm{d}s}. \tag{147}$$

若 a^i 不仅是沿着曲线, 而且是一个矢量场, 那么,

$$\frac{\mathrm{d}a^i}{\mathrm{d}t} = \left(\frac{\partial a^i}{\partial x^k} \right) \left(\frac{\mathrm{d}x^k}{\mathrm{d}t} \right),$$

并且从公式 (146) 可以得出与每一方向 $\mathrm{d}x^k/\mathrm{d}t$ 相联属的矢量

$$A_i = a_{ik} \frac{\mathrm{d}x^k}{\mathrm{d}t}, \quad A^i = a_k^i \frac{\mathrm{d}x^k}{\mathrm{d}t}.$$

所以

$$a_k^i = \frac{\partial a^i}{\partial x^k} + \varGamma^i{}_{rk} a^r \tag{148a}$$

$$a_{ik} = \frac{\partial a_i}{\partial x^k} - \varGamma^r{}_{ik} a_r \tag{148b}$$

形成一个张量的分量. 这个张量就是所求的仿射群中的张量 $\partial a_i/\partial x^k$ 的推广.

[58] 一个矢量场 a^i, 与之相联属的张量 a_{ik} 在一点 P 等于零, 这个矢量场就称为在这一点上的稳定场. 按照 §16 和 §18, 在欧氏空间中 —— 并且只有在这种空间中 —— 存在着在有限区域中对所有的点都是稳定的矢量场.

因为 a_{ik} 这一组量既不是对称的, 也不是反称的, 这里我们所讨论的就不是像 §11 中的从几何学观点出发的张量, 而仅是像 §9 中的比较广义的张量. 我们可以将 a_{ik} 分拆成反称部分

$$\frac{1}{2}\left(\frac{\partial a_i}{\partial x^k} - \frac{\partial a_k}{\partial x^i}\right)$$

和对称部分

$$\widehat{a}_{ik} = \frac{1}{2}\left(\frac{\partial a_i}{\partial x^k} + \frac{\partial a_k}{\partial x^i}\right) - \Gamma^r_{ik} a_r. \tag{148c}$$

借助于稳定的矢量场, 现在我们可以仿照 Weyl[95] 的步骤来导出一个二秩张量的散度 T^{ik}. 令 ξ^i 为一在点 P 是稳定的矢量场, 那么, 在这一点

$$\frac{\partial \xi^i}{\partial x^k} = -\Gamma^i_{rk}\xi^r$$

和

$$\frac{\partial \xi_i}{\partial x^k} = \Gamma^r_{ik}\xi_r.$$

于是应用 (141a), 我们形成了矢量的散度

$$f^i = T^{ik}\xi_k = T^i_k\xi^k.$$

现在若将上面的 ξ_i 的导数代入, 就得到

$$\mathfrak{Div}\boldsymbol{f} = \frac{\partial f^i}{\partial x^i} = \mathfrak{Div}_i\mathfrak{T}\cdot\xi^i = \mathfrak{Div}^i\mathfrak{T}\cdot\xi_i, \tag{149}$$

式中

$$\mathfrak{Div}_i\mathfrak{T} = \frac{\partial \mathfrak{T}_i^{\ k}}{\partial x^k} - \mathfrak{T}_r^{\ s}\Gamma^r_{is} = \frac{\partial \mathfrak{T}_i^{\ k}}{\partial x^k} - \frac{1}{2}\frac{\partial g_{rs}}{\partial x^i}\mathfrak{T}^{rs}, \tag{150a}$$

$$\mathfrak{Div}^i\mathfrak{T} = \frac{\partial \mathfrak{T}^{ik}}{\partial x^k} + \mathfrak{T}^{rs}\Gamma^i_{rs}. \tag{150b}$$

$\mathfrak{T}$ 为与 $\boldsymbol{T}$ 对应的张量密度, 并从 (149) 式的不变性可知, (150a) 和 (150b) 分别为矢量密度的协变分量和逆变分量.

在欧氏空间中, 一个二秩张量的散度也可以用另一种方法解释. 令 r^i 和 s^i 为两个单位矢量, 并令 $T_{(rs)} = T_{ik}r^i s^k$ 为张量在这两个方向的分

---

95) H. Weyl, *Raum-Zeit-Materie* (第三版, 1920) 104 页.

量. 如在 P 点任意给定 r^i, 那么, 在欧氏空间中, 可以唯一和不变的方式, 把这个方向和点 P' 上一个平行的方向 $\bar{r}^i$ 联系起来. 显然, 矢量场 $\bar{r}^i$ 在每一点是稳定的, 并且可用以代替公式 (149) 中的 ξ^i, 因此

$$\mathfrak{Div}(\mathfrak{T}\bar{r}) = \mathfrak{Div}_{\bar{r}}\mathfrak{T}.$$

现在, 在 (139a) 中令 $\mathfrak{f} = (\mathfrak{T}\bar{r})$, 我们直接得出

$$\int T_{(\bar{r}n)}\mathrm{d}S = \int \mathfrak{Div}_{\bar{r}}\mathfrak{T}\mathrm{d}x = \int \mathrm{Div}_{\bar{r}}\mathfrak{T}\mathrm{d}\Sigma, \tag{151}$$

$$\mathrm{Div}_{\bar{r}}\mathfrak{T} = \lim_{S\to 0} \frac{\displaystyle\int T_{(\bar{r}n)}\mathrm{d}S}{\displaystyle\int \mathrm{d}\Sigma}, \tag{151a}$$

Lang[96] 曾导出过这个公式. 为了这个目的, 每一个非欧空间都可以用和它相切的欧氏空间代替. 这是可能的, 因为在最后的结果 (150) 式中不出现 g_{ik} 的二阶导数, 而且因为 g_{ik} 的一阶导数, 在两种空间中通过坐标的适当选择, 总可以使它们趋于一致. 所以极限过程的结果 (151a), 即 $\mathfrak{Div}_i\mathfrak{T}$ 的矢量性质, 可以认为是普遍成立的, 尽管它右边的积分仅在欧氏空间中才有意义.

为了叙述得全面一些, 我们也把张量的普遍公式在这里提一下, 尽管这些公式在物理学方面并不重要. 从一个张量 $a^{ikl\cdots}_{rst\cdots}$, 通过微分我们得到一个高秩张量

$$a^{ikl\cdots}_{rst\cdots,p} = \frac{\partial a^{ikl\cdots}_{rst\cdots}}{\partial x^p} + \Gamma^i_{\rho p}a^{\rho kl\cdots}_{rst\cdots} + \Gamma^k_{\rho p}a^{i\rho l\cdots}_{rst\cdots} + \cdots$$
$$- \Gamma^\rho_{pr}a^{ikl\cdots}_{\rho st\cdots} - \Gamma^\rho_{ps}a^{ikl\cdots}_{r\rho t\cdots} - \cdots. \tag{152}$$

这个运算在 Christoffel 的著述中已经见到过, Ricci 和 Levi-Civita 称之为协变微分.

以前这是用来导出二秩张量的散度的. 借助于公式 (152), 微分 T^{ik}, 再经过收缩, 就可获得张量 $T^{ik}{}_l$,

$$\mathrm{Div}^i T = T^{ik}{}_k.$$

这里我们也应该提一下 Ricci 和 Levi-Civita[56a] 是如何得出曲率张量的表达式的. 从任意矢量 a_i 开始, 用 (148b) 得出 a_{ik}, 再用 (152) 得出 $a_{ik,l}$.

---

96) H. Lang, *dissertation* (Munich 1919).

56a) 参阅注 56). 也可见爱因斯坦的推导 [注 56], 同前所引].

那么, 在右方就得到仅含 a_i 的项和含有一阶和二阶导数的项. 若我们构成差式 $a_{ik,l} - a_{il,k}$, 则含有一阶和二阶导数的项就相互消去, 剩下来的刚好是

$$a_{ik,l} - a_{il,k} = -R^h{}_{ikl}a_h.$$

[60] 有了这个式子, $R^h{}_{ikl}$ 这一组量的张量性质就已证毕. 但是, 这种方法对我们了解固有的几何意义起不了什么作用†.

21. 仿射张量和自由矢量

虽然广义相对论仅讨论那些对任意坐标变换为协变的方程组, 但是某些量组, 它们仅在线性 (仿射) 坐标变换下具有张量的性质, 这些量在广义相对论中还是比较重要的. 我们称它们为仿射张量. 这些张量, 举例来说, 是短程分量. 但是, 详细说来, 也存在张量 $U_i{}^k$, 它的相应的张量密度 $\mathfrak{U}_i{}^k = U_i{}^k \sqrt{g}$ 在任一参考系中满足方程组

$$\frac{\partial \mathfrak{U}_i{}^k}{\partial x^k} = 0. \tag{153}$$

显然, 对于一般坐标变换而言, $U_i{}^k$ 是不能以线性齐次的形式来变换的. 但通过积分可以从 $U_i{}^k$ 导出第二组量 J_k, 在比仿射群广泛得多的变换群的情况下, 它们的性质和矢量一样.

为了证明这一点, 先考察以下的情况对我们会有所帮助. 设有一四维矢量 s^k, 连同它所关联的矢量密度 $\mathfrak{s}^k$ 均已给定, 它的散度在每一点都是零,

$$\frac{\partial \mathfrak{s}^k}{\partial x^k} = 0. \tag{154}$$

同时假定 $\mathfrak{s}^k$ 仅在 "世界管" 内部有非零值, 或者至少是在外面减小得充分快, 这样, 在 "世界管" 外部区域足够远的地方积分结果将等于零. 而且, 我们将仅考虑那些时间等于常数 ($x^4 =$ 常数) 的空间和世界管相交于单连区域内的坐标系. 现在我们利用这一事实, 即按照公式 (139a) 和 (154), 当沿着封闭的空间区域积分时, 积分

$$\int s_n \mathrm{d}S$$

总是零. 首先, 我们选择两个超越平面 $x^4 =$ 常数作为积分区域, 这个区域可以认为是由 "世界管" 外部的空间元连结起来的. 由于公式 (137a), 积分

$$J = \int \mathfrak{s}^4 \mathrm{d}x^1 \mathrm{d}x^2 \mathrm{d}x^3 \tag{155}$$

---

† 见补注 7.

对两个超越平面有相同的数值, 换句话说, 它与 x^4 无关. 其次, 我们引入第二个坐标系 K'. 在世界管内, 它只要满足下述条件, 即曲面 $x'^4 = $ 常数与世界管相交于单连通域. 在外部, 它必须有常数 g_{ik}. 现在我们选取超越平面 $x^4 = $ 常数和 $x'^4 = $ 常数为积分区域. 这些区域总是可以选择得使它们不致相交. 那么

[61]

$$\int \mathfrak{s}^4 \mathrm{d}x^1 \mathrm{d}x^2 \mathrm{d}x^3 = \int \mathfrak{s}'^4 \mathrm{d}x'^1 \mathrm{d}x'^2 \mathrm{d}x'^3,$$

即积分 J 在这里所考虑的所有的坐标变换下都是不变的.

现在对于仿射张量的分量的积分问题可以简化为上述情况. 我们将这样一个仿射张量和一矢量 p^k (它的分量在世界管内是常数) 相乘,

$$U^k = U_i{}^k p^i.$$

在所有的线性变换下, U^k 具有矢量的性质. 在所有从原来的坐标系 K 通过这样变换而获得的坐标系 K' 中, 分量 p'^i 在世界管内也是常数. 那么, 方程

$$\frac{\partial \mathfrak{U}'^k}{\partial x'^k} = 0$$

在 K' 中也成立. 根据公式 (155) 可知, 积分

$$J = \int \mathfrak{U}^4 \mathrm{d}x^1 \mathrm{d}x^2 \mathrm{d}x^3$$

对于线性变换是不变的, 并对于每一截面都具有相同的数值. 但由于

$$J = J_k p^k,$$

式中

$$J_k = \int \mathfrak{U}_k{}^4 \mathrm{d}x^1 \mathrm{d}x^2 \mathrm{d}x^3, \tag{156}$$

且式中的矢量 p^k 是完全任意的, 所以量 J_k 在线性变换下有了矢量的性质[97].

现在我们仿照爱因斯坦的步骤[98] 来证明, 假如我们从一个坐标系 K 变换到另一个坐标 K', 而 K' 在世界管外部与 K 重合, 那么它们也保持这个矢量性质. 要达到此一目的, 我们仅须构作一坐标系, 使它在一个超越平面 $x''^4 = c_1$ 上与 K 重合, 而在另一超越平面 $x''^4 = c_2$ 上与 K' 重合.

---

97) 这首先为 Klein 所证明 (参阅注 97, 那里详尽地讨论了自由矢量). 这里的推导是根据 H. Weyl, *Raum-Zeit-Materie* (第三版, 1920) 234 页.

98) A. Einstein, *S. B. preuss. Akad. Wiss.*, (1918) 448.

因为已经证明过, 对于同一坐标系中的两个不同的超越平面 $x^4 =$ 常数, J_k 有相同的数值, 这就已经证明了在 K 和 K' 中, J_k 有相同的数值. 这样, J_k 与世界管内坐标系的选择完全无关. 仿射张量 U_i^k 仅在线性坐标变换下具有协变性质, 从这种仿射张量开始, 通过积分就得一组量 J_k, 而这一组量在广泛得多的变换群下却具有矢量的性质, 这是很有意义的. 矢量 J_k 与通常矢量的区别是它和给定点没有关系. 我们仿照 Klein 的提法称之为自由矢量 [非定域矢量], 使之与力学中的术语可相互比拟.

[62] ## 22. 真实关系

到现在为止, 我们默默地假定了 ds^2 是一个定式. 这在实际时空世界的情况下是办不到的, 那里 ds^2 的范式有三个正号和一个负号. 从形式上看, 所有以前得到的结果在这种情况下也成立, 因为我们可以通过引入虚数坐标把 ds^2 化为定式 (参阅 §7). 但是公式的几何解释必须改变.

首先, 我们来考虑狭义相对论可以适用的情况, 并引入 $x^4 = ct$, 作为第四个坐标. 那么, 对于坐标系的既定原点, 根据洛伦兹不变式, 可把世界分为下列两部分:

$$x_1^2 + x_2^2 + x_3^2 - x_4^2 < 0 \quad \text{(过去和未来)} \tag{A}$$

和

$$x_1^2 + x_2^2 + x_3^2 - x_4^2 > 0 \quad \text{(居间区域)}. \tag{B}$$

它们是由锥面

$$x_1^2 + x_2^2 + x_3^2 - x_4^2 = 0 \quad \text{(光锥面)} \tag{C}$$

分开的, 光线的世界线在这锥面上.

如果我们使一个矢量的起点与坐标系的原点重合, 若矢量的终点在世界域 (B), 则称为类空矢量, 若终点在世界域 (A), 则称为类时矢量. 若矢量在锥面 (C) 上, 则称为零矢量 (矢量的大小为零). 事实上, 由于第四个坐标变了符号, 洛伦兹变换不能认为是坐标系的旋转, 而是双曲面

$$x_1^2 + x_2^2 + x_3^2 - x_4^2 = 1$$

的一组共轭直径到另一组共轭直径的变换. (这种洛伦兹变换的解释, 以及这里所用的术语首先出现于闵可夫斯基的论著中.) 通过简单的几何论证, 或者直接应用洛伦兹变换公式 (I), 可以证明, 只要坐标选择得适当, 总可以使区域 (A) 中的点与原点的空间重合, 使区域 (B) 中的点与原点的时间重合 (同时性). 这实质上是和下面的说法相等的, 即只要坐标

选择得适当, 类空矢量的时间分量, 或类时矢量的空间分量, 都可以成为零. 根据 §6 的结果也可以得出仅 (A) 型的世界点才和原点有因果关系. 我们用 Klein 和 Hilbert 的术语, 把上面所讨论的, 并且由线元

$$ds^2 = (dx^1)^2 + (dx^2)^2 + (dx^3)^2 - (dx^4)^2$$

确定的几何学称为赝欧几里得几何学.

类似于正定线元和不定线元的几何学之间的划分方法可应用于一般黎曼几何学的情形. 我们绘出从点 P_0 开始的所有短程线, 并且在 P_0 满足条件 [63]

$$g_{ik} \frac{dx^i}{dt} \frac{dx^k}{dt} < 0 \tag{A'}$$

或

$$g_{ik} \frac{dx^i}{dt} \frac{dx^k}{dt} > 0 \tag{B'}$$

或

$$g_{ik} \frac{dx^i}{dt} \frac{dx^k}{dt} = 0 \tag{C'}$$

($t =$ 曲线参量). 它们连续地张于世界域或光锥面 (C). 在 P_0 的相应的方向 (矢量) 也分别称为类时的、类空的和零方向 (零矢量).

有如 Hilbert[99] 所强调的, 这种时空世界的划分对允许的点变换带来一些限制. 原因是在允许的坐标系中, 前三个坐标轴必须在类空方向, 第四个则在类时方向. 这个条件要得到满足, 首先, 若令 dx^4 等于零, 从 ds^2 所得的二次型必须是正定的, 正定的条件是

$$g_{11} > 0, \quad \begin{vmatrix} g_{11} & g_{12} \\ g_{21} & g_{22} \end{vmatrix} > 0, \quad \begin{vmatrix} g_{11} & g_{12} & g_{13} \\ g_{21} & g_{22} & g_{23} \\ g_{31} & g_{32} & g_{33} \end{vmatrix} > 0,$$

其次是

$$g_{44} < 0.$$

允许的坐标变换不能违反这些不等式. 由于 g_{ik} 的行列式 g 总是负的 (这可以从不等式得知), 我们在用于正定情况所导出的张量公式中必须以

---

99) D. Hilbert, "Grundlagen der Physik", 2 Mitt., *Nachr. Ges, Wiss. Göttingen* (1917) 53.

$\sqrt{-g}$ 代替 $\sqrt{g}$ [99a]

[64]
　　按照 (A), 世界线的弧长也可以变成虚数. 事实上, 实在物体的世界线总是这种情况. 所以在这样的情况下, 可以引入原时 τ 来代替弧长 s, 它们的关系是

$$s = \mathrm{i}c\tau. \tag{157}$$

这给出了沿着这一世界线运动着的时钟所指示的时刻. 如果时钟在一个坐标系中是瞬时静止的, 那么在这个坐标系中 $\mathrm{d}\tau = \mathrm{d}t$. 我们又引入矢量

$$u^i = \frac{\mathrm{d}x^i}{\mathrm{d}\tau} \tag{158}$$

来代替

$$u^i = \frac{\mathrm{d}x^i}{\mathrm{d}s},$$

对于新矢量有

$$g_{ik}u^i u^k = u_i u^i = -c^2. \tag{159}$$

　　在短程线中, 在光锥面 (C) 上的短程零线是一个例外, 对于它们, 变分原理 (83) 和微分方程 (80) 可以应用, 而变分原理 (81) 不能应用. 首先, 这是由于在这种情况下, 坐标不再能表为弧长的函数, 因为它等于零, 在公式 (80) 中, 必须选择另一曲线参量, 这个参量仅能作为一个任意常数来确定. 其次, 由于项

$$\sqrt{g_{ik}(\mathrm{d}x^i/\mathrm{d}\lambda)(\mathrm{d}x^k/\mathrm{d}\lambda)}$$

为零, 在从公式 (81) 导出公式 (83) 时, 不能再把它放在分母上. 所以公式 (83) 不能再从公式 (81) 中导出, 因而短程零线必须用另外的方法去确定. 短程零线与光锥面上其他短程线的差别在于存在一曲线参量, 对于这个参量, 微分方程组

$$\frac{\mathrm{d}^2 x^i}{\mathrm{d}\lambda^2} + \Gamma^i_{rs}\frac{\mathrm{d}x^r}{\mathrm{d}\lambda}\frac{\mathrm{d}x^s}{\mathrm{d}\lambda} = 0$$

以及变分原理 (83) 都成立. 另一方面, 对于不是零线的其他短程线, §15 中的推导仍然不变.

　　Vermeil 的结果, 即黎曼空间的球体积和曲率不变量之间的关系 (§17), 也不能立即应用于不定情况, 因为这里的球对应于无限广延的双曲面体.

___

99a) Minkowski [参阅注 54)] 和 Klein [参阅注 55a), 同前所引] 对可允许的点变换再加以限制. $\partial x'^4/\partial x^4$ 总是 > 0, 换句话说, 要讨论一真实的连续群过去和未来的交换必须除去. 但是对此更有所限制的群的协变性已经纯粹形式地包含于对时间倒易的协变性中, 只要方程不包含十分勉强的不合理性 (关于这后一点, 见第 V 编). 而且, 根据我们现时的观点, 由于物理的理由, 所有物理定律在时间倒易之下的协变性也是必要的. 因此, 我们将不采用上述的限制.

还应该提起, 通常在狭义相对论中, 按照定义, 线元的范式含有三个正号和一个负号, 而在广义相对论中, 我们假定了三个负号和一个正号. 以后我们全部采用前一种约定.

23. 无限小坐标变换和变分定理

一般地说, 假定一个量在坐标变换时是不变的, 那么, 严格地说, 在无限小坐标变换时, 它也是不变的. 研究无限小坐标变换的作用是基于下一事实: 通过这种变换, 从它的不变性, 可以导出这个量所必须满足的微分方程组. 现在我们规定这种无限小坐标变换如下:

[65]

$$x'^i = x^i + \varepsilon \xi^i(x), \tag{160}$$

式中 ε 是一个无限小量. ξ^i 与坐标的依赖关系可以是完全任意的. 所有带撇的和不带撇的函数的差必须认为是一个可以展为如下的 ε 的幂级数. 最后, 我们只关心一次项, 并称它为该函数的变分. 要得到从不带撇的到带撇的坐标系的转换的任意张量的变分, 我们必须将

$$\alpha_k{}^i = \frac{\partial x'^i}{\partial x^k} = \delta_k{}^i + \varepsilon \frac{\partial \xi^i}{\partial x^k}; \quad \overline{\alpha}_i{}^k = \frac{\partial x^k}{\partial x'^i} = \delta_i{}^k - \varepsilon \frac{\partial \xi^k}{\partial x^i} \tag{161}$$

代入一般的变换公式 (25). 这些数值是从

$$(\partial x'^i/\partial x^k)(\partial x^k/\partial x'^\alpha) = \delta_\alpha{}^i$$

得出的, 当然它们只正确到 ε 的一次项. 我们再写出变换行列式的值,

$$\det \left| \frac{\partial x'^i}{\partial x^k} \right| = 1 + \varepsilon \frac{\partial \xi^i}{\partial x^i}, \quad \det \left| \frac{\partial x^k}{\partial x'^i} \right| = 1 - \varepsilon \frac{\partial \xi^i}{\partial x^i} \tag{162}$$

这样我们就得到一个矢量的变分

$$\delta a^i = \varepsilon \frac{\partial \xi^i}{\partial x^r} a^r, \quad \delta a_i = -\varepsilon \frac{\partial \xi^r}{\partial x^i} a_r, \tag{163}$$

和二秩张量的变分

$$\left. \begin{aligned} \delta a^{ik} &= \varepsilon \left(\frac{\partial \xi^i}{\partial x^r} a^{rk} + \frac{\partial \xi^k}{\partial x^r} a^{ir} \right), \\ \delta a^i_k &= \varepsilon \left(\frac{\partial \xi^i}{\partial x^r} a^r_k - \frac{\partial \xi^r}{\partial x^k} a_r{}^i \right), \\ \delta a_{ik} &= -\varepsilon \left(\frac{\partial \xi^r}{\partial x^i} a_{rk} + \frac{\partial \xi^r}{\partial x^k} a_{ir} \right). \end{aligned} \right\} \tag{164}$$

特别是对 g_{ik} 的变分, 相应的公式也成立. 还应该看到, 对于任意对称的数组 t_{ik}, 根据公式 (72) 可得

$$t_{ik}\delta g^{ik} = -t^{ik}\delta g_{ik} \tag{165}$$

(和通常一样, 这里我们令 $t^{ik} = g^{i\alpha}g^{k\beta}t_{\alpha\beta}$). 同样地, 根据公式 (73) 可得

$$\delta\sqrt{-g} = \frac{1}{2}\sqrt{-g}g^{ik}\delta g_{ik} = -\frac{1}{2}\sqrt{-g}g_{ik}\delta g^{ik}. \tag{73b}$$

[66] 在公式 (163) 和 (164) 中我们总是讨论这种类型的变分:

$$\left.\begin{aligned}\delta a^i &= a'^i(x') - a^i(x), \cdots, \\ \delta a^{ik} &= a'^{ik}(x') - a^{ik}(x), \cdots \text{等等}.\end{aligned}\right\} \tag{166}$$

和这些变分根本不同的是变分

$$\left.\begin{aligned}\delta^* a^i &= a'^i(x) - a^i(x), \cdots, \\ \delta^* a^{ik} &= a'^{ik}(x) - a^{ik}(x), \cdots \text{等等}.\end{aligned}\right\} \tag{167}$$

显然, 这个变分是由带有符号的关系式

$$\delta^* = \delta - \varepsilon\frac{\partial}{\partial x^r}\xi^r \tag{168}$$

和公式 (166) 连结起来的. 从这个关系式可以立刻得出 $\delta^* a^i, \delta^* a^{ik}$, 等等的表达式. 根据公式 (164) 和 (167) 可得重要公式

$$\frac{1}{2}\int \mathfrak{T}^{ik}\delta^* g_{ik}\mathrm{d}x = \varepsilon\int\left[-\mathfrak{T}_i{}^k\frac{\partial\xi^i}{\partial x^k} - \frac{1}{2}\frac{\partial g_{rs}}{\partial x^i}\mathfrak{T}^{rs}\xi^i\mathrm{d}x\right],$$

或者, 应用公式 (150a)

$$\frac{1}{2}\int \mathfrak{T}^{ik}\delta^* g_{ik}\mathrm{d}x = \varepsilon\left[\int \mathfrak{Div}_i\mathfrak{T}\cdot\xi^i\mathrm{d}x - \int\frac{\partial}{\partial x^k}(\mathfrak{T}_i{}^k\xi^i)\mathrm{d}x\right]. \tag{169}$$

最后, 我们考虑积分

$$J = \int \mathfrak{W}(x)\mathrm{d}x$$

的变分, 它等于

$$\begin{aligned}\delta J &= \int_{X'}\mathfrak{W}'(x')\mathrm{d}x' - \int_X\mathfrak{W}(x)\mathrm{d}x \\ &= \int_X\mathfrak{W}'(x')\det\left|\frac{\partial x'^i}{\partial x^k}\right|\mathrm{d}x - \int_X\mathfrak{W}(x)\mathrm{d}x,\end{aligned}$$

或者, 根据公式 (162) 和 $\mathfrak{W}'(x') = \mathfrak{W}'(x) + \varepsilon(\partial\mathfrak{W}/\partial x^i)\xi^i$, 得

$$\delta \int \mathfrak{W}\mathrm{d}x = \int \delta^*\mathfrak{W}\mathrm{d}x + \varepsilon \int \frac{\partial(\mathfrak{W}\xi^i)}{\partial x^i}\mathrm{d}x. \tag{170}$$

这里, $\delta^*\mathfrak{W} = \mathfrak{W}'(x) - \mathfrak{W}(x)$. 假使 ξ^i 在积分区域的界面上为零, 则公式 (170) 的右方第二项对 $\delta\int\mathfrak{W}\mathrm{d}x$ 没有贡献, 因为它可以根据公式 (139a) 变换为界面上的面积分. 假定现在 J 是一个不变量, 换句话说, $\mathfrak{W}$ 是一个标量密度, 那么, 对于任意 ξ^i, 变分 (170) 必须为零. $\mathfrak{W}$ 是由场张量组成的, 我们首先列出对于场张量可任意变更的 $\delta\mathfrak{W}$ 的一般表达式, 然后应用公式 (164), 专门用坐标系的无限小变化来完成这一变分. 用这种方法, 我们能够从公式 (170) 得到某些恒等式. 在某些情况下, 还可以假定 ξ^i 在界面上为零来简化计算. 现在可以通过下面的例子来阐明这种方法. 由于在物理学方面有很多应用, 以下将详细地进行推导.

(a) 作一个矢量 ϕ_i 的旋度

$$F_{ik} = \frac{\partial\phi_k}{\partial x^i} - \frac{\partial\phi_i}{\partial x^k}, \tag{171}$$

并从它导出不变式   [67]

$$L = \frac{1}{2}F_{ik}F^{ik}. \tag{172}$$

若 $\mathfrak{L}$ 是联属于 L 的标量密度,

$$\mathfrak{L} = L\sqrt{-g},$$

可以从不变积分

$$\int \mathfrak{L}\mathrm{d}x$$

导出一个对电动力学的有质动力方面至关重要的变换. 我们的讨论限于场和坐标的那些变分, 即它们在积分区域的界面上为零. 首先我们将 ϕ_i 和 g_{ik} 作为独立变量考虑. 假使它们按照上述的方式变化, 应用公式 (165) 作简单的计算即得

$$\delta\mathfrak{L} = \mathfrak{F}^{ik}\delta F_{ik} - \mathfrak{S}^{ik}\delta g_{ik},$$

其中

$$S_{ik} = \frac{1}{\sqrt{-g}}\mathfrak{S}_{ik} = F_{ri}F_{sk}g^{rs} - \frac{1}{4}F_{rs}F^{rs}g_{ik}. \tag{173}$$

那么, 分部积分后, 得

$$\delta \int \mathfrak{L}\mathrm{d}x = \int (2\mathfrak{s}^i\delta\phi_i - \mathfrak{S}^{ik}\delta g_{ik})\mathrm{d}x, \tag{174}$$

式中

$$\mathfrak{s}^i = \frac{\partial \mathfrak{F}^{ik}}{\partial x^k}, \tag{175}$$

从上式也得出

$$\frac{\partial \mathfrak{s}^i}{\partial x^i} = 0. \tag{175a}$$

现在我们专门根据无限小坐标变换来作变分 $\delta\phi_i$ 和 δg_{ik}. 这可以通过在公式 (174) 中将 $\delta\phi_i$ 和 δg_{ik} 换成 $\delta^*\phi_i$ 和 $\delta^* g_{ik}$ 来完成, 因为 $\delta\phi_i$ 和 δg_{ik} 在界面上等于零和根据公式 (170). 从公式 (163) 和 (168), 我们首先得出

$$\mathfrak{s}^i \delta^* \phi_i = -\varepsilon \left(\mathfrak{s}^k \frac{\partial \phi_k}{\partial x^i} \xi^i + \mathfrak{s}^k \phi_i \frac{\partial \xi^i}{\partial x^k} \right).$$

在分部积分后, 由于公式 (169) 和 (175a),

$$0 = \int (2\mathfrak{s}^i \delta^* \phi_i - \mathfrak{S}^{ik} \delta^* g_{ik}) \mathrm{d}x = -2\varepsilon \int (F_{ik}\mathfrak{s}^k + \mathfrak{Div}_i \mathfrak{S}) \xi^i \mathrm{d}x.$$

因为最后表达式对于任意 ξ^i 必须等于零, 我们有

$$F_{ik}\mathfrak{s}^k = -\mathfrak{Div}_i \mathfrak{S},$$

或者, 全写出来

$$F_{ik}\mathfrak{s}^k = -\left(\frac{\partial \mathfrak{S}_i{}^k}{\partial x^k} - \frac{1}{2} \frac{\partial g_{rs}}{\partial x^i} \mathfrak{S}^{rs} \right). \tag{176}$$

[68]　　这个恒等式将在 §30 和 §54 中得到应用.

(b) 对应于曲率不变量 R, 积分不变式

$$\int \mathfrak{R}\mathrm{d}x$$

的变分显得特别重要, 这是由于洛伦兹[100], 希尔伯特[101], 爱因斯坦[102], Weyl[103] 和 Klein[104] 研究哈密顿原理在广义相对论中的作用, 它们的物

---

100) H. A. Lorentz, *Versl. gewone Vergad. Akad. Amst.*, **23** (1915) 1073; **24** (1916) 1389 及 1759; **25** (1916) 468 及 1380.

101) D. Hilbert, "Grunglagen der Physik", 1, Mitt, *Nachr. Ges. Wiss. Göttingen* (1915) 395.

102) A. Einstein, *S. B. preuss. Akad. Wiss.* (1916) 1115 [也重刊于文集: Lorentz, Einstein, Minkowski, *Das Relativitätsprinzip* (第三版, Leipzig 1920)].

103) H. Heyl, *Ann. Phys., Lpz.*, **54** (1917) 117; *Raum-Zeit-Materie* (第一版, 1918 及第三版, 1920).

104) F. Klein, "Zu Hilberts erster Note über die Grundlagen der Physik", *Nachr. Ges. Wiss. Göttingen* (1917) 469, "Über die Differentialgesetze von Impuls und Energie in der Einsteinschen Gravitationstheorie" 同前, (1918) 235. Klein 的方法 (比之于 Hilbert 的) 的简化是由于他也应用了在积分区域边界上不为零的坐标变分. 自从拉格朗日以后, 在经典力学中也常常这样做. 这样一来, 许多关系就更为明显. 洛伦兹 [参阅注 100), 同前] 早已用过一种相似的步骤, 虽然不是这样有系统.

理意义将在第 IV 编中阐述.

首先我们将不变式 $\int \Re \mathrm{d}x$ 分成一个仅含 g_{ik} 的一阶导数的体积分和一个面积分, 即

$$\int \Re \mathrm{d}x = -\int \mathfrak{G}\mathrm{d}x + \int_{面}(\cdots), \qquad (177)$$

式中

$$\mathfrak{G} = \sqrt{-g}\,G, \quad G = g^{ik}(\Gamma^r_{is}\Gamma^s_{kr} - \Gamma^r_{ik}\Gamma^s_{rs}). \qquad (178)$$

显然, G 仅在线性变换时是不变量, 即它是一仿射标量. 但是, 除此以外, 按照公式 (177), 积分 $\int \mathfrak{G}\mathrm{d}x$ 对于只适用于积分区域内部并使坐标和 g_{ik} 以及它们的导数的边界值保持不变的所有变换是不变的. $\int \mathfrak{G}\mathrm{d}x$ 的这两个不变性质现在将用来导出这个理论的重要的数学恒等式. 现在由于积分中被积函数的变化不再包含 g_{ik} 的二阶导数, 这就使问题大大简化, 尽管在以下所描述的方法里, 它不是主要的.

对于场量 g_{ik} 的任意变分, 首先我们得到 [利用缩写 $g^{ik}{}_\sigma = (\partial g^{ik}/\partial x^\sigma)$],

$$\begin{aligned}
-\int \delta\mathfrak{G}\mathrm{d}x &= -\int \left(\frac{\partial \mathfrak{G}}{\partial g^{ik}}\delta g^{ik} + \frac{\partial \mathfrak{G}}{\partial g^{ik}_\sigma}\delta g^{ik}_\sigma\right)\mathrm{d}x \\
&= \int \left(\frac{\partial}{\partial x^\sigma}\frac{\partial \mathfrak{G}}{\partial g^{ik}_\sigma} - \frac{\partial \mathfrak{G}}{\partial g^{ik}}\right)\delta g^{ik}\mathrm{d}x \\
&\quad - \int \frac{\partial}{\partial x^\sigma}\left(\frac{\partial \mathfrak{G}}{\partial g^{ik}_\sigma}\delta g^{ik}\right)\mathrm{d}x.
\end{aligned}$$

经过明显的计算[105] 可证明

$$\frac{\partial}{\partial x^\sigma}\frac{\partial \mathfrak{G}}{\partial g^{ik}_\sigma} - \frac{\partial \mathfrak{G}}{\partial g^{ik}} = \mathfrak{G}_{ik} = \sqrt{-g}\,G_{ik},$$

[69]

式中 G_{ik} 即公式 (109)† 中所定义的张量. 因此, 我们有

$$-\int \delta\mathfrak{G}\mathrm{d}x = \int \mathfrak{G}_{ik}\delta g^{ik}\mathrm{d}x - \int \frac{\partial}{\partial x^\sigma}\left(\frac{\partial \mathfrak{G}}{\partial g^{ik}_\sigma}\delta g^{ik}\right)\mathrm{d}x. \qquad (179)$$

由于最后一个积分可以写成面积分, 从公式 (177), 我们还可得到

$$\delta\int \Re \mathrm{d}x = \int \mathfrak{G}_{ik}\delta g^{ik}\mathrm{d}x + \int_{面}(\cdots). \qquad (180)$$

105) 详见 H. Weyl, *Raum-Zeit-Materie* (第一版, 1918), 191 页 (第三版, 1920) 205 页, 206 页; 也可见 A. Palatini, *R. C. Circ. mat. Palermo*, **43** (1919) 203.

† 见补注 8.

现在我们专门从坐标系的变分 δ^* 来算 g_{ik} 的变分. 由于公式 (169) 和 (170), 我们可从 (179) 得出

$$\delta^* \int \mathfrak{G} \mathrm{d}x = 2\varepsilon \int \mathfrak{Div}_i \mathfrak{G} \cdot \xi^i \mathrm{d}x$$
$$+ \varepsilon \int \frac{\partial}{\partial x^k} \left(\frac{\partial \mathfrak{G}}{\partial g^{rs}_k} \delta^* g^{rs} - 2\mathfrak{G}_i{}^k \xi^i + \mathfrak{G} \xi^k \right) \mathrm{d}x. \tag{181}$$

其次, 我们将无限小坐标变换进一步特殊化, 通过以下方法而使 $\int \mathfrak{G} \mathrm{d}x$ 保持不变.

(i) ξ^i 在界面上为零. 则由此可得出

$$\mathfrak{Div}_i \mathfrak{G} = \frac{\partial \mathfrak{G}_i{}^k}{\partial x^k} - \frac{1}{2} \frac{\partial g_{rs}}{\partial x^i} \mathfrak{G}_{rs} \equiv 0, \tag{182a}$$

$$\mathfrak{Div}^i \mathfrak{G} = \frac{\partial \mathfrak{G}^{ik}}{\partial x^k} + \mathfrak{G}^{rs} \Gamma^i{}_{rs} \equiv 0. \tag{182b}$$

假如我们只要求导出这个恒等式, 计算就可以大大简化[†]. Herglotz[82] 曾指出从这个恒等式可以很简单地导致一个重要的定理, 这个定理早前已由 Schur[105a] 用不同的方法导出. 以公式 (116) 作类比, 若

$$R_{hijk} = -\alpha(g_{hj}g_{ik} - g_{ij}g_{hk}),$$

式中 α 可以仍然是坐标的函数, 把公式 (119) 代入 (182a), 立刻可得, 对于 $n > 2$,

$$\frac{\partial \alpha}{\partial x^i} = 0, \quad \alpha = 常数.$$

这就意味着假使黎曼空间 $R_n(n > 2)$ 的曲率与每一点上的曲面方向无关, 则它也和位置无关.

[70]   (ii) ξ^i 可以是常数. 我们甚至可以用更普遍的方式取 ξ^i 为坐标的线性函数, 但是照这样得出的恒等式是不重要的. 现在由于公式 (182), 公式 (181) 中的第一个积分可以省略, 要得到常量 ξ^i, 第二个积分也必须恒等于零. 由于积分区域可以假定得任意小, 只有被积函数恒等于零的情况下, 才有这种可能. 由于公式 (164) 和 (168), 要得到常量 ξ^i, 我们现在必须令 $\delta^* g^{rs} = -g^{rs}{}_i \xi^i$. 所以被积函数可写成

$$\xi^i \frac{\partial}{\partial x^k} \left(-\frac{\partial \mathfrak{G}}{\partial g^{rs}_k} g^{rs}_i - 2\mathfrak{G}_i{}^k + \mathfrak{G} \delta_i{}^k \right).$$

[†] 见补注 7.

105a) F. Schur, *Math. Ann.*, **27** (1886), 537

最后我们可以令

$$
\mathfrak{U}_i{}^k = \frac{1}{2}\left(\frac{\partial \mathfrak{G}}{\partial g^{rs}_k} g^{rs}_i - \mathfrak{G}\delta_i{}^k \right), \tag{183}
$$

因此

$$
\frac{\partial(\mathfrak{U}_i{}^k + \mathfrak{G}_i{}^k)}{\partial x^k} \equiv 0. \tag{184}
$$

计算表达式 (183) 求 $\mathfrak{U}_i^k$, 利用公式 (178) 的值代表 $\mathfrak{G}$, 乃得

$$
\mathfrak{U}_i{}^k = \frac{1}{2}\left\{ \Gamma^r_{\alpha r}\frac{\partial(g^{\alpha k}\sqrt{-g})}{\partial x^i} - \Gamma^k_{rs}\frac{\partial(g^{rs}\sqrt{-g})}{\partial x^i} - \mathfrak{G}\delta_i{}^k \right\}. \tag{185}
$$

对于 $\sqrt{-g} = $ 常数的情况, 上式也可写成[106]

$$
\mathfrak{U}_i{}^k = \sqrt{-g}U_i{}^k, \quad U_i{}^k = \Gamma^k_{rs}\Gamma^r_{\alpha i}g^{\alpha s} - \frac{1}{2}G\delta_i{}^k. \tag{185a}
$$

显然, 我们这里所考虑的是 §21 中所讨论的一种仿射张量. 关于它的物理应用, 可参阅第 IV 编 §57 和 61[†].

---

106) 关于详细的计算见 A. Einstein, *Ann. Phys., Lpz.,* **49** (1916) 806, 方程 (50), 对于 $\sqrt{-g} = $ 常数的情形; W. Pauli, *Phys. Z.,* **20** (1919) 25, 对于一般的情形.

† 见补注 8a.

第 Ⅲ 编

狭义相对论. 详细推敲

(a) 运　动　学

24. 洛伦兹变换的四维表示

利用四维空 – 时世界, 我们能够把第 I 编中已经讨论过的相对论运动学的结果更清楚地表示出来. 可以并行地采用两种不同的表示, 一种表示是虚的,

$$x^1 = x, \quad x^2 = y, \quad x^3 = z, \quad x^4 = \mathrm{i}ct;$$

而另一种表示是实的,

$$x^1 = x, \quad x^2 = y, \quad x^3 = z, \quad x^4 = ct,$$

从历史观点来说, 第一种表示是比较早的, 已为庞加莱[107] 所采用, 第二种表示已为闵可夫斯基在他的 "空间和时间" 的讲稿中所采用. x^2 和 x^3 保持不变的特殊洛伦兹变换 (I) 由下列公式确定:

$$\left.\begin{aligned}
x'^1 &= x^1 \cos\phi + x^4 \sin\phi \\
x'^1 &= x^1 \cosh\psi - x^4 \sinh\psi \\
x'^4 &= -x^1 \sin\phi + x^4 \cos\phi \\
x'^4 &= -x^1 \sinh\psi + x^4 \cosh\psi
\end{aligned}\ \right\} \quad (\phi = \mathrm{i}\psi) \qquad (186)$$

这与在 R_3 中坐标系的一个转动完全相似. 前者最先明显地出现于闵可夫斯基 Ⅱ [方程 (1)] 中 —— 他把 ϕ 写成 $\mathrm{i}\psi$. 由于当 $x'^1 = 0$ 时, 必须有

---

107) 参阅注 11) 所引 *R. C. Circ. mat. Palermo* 中的一文, 168 页.

$x = vt, \phi$ 与 ψ 由下式确定:

$$\tan \phi = \mathrm{i}\beta, \quad \tanh \psi = \beta,$$

从而

$$\left.\begin{array}{ll} \cos \phi = \dfrac{1}{\sqrt{1-\beta^2}}, & \cosh \psi = \dfrac{1}{\sqrt{1-\beta^2}}, \\[2mm] \sin \phi = \dfrac{\mathrm{i}\beta}{\sqrt{1-\beta^2}}, & \sinh \psi = \dfrac{\beta}{\sqrt{1-\beta^2}}. \end{array}\right\} \tag{187}$$

在一个虚坐标系中, 特殊洛伦兹变换是一个转动, 而在实坐标系中, 它代表把不变的双曲线

$$(x^1)^2 - (x^4)^2 = 1$$

的一对共轭直径变换成另一对共轭直径. 在前一情形中, 一个矢量的协变分量和逆变分量没有区别. 在后一情形中, $a_4 = -a^4$, 而对任意的张量, 在上升或下降指标 4 时, 一般要改变符号. [72]

　　洛伦兹收缩可用图 2 中的右边部分来说明, 图中 $x^1 = x$ 是横坐标, 而 $x^4 = \mathrm{i}ct$ 是纵坐标. 图 2 是把 x^4 看成实数画出的.

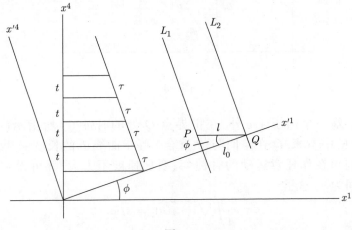

图 2

　　L_1 和 L_2 是一根在系统 K' 中静止的杆的世界线, 它们之间的距离 l_0 等于杆的静止长度. 在运动系统 K 中, 杆的长度可认为是 L_1 和 L_2 与一平行于 x^1 轴的直线的交点 P 和 Q 之间的距离. 显然

$$l = l_0 / \cos \phi. \tag{188}$$

利用 (187) 式[108], 这与 (7) 式一致. 爱因斯坦的时间膨胀可按同样的方式用图 2 中的左边部分来说明. 任何周期性的事件都可当作一个时钟来应用, 并可认为它在系统 K' 中是静止的. 相当于一连串周期时间的世界点位于与 x'^4 轴平行的直线上. 它们之中任何两点间的距离 τ 就是通常所测得的周期的时间长度. (为了简单起见, 时间的单位选取为光速等于 1.) 在 K 中测得的周期 t 则由时间长度 τ 的线段在 x^4 轴上的投影给定. 因而

$$\tau = t/\cos\phi. \tag{189}$$

由于 (187) 式, 这与 (8) 式等同.

　　简单地推广一下这个论据就可说明时钟的佯谬 (参看 §5)[109]. 在图 3 中, L_1 和 L_2 就是 §5 中讨论过的 C_1 和 C_2 的世界线.

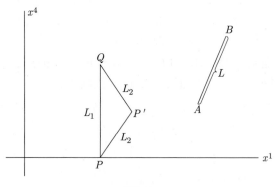

图　3

[73]　　　　除了差一个因子 $1/c$ 外, 在世界点 Q 处的时钟 C_2 所指示的时间 τ (从系统 K 中看来, Q 在空间与 P 重合.) 等于曲线 L 的长度 s. 我们可把它推广到正在作任意运动的时钟, 只要加速度不太大, 并可设它们所指示的时间为 τ, 这里

$$\tau = \int \sqrt{1-\beta^2}\mathrm{d}t = s/\mathrm{ic}, \tag{157a}$$

而其中 s 又是相应的世界线的长度. 显然, τ 就是这个时钟的固有时 [由公式 (157) 定出], 即和时钟一起运动的观察者所测得的时间. 从世界点 A 运动到世界点 B 的两个时钟之中, 作匀速运动的时钟将指示最短的时间间隔 (参看图 3).

---

108) 实坐标系中相应的图可在闵可夫斯基的讲演稿 "空间和时间" 中找到.

109) 参阅闵可夫斯基的讲演稿 "Raum und Zeit" 中注 4, 此文纳入论文集 "Das Relativitätsprinzip" (Leipzig, 1913), 并参阅 M. v. Laue, *Phys. Z.*, **13** (1912) 118.

25. 速度合成定理

若引用四维矢量 u^i [由公式 (158) 和 (159) 定出] 来代替三维速度 $\boldsymbol{u}$, 就可以简单而又清楚地把过渡到运动系统 K' 的速度变换公式写出来. 在我们的情形中, u^i 的分量具有值

$$(u^1, u^2, u^3) = \frac{\boldsymbol{u}}{\sqrt{1 - (u^2/c^2)}}, \quad u^4 = \frac{\mathrm{i}c}{\sqrt{1 - (u^2/c^2)}}. \tag{190}$$

按照 (186) 式和 (187) 式, 过渡到系统 K' 的变换公式则为

$$\left.\begin{aligned} u'^1 &= \frac{u^1 + \mathrm{i}(v/c)u^4}{\sqrt{1 - (v^2/c^2)}}, \\ u'^4 &= \frac{-\mathrm{i}(v/c)u^1 + u^4}{\sqrt{1 - (v^2/c^2)}}, \\ u'^2 &= u^2, \quad u'^3 = u^3. \end{aligned}\right\} \tag{191}$$

从这些方程, 能够容易地得到 §6 中的公式 (10) 和 (12); 特别是 (11a) 式与 u^4 的变换公式等同. 借助于 §24 前段中的规定, 可得到关于实坐标的相应 公式. [74]

速度合成定律的另一解释由索末菲首先提出[110]. 假使首先考虑同方向的两个速度的合成定理, 则根据观察可知, 两次接连转动的角度 ϕ_1 和 ϕ_2 只是简单相加而已. 由于 (187) 式, 索末菲的解释只不过是两角和的正切公式

$$\tan\phi = \tan(\phi_1 + \phi_2) = \frac{\tan\phi_1 + \tan\phi_2}{1 - \tan\phi_1 \tan\phi_2}$$

的结果. 对非同方向的速度更一般的情形, 也可作类似的解释. 特别是, 我们能够证明公式 (11a) 只给定合速度的大小; 而交换律对速度的方向并不成立. 通过对半径为 i 的球的球面几何的考察[110], 就能够证明这一点. Varičak[111] 指出了, 相对论中速度的合成与 Bolyai-Lobachevski 平面上一

110) A. Sommerfeld, *Phys. Z.*, **10** (1909) 826.

111) Varičak 建立了洛伦兹变换以及多普勒效应, 光行差, 和在运动镜子上的反射的相对论公式与 Bolyai-Lobachevski 几何学之间的形式的联系. 参阅 V. Varičak, *Phys. Z.*, **11** (1910) 93, 287, 586; *Glas srpsk. kralj. Akad.*, **88** (1911); 在 *Jber. dtsch. Mat. Ver.*, **21** (1912) 103 中的一个总结性的报告; *Rad. Jug. Akad. Znun. Umj.* (1914) 46; (1915) 86 和 101; (1916) 79; (1918) 1; (1919) 100.

与 Bolyai-Lobachevski 几何学之间的这种联系可以简要地叙述如下 (这未曾被 Varičak 注意到): 假使把 dx^1, dx^2, dx^3, dx^4 解释为在三维投影空间中的齐次坐标, 则方程 $(dx^1)^2 + (dx^2)^2 + (dx^3)^2 - (dx^4)^2 = 0$ 的不变性只不过在于引入了一个基于实圆锥截面的 Cayley 系统的量度. 其余可从 Klein 提出的著名的论证中得出 [*Math. Ann.*, **4** (1871) 112].

定长度的曲线的合成之间具有类似性.

26. 加速度变换定律. 双曲线运动

跟速度的情形一样, 在相对论中, 可引入由 (147) 式所定出的并表记狭义相对论的线元的四维矢量 $\boldsymbol{B}$ 来代替三维矢量 $\dot{\boldsymbol{u}}$. 它具有分量:

$$B^i = \frac{\mathrm{d}u^i}{\mathrm{d}\tau} = \frac{\mathrm{d}^2 x^i}{\mathrm{d}\tau^2}. \tag{147a}$$

在狭义相对论中有

$$u_i \frac{\mathrm{d}u^i}{\mathrm{d}\tau} = u^i \frac{\mathrm{d}u_i}{\mathrm{d}\tau},$$

因此对 $u_i u^i = -c^2$ 微分, 可得

$$u_i B^i = u_i \frac{\mathrm{d}u^i}{\mathrm{d}\tau} = 0. \tag{192}$$

[75]　$\boldsymbol{B}$ 与三维空间中的矢量 $\dot{\boldsymbol{u}}$ 的关系如下式:

$$\left.\begin{array}{c} (B^1, B^2, B^3) = \dot{\boldsymbol{u}} \dfrac{1}{1-\beta^2} + \boldsymbol{u} \dfrac{(\boldsymbol{u} \cdot \dot{\boldsymbol{u}})}{c^2} \cdot \dfrac{1}{(1-\beta^2)^2}, \\[3mm] B^4 = \mathrm{i} \dfrac{(\boldsymbol{u} \cdot \dot{\boldsymbol{u}})}{c} \cdot \dfrac{1}{(1-\beta^2)^2}. \end{array}\right\} \tag{193}$$

特别有意义的是把物质的加速度从系统 K' (随介质作瞬时运动) 变换到系统 K (物质以速度 $\boldsymbol{u}$ 对之运动) 的公式. 若我们使 x 轴沿运动方向, 则在此情形中有

$$(B'^1, B'^2, B'^3) = \dot{\boldsymbol{u}}', \quad B'^4 = 0,$$

$$B^1 = \frac{\dot{u}_x}{1-\beta^2} + \frac{\beta}{i} B^4, \quad B^2 = \frac{\dot{u}_y}{1-\beta^2}, \quad B^3 = \frac{\dot{u}_z}{1-\beta^2}.$$

从 (186) 式的逆变换, 可得到 $\boldsymbol{B}$ 的分量的变换公式,

$$B^1 = \frac{B'^1}{\sqrt{1-\beta^2}}, \quad B^2 = B'^2, \quad B^3 = B'^3, \quad B^4 = \frac{\mathrm{i}\beta B'^1}{\sqrt{1-\beta^2}}.$$

由此可得关系

$$\dot{u}_x = \dot{u}_x'(1-\beta^2)^{3/2}, \quad \dot{u}_y = \dot{u}_y'(1-\beta^2), \quad \dot{u}_z = \dot{u}_z'(1-\beta^2). \tag{194}$$

这早已见之于爱因斯坦的第一篇论文[112].

---

112) 一个简单而初步的推导可在索末菲的 *Atombau und Spektrallinien* (Braunschweig, 1919 第一版) 320 页和 321 页; (1920 第二版) 317 页和 318 页中找到.

在相对论运动学中, 我们自然可以把在跟介质或粒子一起运动的系统 K' 中, 其加速度总具有同一量值 b 的运动称为 "匀加速运动". 在每一时刻, 系统 K' 是一个不同的系统; 对同一伽利略系统 K 来说, 这种运动的加速度在时间上不是常量. 所有这些均可应用于匀加速直线运动. 我们可以仅限于讨论这种情形, 因为更普遍的情形可借助于洛伦兹变换化成这一情形. 从 (194) 式, 经积分后, 容易得到

$$(x - x_0)^2 - c^2(t - t_0)^2 = \frac{c^4}{b^2} = 常量 = a^2.$$

若如下选取空间和时间的原点:

$$t = 0, \quad \dot{x} = 0, \quad x = \frac{c^2}{b},$$

则路线的方程取下列形式:

$$x^2 - c^2 t^2 = \frac{c^4}{b^2} = 常量 = a^2. \tag{195a}$$

速度不会无限地增加而是渐近地趋于光速. 相应的世界线是双曲线, 基于这一理由, 在相对论中匀加速运动也称为双曲线运动, 以便与经典力学中的 "抛物线运动" 相对比. 在虚坐标系中, 世界线是一个半径为 a 的圆, [76]

$$(x^1)^2 + (x^4)^2 = a^2. \tag{195b}$$

坐标 x^1 和 x^4 可以用世界线的虚弧长 s 表示

$$x^1 = a \cos \frac{s}{a}, \quad x^4 = a \sin \frac{s}{a}; \tag{196a}$$

或者在实坐标系中分别为

$$x^1 = a \cosh \frac{c\tau}{a}, \quad x^4 = a \sinh \frac{c\tau}{a} \tag{196b}$$

由此可知, 矢量 $\boldsymbol{B}$ 沿半径方向并且具有值 $c^2/a = b$. 由于对 $(x, \mathrm{i}ct)$ 平面中的任一条路线上每一点均可绘出一个曲率半径, 因此对粒子在任一时刻的任意运动相应地能赋以一密切的双曲线运动.

闵可夫斯基[113] 首先认为双曲线运动是一种特别简单的运动形式, 后来玻恩[114] 和索末菲[115] 作了更详尽的讨论. 关于它在动力学和电动力学中的意义可参阅 §37 和 §32(γ).

---

113) 参阅注 54) (Ⅲ).

114) M. Born, *Ann. Phys., Lpz.,* **30** (1909) 1.

115) 参阅注 55), **33**, 670.

(b) 电动力学

27. 电荷守恒. 四维电流密度

在洛伦兹的电子论中, 一个电荷的密度 ρ 和速度 $\boldsymbol{u}$ 满足连续性方程[115a]

$$\frac{\partial \rho}{\partial t} + \operatorname{div}(\rho \boldsymbol{u}) = 0. \tag{A}$$

这启发我们可把方程用四维散度的形式写出

$$\frac{\partial s^i}{\partial x^i} = 0 \quad (\operatorname{Div} \boldsymbol{s} = 0), \tag{197}$$

其中量 s^i 规定为

$$(s^1, s^2, s^3) = \rho \frac{\boldsymbol{u}}{c}, \quad s^4 = \mathrm{i}\rho. \tag{198}$$

[77]　现在必须要求 (A) 式, 从而也要求 (197) 式对任一伽利略参考系成立. 由此我们能够推得 s^i 是一个四维矢量的分量, 称为四维电流密度. 在庞加莱的著述中已经可找到其中的主要之点. 从 (197) 式的不变性, 我们能够导出 s^i 的变换公式. 这些公式中本来应包含一未定因子, 跟在洛伦兹变换中一样, 它按某种方式依赖于速度. 但是, 仿照在 §5 中已进行过的关于坐标变换公式中的因子 K 的同样的论证, 就能证明这个因子必须等于 1. 除以前曾数次提过的速度变换公式外, s^i 的矢量特性也可导致电荷密度的变换公式

$$\rho' = \frac{\rho[1 - (v/c^2)u_x]}{\sqrt{1 - (v^2/c^2)}}. \tag{199}$$

若这样来选取坐标系 K': 使得电荷密度在 K' 中为静止的, 则上式的物理意义将更为明显. 此时 $u_x = u = v$, 并且把此一情形中的 ρ' 改写成 ρ, 即得

$$\rho_0 = \rho\sqrt{1 - (u^2/c^2)}, \quad \rho = \frac{\rho_0}{\sqrt{1 - (u^2/c^2)}}. \tag{199a}$$

反之, 若应用速度合成定理, 可从 (199a) 式得出 (199) 式. 由于物质体积元 $\mathrm{d}V$ 的洛伦兹收缩 [见 7(a)],

$$\mathrm{d}V = \mathrm{d}V_0 \sqrt{1 - (u^2/c^2)},$$

我们有

$$\rho\mathrm{d}V = \rho_0\mathrm{d}V_0 \tag{200a}$$

115a) 参阅注 4), §2, 方程 (Ⅱ).

或

$$de = de_0. \tag{200b}$$

在一给定的物质体积元中所包含的电荷是一个不变量. 一个粒子的总电荷并不因它的运动与否而改变, 这是 (A) 式的直接结果, 而且能够合理而可靠地认定它与实验相一致. 因为, 如果不是这样, 原子的中和特性会单单由于原子中电子的运动而破坏. 关系 (200b) 还指出, 每一物质体积中的电荷保持不变.

另一方面, 索末菲[116) 从 (200a) 式出发, 按下列方式得到了 s^i 的矢量特性. 空间体积元 dV 在时间 dt 中所扫过的四维体积

$$dV \cdot dx^4 \quad (x^4 = \mathrm{i}ct)$$

是一个不变量. 由于假设 (200a), 这对乘积

$$\mathrm{i}\rho dV$$

同样成立. 现在如果取 (不变的) 商 $\mathrm{i}\rho/dx^4$, 再乘以矢量的分量 $dx^1, \cdots, dx^4$, 　　[78]
就可得到 (198) 式中所给出的一组量 s^i. 因此 s^i 是一个四维矢量.

用矢量 u^i 表示, 并借助于 (190) 式和 (199a) 式, s^i 可简单地写成

$$s^i = \frac{1}{c}\rho_0 u^i, \tag{201}$$

而连续性方程变成

$$\frac{\partial(\rho_0 u^i)}{\partial x^i} = 0. \tag{197a}$$

参看 §28 根据麦克斯韦方程组对 s^i 的矢量特性的证明和第 V 编 §65 (δ) Weyl 的理论对于守恒定律 (197) 式的解释.

28. 电子论基本方程组的协变性

在 §1 中已着重指出, 麦克斯韦方程组在伽利略变换中的非协变性是推动相对论发展的主要因素之一. 洛伦兹在他的 1904 年[117) 的论文中大部分已证出麦克斯韦方程组在相对论变换群中的协变性. 完整的证明是由庞加莱[118) 和爱因斯坦[119) 各自独立地提出的. 四维表述是由闵可夫斯基[120) 提出的, 他首先强调了 "面" 张量 (如我们现在所称呼那样) 的概念.

---

116) 参阅注 55), **32**.
117) 参阅注 10).
118) 参阅注 11).
119) 参阅注 12).
120) 参阅注 54).

要以四维不变的方式写下场方程组, 可先取不包含电荷密度的四个方程, 即[120a]

$$\operatorname{curl} \boldsymbol{E} + \frac{1}{c}\dot{\boldsymbol{H}} = 0,$$

$$\operatorname{div} \boldsymbol{H} = 0. \tag{B}$$

在实坐标系中, 令

$$(F_{41}, F_{42}, F_{43}) = \mathrm{i}\boldsymbol{E}, \quad (F_{23}, F_{31}, F_{12}) = \boldsymbol{H}$$

$$(F_{ik} = -F_{ki}), \tag{202}$$

(B) 式可以写成

$$\frac{\partial F_{ik}}{\partial x^l} + \frac{\partial F_u}{\partial x^k} + \frac{\partial F_{kl}}{\partial x^i} = 0 \quad (\operatorname{Curl} \boldsymbol{F} = 0) \tag{203}$$

[参看 (140b) 式].

根据 (203) 式在洛伦兹变换中的不变性, 就能知道 F_{ik} 是一个 "面" 张量的分量. 变换公式中所保留的未定因子又一次跟以前一样被消去. [79] 若以 (54a) 式和 (54b) 式所规定的对偶张量 F^{*ik} 代替 F_{ik}, 则

$$(F^{*41}, F^{*42}, F^{*43}) = -\boldsymbol{H}, \quad (F^{*23}, F^{*31}, F^{*12}) = -\mathrm{i}\boldsymbol{E}, \tag{202a}$$

由于 (142) 式和 (142b) 式, 方程组 (203) 也可写成

$$\frac{\partial F^{*ik}}{\partial x^k} = 0 \quad (\operatorname{Div} \boldsymbol{F}^* = 0). \tag{203a}$$

但是, 如所周知, 在通常的空间中, $\boldsymbol{E}$ 是一个极矢量, 而 $\boldsymbol{H}$ 是一个轴矢量 ("面" 张量), 不是相反的情形. 因此我们认为面张量 (202) 式是电磁场的真表示, 而对偶张量 (202a) 式不过是一种技巧而已. 闵可夫斯基[121] 曾用两种惯例写下场方程组. 在许多情形中, 前者是较为明显而方便的 (特别是在广义相对论中), 后来似乎被遗忘了, 连索末菲[122] 也未曾提到它. 直到 1916 年, 爱因斯坦[123] 才重新注意到它.

120a) 参阅注 4), 方程 (IV) 和 (V).

121) 参阅注 54), (I).

122) 参阅注 55).

123) A. 爱因斯坦, "Eine neue formale Deutung der Maxwellschen Gleichungen", *S. B. preuss. Akad. Wiss.* (1916) 184.

从 F_{ik} 的张量特性可得到过渡到运动参考系的场强的变换公式. 设洛伦兹变换中的速度 v 对于坐标系的 x 轴具有任意的方向, 则

$$\left.\begin{array}{ll} \boldsymbol{E}'_{\parallel} = \boldsymbol{E}, & \boldsymbol{E}'_{\perp} = \dfrac{\left[\boldsymbol{E} + \dfrac{1}{c}(\boldsymbol{v} \wedge \boldsymbol{H})\right]_{\perp}}{\sqrt{1 - (v^2/c^2)}} \\[4mm] \boldsymbol{H}'_{\parallel} = \boldsymbol{H}, & \boldsymbol{H}'_{\perp} = \dfrac{\left[\boldsymbol{H} - \dfrac{1}{c}(\boldsymbol{v} \wedge \boldsymbol{E})\right]_{\perp}}{\sqrt{1 - (v^2/c^2)}} \end{array}\right\} \tag{204}$$

把场分解成电场和磁场只具有相对的意义. 例如, 若在系统 K 中只存在一电场, 则在一相对于 K 运动的系统 K' 中, 还将存在一磁场. 这一论述消除了在理解一方面由运动磁铁引起感应现象和另一方面由导体的运动使导体感生电流这一概念时的某些困难.

洛伦兹理论中的电磁势: 即标势 φ 和矢势 $\boldsymbol{A}$, 也可作一简明的四维解释. 如同闵可夫斯基[54a] 所首先注意到的那样, 它们能结合成一个在四维世界中的矢量, 即四维矢势:

$$(\phi_1, \phi_2, \phi_3) = \boldsymbol{A}, \quad \phi_4 = \mathrm{i}\varphi. \tag{205}$$

场强的表达式[124]

[80]

$$\boldsymbol{H} = \operatorname{curl} \boldsymbol{A}, \quad \boldsymbol{E} = -\operatorname{grad} \varphi - \frac{1}{c}\dot{\boldsymbol{A}},$$

则取下列的形式:

$$F_{ik} = \frac{\partial \phi_k}{\partial x^i} - \frac{\partial \phi_i}{\partial x^k} \quad (\boldsymbol{F} = \operatorname{Curl} \varphi) \tag{206}$$

[参看 (140a) 式].

四维矢势是一个非常有用的数学辅助函数, 但是在洛伦兹的理论中, 它没有直接的物理意义. 方程 (203) 可从 (206) 式得出. 反之, 当应用 (203) 式时, 总能够确定一个使 (206) 式得到满足的矢量场 ϕ_i. 但是这个关系不能明显地确定 ϕ_i. 因为对一给定的 F_{ik}, 若 ϕ_i 是 (206) 式的一个解, 则 (206) 式也为 $\phi_i + \partial \psi/\partial x^i$ 所满足, 这里 ψ 是空间 – 时间坐标的一个任意的标函数. 所以在洛伦兹理论中, 至于要明显地确定 ϕ_i 应附加下列条件[125]:

$$\operatorname{div} \boldsymbol{A} + \frac{1}{c}\frac{\partial \varphi}{\partial t} = 0.$$

54a) 参阅注 54), (I).
124) 参阅注 4), 方程 (IX) 和 (X).
125) 参阅注 4), §4, 方程 (2).

这个条件可以写成四维形式：

$$\frac{\partial \phi^i}{\partial x^i} = 0 \quad (\mathrm{Div}\,\boldsymbol{\varphi} = 0). \tag{207}$$

到现在为止，尚未对赫兹矢量 $\boldsymbol{Z}$ 赋以四维的意义．

包含电荷密度的第二组麦克斯韦方程[125a]

$$\mathrm{curl}\,\boldsymbol{H} - \frac{1}{c}\dot{\boldsymbol{E}} = \rho\frac{\boldsymbol{u}}{c}, \quad \mathrm{div}\,\boldsymbol{E} = \rho \tag{C}$$

可跟 (B) 式同样处理．从 (198) 式和 (202) 式立刻可得出

$$\frac{\partial F^{ik}}{\partial x^k} = s^i \quad (\mathrm{Div}\,\boldsymbol{F} = \mathrm{s}) \tag{208}$$

[参看 (141b) 式]．若电荷密度用 (C) 式确定，就可立刻确定 s^i 的矢量特性，这在以前是用另一种方法推出的．利用 (206) 式可以把场强用四维矢势来表示，从而得到 [参看 (145) 式]，

$$\mathrm{Div}_i\,\mathrm{Curl}\,\boldsymbol{\varphi} = \mathrm{Grad}_i\,\mathrm{Div}\,\boldsymbol{\varphi} - \Box\phi_i = s_i,$$

并且由于 (207) 式，

$$\Box\phi_i = -s_i. \tag{209}$$

[81]　　　由于电磁场方程组在洛伦兹群中的协变性，自然会问，是否存在这个协变性仍适用的更广泛的变换群．Cuningham 和 Bateman[126] 回答了这个问题．这种最普遍的群是把光锥方程

$$s^2 = 0$$

变换成它本身的仿射变换所组成 [参看 §8 (B′) 式]．除了洛伦兹群的变换外，它还包括对一四维球的反演，或在实坐标系中对一双曲面的反演．Weyl 的理论 (参看第 V 编) 刷新了 Bateman 的定理．P. Frank[127] 对以下事实作了简单的证明：洛伦兹群跟通常仿射变换群联在一起是麦克斯韦方程组能对之协变的唯一的线性群．

125a) 参阅注 4)，§2，方程 (I)，(Ia) 和 (IV)．

126) E. Cuningham, *Proc. Lond. math. Soc.*, **8** (1910) 77; H. Bateman, *Proc Lond. math. Soc.*, **8** (1910) 223.

127) P. Frank, *Ann. Phys., Lpz.*, **35** (1911) 599.

29. 有质动力. 电子动力学

爱因斯坦在他的第一篇论文中已指出, 只要已知一个点电荷在无限小速度时的运动情况, 则相对论能使我们对这个点电荷以任意速度在电磁场中的运动情况作十分确切的描述. 这里点电荷的意义是指一个线度很小的电荷, 在它所充满的整个区域中外场可认为是均匀的. 因此, 点电荷不一定是电子. 设 $\boldsymbol{E}$ 是外电场的场强, e 和 m_0 分别是一个在坐标系 K' 中为瞬时静止的点电荷的电荷和质量. 因此, 在 K' 中,

$$m_0 \frac{\mathrm{d}^2 \boldsymbol{r}'}{\mathrm{d}t'^2} = e\boldsymbol{E}'. \tag{210}$$

借助于公式 (194) 式和 (204) 式, 我们能够立刻推得在系统 K 中适用的运动方程, 在 K 中电荷 (与系统 K') 以速度 $\boldsymbol{u}$ 沿正 x 方向运动. 我们得

$$\left.\begin{aligned}
\frac{m_0}{(1-\beta^2)^{3/2}} \cdot \frac{\mathrm{d}^2 x}{\mathrm{d}t^2} &= eE_x = e\left[\boldsymbol{E} + \frac{1}{c}(\boldsymbol{u} \wedge \boldsymbol{H})\right]_x, \\
\frac{m_0}{\sqrt{1-\beta^2}} \cdot \frac{\mathrm{d}^2 y}{\mathrm{d}t^2} &= e\left[\boldsymbol{E} + \frac{1}{c}(\boldsymbol{u} \wedge \boldsymbol{H})\right]_y, \\
\frac{m_0}{\sqrt{1-\beta^2}} \cdot \frac{\mathrm{d}^2 z}{\mathrm{d}t^2} &= e\left[\boldsymbol{E} + \frac{1}{c}(\boldsymbol{u} \wedge \boldsymbol{H})\right]_z.
\end{aligned}\right\} \tag{211}$$

首先, 可以看到右边正好是洛伦兹力的表达式[128]. 在早期处理中, 洛伦兹力是作为一个新的公理引用的, 而这里它只是相对性原理的一个结果. 但是, 应该指出, 就 u/c 的二次项和高次项而言, 这一论述就不是一个物理定律, 只不过是一个力的定义而已. 实际上, 我们起先选择那些放在方程 (211) 的右边或左边的量, 看来是十分任意的. 例如我们可用 $(1-\beta^2)^{3/2}$ 或 $(1-\beta^2)^{1/2}$ 乘两边, 然后把右边的相应项作为力的分量. 爱因斯坦起初也把 $e\boldsymbol{E}'$ 作为在运动系 K 中的力. 但是相对论力学表明, 最方便的, 而且实际上唯一自然的定义是由普朗克[129] 给出的上述的定义. 根据这个定义, 一个作任意运动的电荷的洛伦兹表达式

[82]

$$\boldsymbol{K} = e\left[\boldsymbol{E} + \frac{1}{c}(\boldsymbol{u} \wedge \boldsymbol{H})\right] \tag{212}$$

规定为力. 因为可以看出, 只有这个定义才能把力看成是动量对时间的导数, 在一个封闭的系统中, 这个动量保持不变 (参看 §37). 从 (212) 式和 (207) 式, 我们可得到力的变换公式:

$$K_x = K'_x, \quad K_y = K'_y \sqrt{1-\beta^2}, \quad K_z = K'_z \sqrt{1-\beta^2}. \tag{213}$$

---

128) 参阅注 4), §3, 方程 (VI).

129) M. Planck, *Verh. dtsch. phys. Ges.*, **4** (1906) 136.

这里还假定在给定的时刻, 力所作用的介质在坐标系 K' 中是静止的.

在早期的文献中, 由于 (211) 式, $m_0/(1 - \beta^2)^{3/2}$ 常称为纵质量, 而 $m_0/(1 - \beta^2)^{1/2}$ 称为横质量; 但是更方便的是把 (211) 式写成下列形式:

$$\frac{\mathrm{d}}{\mathrm{d}t}(m\dot{r}) = \boldsymbol{K}, \tag{214}$$

其中

$$m = \frac{m_0}{\sqrt{1 - \beta^2}} \tag{215}$$

[83]

现在是看作为质量的[130]. 这一质量依赖于速度的表达式是由洛伦兹[131] 基于电子也在运动过程中受到一洛伦兹收缩这一假定, 首先专门对电子的质量导出这个公式. Abraham 关于刚性电子的理论结果导致一个质量改变的更复杂的公式[132]. 洛伦兹关于质量改变的定律可以从相对论导出, 而不必对电子的形状或电荷的分布作任何特殊的假定, 这是一大进步. 公式 (215) 对各种质量均适用, 所以不必对质量的性质作任何假定. 像这里就电磁力的情形所作的证明那样, 以后在相对论力学中, 也将对任何的力作推广 (参看 §37). 因此借助于阴极射线偏转的实验可以区别不变的 "真" 质量与 "表观" 电磁质量[133] 的旧观念不能再保持下去了.

公式 (215) 或者运动方程 (211) 提供了借助于快速阴极射线或 β 射线在电场和磁场中偏转的实验来检验相对论的机会. Kaufmann[134] 的早期实验似乎支持 Abraham 的公式, 但是 Kaufmann 过分估计了他所测量的精密度. 在 Bucherer[135], Hupka[136] 和 Ratnowsky[137] 作了实验以后, 相

---

130) 这个结果已经明显地被包含于普朗克的论文中 [参阅注 129)], 后来 R. C. Tolman 在 *Phil. Mag.*, **21** (1911) 296 中详细地强调指出.

131) 参阅注 10). *Proc. Acad. Sci. Amst.*

132) 参阅注 4), §21, 方程 (77) 和 (78). 由于它在历史上有价值, 应该提及 Bucherer 的有恒定体积的 (可变形的) 电子的模型: A. H. Bucherer, *Mathematische Einleitung in die Elektronentheorie*, 1904, 58 页. 也可见 M. Abraham, *Theorie der Elektrizität*, 第二卷 (Leipzig, 1914 第三版) 188 页.

133) 例如参看注 4), §65.

134) W. Kaufmann, *Nachr. Ges. Wiss. Göttingen, math. nat. Kl.*, (1901) 143; (1902) 291; (1903) 90; *Ann. Phys., Lpz.,* **19** (1906) 487 和 **20** (1906) 639.

135) A. H. Bucherer, *Verh. dtsch. phys. Ges.,* **6** (1908) 688; *Phys. Z.,* **9** (1908) 755; *Ann. Phys., Lpz.,* **28** (1909) 513 和 **29** (1909) 1063. 也可参看 K. Wolz 后来所作的实验, *Ann. Phys., Lpz.,* **30** (1909) 373; 以及 Bucherer 与 Bestelmeyer 的讨论文章: A. Bestelmeyer, *Ann. Phys., Lpz.,* **30** (1909) 166; A. H. Bucherer, **30** (1909) 974; A. Bestelmeyer, **32** (1910) 231.

136) E. Hupka, *Ann. Phys., Lpz.,* **31** (1910) 169; 也可参阅 W. Heil 的讨论, **31** (1910) 519.

137) S. Ratnowsky, *Dissertation* (Geneva 1911).

对论公式已显得更为可靠, 而 Neumann[138] (及 Schäfer[139] 的补充结果) 和 Guye 及 Lavanchy[140] 的新近结果更是十分确定地支持了相对论公式. 今天, 光谱理论与氢谱线的精细结构已为我们提供了确定电子质量的速度依赖关系更精确的方法[141]. 这完全确认了相对论公式, 因此可以认为它已被实验所证实. 到现在为止, 尚不可能在实验上确定除了电子质量以外的质量的可变性, 因为效应太小, 即使对快速的 α 粒子来说也嫌太小[†].

若代替我们考虑单位体积中的力 (力密度),

$$\boldsymbol{f} = \rho\left[\boldsymbol{E} + \frac{1}{c}(\boldsymbol{u} \wedge \boldsymbol{H})\right], \tag{212a}$$

而不考虑作用在总电荷上的力, 则方程 (211) 可以写成不变的形式. 这个表达式启示我们可组成反称张量 F_{ik} 与四维电流密度 s^k 的乘积,   [84]

$$f_i = F_{ik}s^k. \tag{216}$$

所得的矢量 f_i 具有分量

$$(f_1, f_2, f_3) = \boldsymbol{f}, \quad f_4 = i\rho\left(\frac{\boldsymbol{E} \cdot \boldsymbol{u}}{c}\right). \tag{217}$$

单位体积中的力 (力密度) 由一个四维矢量的三个空间分量所组成, 这个四维矢量的时间分量是在单位时间内单位体积中所作的功 (每单位体积的功率) 除以 c. 庞加莱 [11] 基本上已经承认了这一重要事实, 接着闵可夫斯基[54a] 清楚地描述了这一事实. 从 (201) 式和 (216) 式, 我们可看到, 四维矢量 f_i 与速度矢量 u^i 垂直,

$$f_i u^i = 0. \tag{218}$$

现在我们可以把运动方程写成不变的形式; 实际上可用两种方法来

---

138) G. Neumann, *Dissertation* (Breslau 1914). 在 *Ann. Phys., Lpz.,* **45** (1914) 529 中的摘要; C. Schäfer 所作关于 Neumann 实验的报告, *Verh. dtsch. phys. Ges.,* **15** (1913) 935; *Phys. Z.,* **14** (1913) 1117.

139) C. Schäfer, *Ann. Phys., Lpz.,* **49** (1916) 934.

140) Ch. E. Guye 和 Ch. Lavanchy, *Arch. Sci. phys. nat.,* **41** (1916) 286, 353 及 441.

141) K. Glitscher, *Dissertation* (Munich 1917), 在 *Ann. Phys., Lpz.,* **52** (1917) 608 中的摘要. 也可参阅 A. Sommerfeld, *Atombau und Spektrallinien* (Braunschweig 1919 第一版, 373 页以下; 1920 第二版, 370 页). 索末菲指出 W. Lenz 是这个方法的创始人.

† 见补注 9.

54a) 参阅注 54), (I).

写. 第一种方法是引入四维矢量 K_4, 其分量为

$$\left.\begin{aligned}
(K_1, K_2, K_3) &= \frac{\boldsymbol{K}}{\sqrt{1-\beta^2}} \\
K_4 &= \mathrm{i}\frac{(\boldsymbol{K} \cdot \boldsymbol{u})/c}{\sqrt{1-\beta^2}}.
\end{aligned}\right\} \tag{219}$$

实际上, 从力的变换公式 (213) 已经可以看出, 这些量构成一个四维矢量. 人们称 $\boldsymbol{K}/\sqrt{1-\beta^2}$ 为闵可夫斯基力, 以别于牛顿力 $\boldsymbol{K}$. 运动方程简单地为

$$m_0 \frac{\mathrm{d}^2 x^i}{\mathrm{d}\tau^2} = K^i \quad \text{或} \quad m_0 \frac{\mathrm{d}u_i}{\mathrm{d}\tau} = K_i. \tag{220}$$

第二种方法是把运动方程应用于单位体积. 若 μ_0 是静止质量的密度 m_0/V_0, 则

$$\mu_0 \frac{\mathrm{d}^2 x^i}{\mathrm{d}\tau^2} = f^i, \quad \mu_0 \frac{\mathrm{d}u_i}{\mathrm{d}\tau} = f_i. \tag{221}$$

但是, 应该注意, 当人们对 f_i 赋以 (216) 式的意义时, 对电子而言, 后面那些方程的物理意义不是十分清楚的 (参看第 Ⅴ 编 §63); 在电子的情形中, 只当右边不考虑粒子的自场时, 它们才成立.

当 $i = 4$ 时, (220) 式和 (221) 式得出能量方程, 它是运动方程的一个结果. 实际上 (220) 式或 (221) 式中四个方程不是独立的, 因为若以 u^i 作标积, 利用 (192) 式和 (218) 式, 可得恒等式 0=0.

关于力矢量定义和运动方程的推广可见 §37.

[85]
30. 电磁场的动量和能量. 守恒定律的微分形式和积分形式

在电动力学中, 可以证明洛伦兹力密度 $\boldsymbol{f}$ 可用麦克斯韦应力所引起的表面力与以太的动量密度的 (负的) 时间导数之和来表示 [142]. 应力张量定义为

$$T_{ik} = \left(E_i E_k - \frac{1}{2}\boldsymbol{E}^2 \delta_{ik}\right) + \left(H_i H_k - \frac{1}{2}\boldsymbol{H}^2 \delta_{ik}\right)$$
$$(i, k = 1, 2, 3),$$

而电磁动量定义为

$$\boldsymbol{g} = \frac{1}{c^2}\boldsymbol{S}, \quad \boldsymbol{S} = c(\boldsymbol{E} \wedge \boldsymbol{H}),$$

则

$$\boldsymbol{f} = \operatorname{div}\boldsymbol{T} - \dot{\boldsymbol{g}}. \tag{D}$$

---

142) 参阅注 4), §7.

现在可以看出, 这一矢量方程可与 (标量的) 能量方程

$$\frac{\partial W}{\partial t} + \operatorname{div} \boldsymbol{S} = -\boldsymbol{f} \cdot \boldsymbol{u}, \quad W = \frac{1}{2}(\boldsymbol{E}^2 + \boldsymbol{H}^2) \tag{E}$$

结合成一个四维矢量方程[143]. 首先我们可由面张量 F_{ik} 作出一个对称的二秩张量

$$S_i^k = \frac{1}{2}(F_{ir}F^{kr} - F^*{}_{ir}F^{*kr}) = F_{ir}F^{kr} - \frac{1}{4}F_{rs}F^{rs}\delta_i{}^k, \tag{222}$$

可以看出它的标值为零,

$$S_i^i = 0. \tag{223}$$

它的分量为

$$\left.\begin{array}{c} S_i^k = -T_{ik} \quad (i, k = 1, 2, 3), \\ (S_1^4, S_2^4, S_3^4) = (S_{14}, S_{24}, S_{34}) = \frac{i}{c}\boldsymbol{S} = ic\boldsymbol{g}, \\ S_4^4 = S_{44} = S^{44} = -W. \end{array}\right\} \tag{224}$$

因此 $\boldsymbol{S}$ 的空间分量基本上等于电磁应力张量的分量, 空间 – 时间分量等于坡印亭矢量和动量密度, 时间分量等于能量密度. 所以借助于四维矢量 $\boldsymbol{f}$ (由 (216) 式定义), 方程 (D) 和 (E) 可以结合成方程组:

$$f_i = -\frac{\partial S_i{}^k}{\partial x^k} \quad (\boldsymbol{f} = -\operatorname{Div} \boldsymbol{S}) \tag{225}$$

(这首先为闵可夫斯基[144] 所注意到). 当 $i = 1, 2, 3$ 时, 它们代表动量守恒, 而当 $i = 4$ 时则代表能量守恒. 基于这一理由, (225) 式通常称为能量 – 动量守恒定律, 而 $\boldsymbol{S}$ 称为电磁场的能量 – 动量张量.

[86]

还可看出, 引入四维记号以后, 由场方程 (A) 和 (B) 推导方程 (C) 和 (D) 就可以大大简化. 若使 ϕ_i 与四维矢势等同, F_{ik} 与场强张量等同, 而 S^i 与四维电流密度矢量等同, 则公式 (176) 与 (225) 式等同. 所以要得到 (225) 式, 我们只须在 §23 (a) (这使之大大简化) 的推导中考虑 g_{ik} 为常量的特殊情形就好了. 但是要作直接的计算也是很容易的.

能量 – 动量方程的相对论性解释, 不仅在形式方面, 而且在物理内容方面提供了一些新的东西. 假使能量方程 [(225) 式的第四个分量方程] 对任一坐标系成立, 就可以自然地得出动量方程, 两者在描述物理过程时是完全等效的. 跟 (E) 式中的 $\boldsymbol{S}$ 被解释为能流密度相当, 量 T_{ik} 可认为是动量流密度的分量. 由于动量本身已是一个矢量, 因此动量流密度形成

143) 参阅注 4), §6.
144) 参阅注 54), (II).

一个 (在普通空间的) 张量, 以别于矢量 S. 这样一来, 以前被认为是纯粹数学量[145] 的麦克斯韦电磁应力张量就被赋予十分真实的物理意义. 这个论证是由普朗克[146] 作出的. [关于这种解释和方程 (225) 对非电磁动量的推广参阅 §42.] 根据 (225) 式, 在有质动力作用于物质上的那些点, 就产生电磁动量 (能量), 或者变成机械动量 (能量). (参看第 V 编关于把各种动量和能量看成是电磁起源的尝试.) 但是在所有其他各点, 电磁场的动量和能量像一般可压缩的流体那样具有相同的流动性质. 稳定场的特殊情况相当于由不可毁灭的物质所组成的不可压缩的流体.

张量 S_{ik} 既然与能量 – 动量密度有关, 那么问题就产生了, 一个系统变换到一个运动的坐标系时, 它的总能量和总动量的性质将会如何呢? 我们不想把 §42 中对一般情况的讨论预作介绍. 而在这里只考虑动量和能量纯粹是电磁性质的情况, 换言之, 在此情形中, 力密度 f_i 和电荷密度到处为零, 所以由 (225) 式可得

$$\frac{\partial S_i{}^k}{\partial x^k} = 0 \quad (\text{Div } S = 0). \tag{225a}$$

在空间自由传播的任意形状的光波的场也是这样. 设场充满一个有限的体积, 因此它的总能量和总动量也是有限的. 在世界图像中, 这相当于一个具有有限截面的管子. 因此, 我们这里所讨论的情况是与 §21 中所讨论的情况完全相同. 根据那里所得到的结论可知: 把量 $S_k{}^4$ 对整个体积积分, 我们就可得到一个四维矢量的分量:

[87]

$$J_k = \frac{1}{i} \iiint S_k{}^4 \mathrm{d}V. \tag{226}$$

由于 (224) 式, 这些分量以十分简单的方式与系统 (光波) 的总动量 G 和总能量 E 相联系:

$$(J_1, J_2, J_3) = c\boldsymbol{G}, \quad J_4 = iE. \tag{227}$$

所以我们可以说, 总能量和总动量在这情况下组成了一个四维矢量. 因而我们可从公式 (186) 和 (187) 立即得出变换公式如下:

$$\left.\begin{array}{c} G'_x = \dfrac{G_x - (v/c^2)E}{\sqrt{1-\beta^2}}, \quad G'_y = G_y, \quad G'_z = G_z, \\[2mm] E' = \dfrac{E - vG_x}{\sqrt{1-\beta^2}}. \end{array}\right\} \tag{228}$$

---

145) 参阅注 4), §7, 163 页.

146) M. Planck, *Verh. dtsch. phys. Ges.*, **6** (1908) 728; *Phys. Z.*, **9** (1908) 828. 假使人们接受这个解释, 则不得不受下述的佯谬所苦恼: 即使在动量密度处处为零的情况, 可以存在动量流 (例如, 在一纯粹的静电场的情形中). 对于能流, 不可能发生一相应的情况.

还应该注意, 矢量 J_k 不能是类空的. 假使是类空的话, 将会存在一个 $G \neq 0$ 而 $E = 0$ 的坐标系. 但是这是不可能的, 因为只当无场存在时, E 才能为零. 所以有

$$|\boldsymbol{J}| \leqslant 0, \quad G \leqslant \frac{E}{c}. \tag{229}$$

因此, $\boldsymbol{J}$ 只能是一个零矢量或者是一个类时矢量. 第一种情形的例子是侧面有界的有限长的平面波. 因为, 大家知道, 在此情形下, $G = E/c$. 但是由于这个关系能写成 $J_i J^i = 0$ 的形式, 所以它必须对任一参考系均成立. 若 α 是在 K 中测得的光线传播方向与 K' 相对于 K 的速度之间的夹角, 我们可从 (228) 式得到有限平面波[147] 的能量的爱因斯坦变换公式

$$E' = \frac{1 - \beta \cos \alpha}{\sqrt{1 - \beta^2}} E. \tag{228a}$$

另一方面, 若 $\boldsymbol{J}$ 是类时的, 总存在一个总动量为零的坐标系 K_0. 若 E_0 是在 K_0 中的总能量的量值, 由 (228) 式可知, 对一相对于 K_0 以速度 $\boldsymbol{v}$ 运动的系统 K 而言, 有

$$\left. \begin{aligned} E &= \frac{E_0}{\sqrt{1 - \beta^2}}, \\ \boldsymbol{G} &= \frac{(\boldsymbol{v}/c^2) E_0}{\sqrt{1 - \beta^2}} = \frac{\boldsymbol{v}}{c^2} E \end{aligned} \right\} \tag{228b}$$

这种情况的一个例子是一个有限宽度的球面波, 或者是一个由两个等幅而反向的平面波所组成的系统. 关于这些关系对非电磁动量和能量的推广可参阅 §42.

31. 电动力学中的不变作用原理

庞加莱[148] 早已确信 Schwarzschild 的作用积分[149] 对洛伦兹群† 的不变性. 后来玻恩用四维记号很清楚地将作用原理表成公式.

Schwarzschild[149] 首先对三维体积积分, 作出拉格朗日函数

$$\frac{1}{2} \int (\boldsymbol{H}^2 - \boldsymbol{E}^2) \mathrm{d}V + \int \rho \left\{ \varphi - \frac{1}{c} \boldsymbol{A} \cdot \boldsymbol{u} \right\} \mathrm{d}V,$$

并由此对时间积分得到作用函数. 对空间和时间的积分自然可以合并成一个四重积分[150]. 设 L 是不变式

$$L = \frac{1}{2} F_{ik} F^{ik} = \boldsymbol{H}^2 - \boldsymbol{E}^2, \tag{230}$$

147) 参阅注 12), §8.
148) 参阅注 11), R. C. Circ. mat. Palermo.
149) K. Schwarzschild, Nachr. Ges. Wiss. Göttingen, (1903) 125. 也可见注 4), §9.
150) M. Born, Ann. Phys., Lpz., **28** (1909) 571.
† 见补注 10.

则 (二重) 作用函数可简单地表示成下列形式:

$$W = \int (L - 2\phi_i s^i)\mathrm{d}\Sigma. \tag{231}$$

因此这个作用原理指出在某些条件下 W 的变分为零, 即

$$\delta W = 0. \tag{232}$$

这些条件是

(i) 积分 W 是对一个给定的世界区域积分, 并把四维矢势的分量 ϕ_i 看作独立变量, 而且在积分区域的边界上具有确定的值. 四维电流密度 s^i, 即电荷的世界线, 和它的绝对值是不改变的. 因而, 由 §23 的方程 (174) 及 (175), 方程

$$\delta W = 2 \int \left(\frac{\partial F^{ik}}{\partial x^k} - s^i \right) \delta\phi_i \mathrm{d}\Sigma \tag{233}$$

和 (232) 式可导出麦克斯韦方程组的第二组方程 (208). 由于一开始就假定了四维矢势的存在, 故第一组方程已被满足.

(ii) 场 ϕ^i 是世界坐标的一个已知函数, 并且是不变的; 另一方面, 物质的世界线是可以改变的. 因此对 L 积分对变分没有贡献, 所以 (231) 式的被积函数中的第二项必须首先加以变换. 假使 $\mathrm{d}e$ 是从属于某一物质元的电荷元, 而 τ 是相应的世界线的固有时 (从某一任意选取的原点算起), 那么按照在 (201) 式中赋予 s^i 的意义, 可得

$$\int \rho_0 \mathrm{d}\Sigma = \mathrm{i}c \int \mathrm{d}e \int \mathrm{d}\tau, \quad \int \phi_i s^i \mathrm{d}\Sigma = \mathrm{i} \int \mathrm{d}e \int \phi_i \frac{\mathrm{d}x^i}{\mathrm{d}\tau}\mathrm{d}\tau.$$

现在我们对在物质的每条世界线上量出同样长度所得的世界圆柱积分. 世界线上的起点和终点是不变的. 进行分部积分后首先得到

$$\frac{1}{2}\delta up W = \mathrm{i} \int \mathrm{d}e \int \left(\frac{\mathrm{d}\phi_i}{\mathrm{d}\tau}\delta x^i - \frac{\partial\phi_k}{\partial x^i}\delta x^i \frac{\mathrm{d}x^k}{\mathrm{d}\tau} \right)\mathrm{d}\tau$$

$$= -\mathrm{i} \int \mathrm{d}e \int F_{ik} u^k \delta x^i \mathrm{d}\tau$$

或

$$\frac{1}{2}\delta W = -\int F_{ik} s^k \delta x^i \mathrm{d}\Sigma = -\int f_i \delta x^i \mathrm{d}\Sigma. \tag{234}$$

然后玻恩按下述方式进行推导. 他对上面的变分又附加了下列辅助条件:

$$\delta \int \mathrm{d}s = 0. \tag{235}$$

[89]

对于这样的世界线, 它的方向总是类时的, 在固定的端点和恒定的 g_{ik} 的情形中, 由 §35 可得

$$\delta \int d\tau = \frac{1}{c^2} \int \frac{du_i}{d\tau} \delta x^i d\tau. \tag{236}$$

所以在此情形中, (232) 式成为

$$\mu_0 \frac{du_i}{d\tau} = f_i,$$

这里 μ_0 是一个恒定的拉格朗日乘子. 若把 μ_0 解释为静止质量密度, 则这些关系与 (221) 式一致. 跟 §29 一样, 这里又忽略了单个粒子的自场.

另一方面, Weyl[151] 在变分时并不附加 (235) 式的辅助条件, 但在作用函数中加上另一项

$$2 \int \mu_0 c^2 d\Sigma = 2ic \int dm \cdot c^2 \int d\tau,$$

因此

$$W_1 = 2 \int \mu_0 c^2 d\Sigma + W, \quad \delta W_1 = 0. \tag{231a}$$

于是 (221) 式仍可从 (234) 式和 (236) 式得出.

32. 在特殊情形中的应用 [90]

(α) 势方程的积分 如所周知, 当已知 s^i 为空间和时间的某一函数[152] 时, 微分方程 (207) 和 (209) 具有解:

$$\varphi_{P,t} = \int \frac{\rho_{Q,t-r_{PQ}/c}}{4\pi r_{PQ}} dV_Q, \quad \boldsymbol{A}_{P,t} = \int \frac{(\rho \boldsymbol{u}/c)_{Q,t-r_{PQ}/c}}{4\pi r_{PQ}} dV_Q. \tag{237}$$

在这些势的表达式中, 并未完全用到微分方程的空间 – 时间对称性. 但是, Herglotz[153] 在相对论诞生以前所发现的一个方法中已经这样做了. 这个方法的出发点是方程 (209) 的特解

$$\frac{1}{(R_{PQ})^2},$$

其中 P 和 Q 是两个世界点, 而 R 是它们的四维距离. Herglotz 将上式乘以一适当的函数 $s(Q)$, 并在复平面 t_Q 中按正方向沿着从 t 至 ∞ 的曲线积分, 由此得到了势的通常表达式. 这个方法的优点在于计算场强时可先进行微分, 然后进行回路积分. 这样可使计算十分清楚. 后来索末菲[154]

---

151) H. Weyl, *Raum-Zeit-Materie* (第一版) §32, 215 页.

152) 参阅注 4), 方程 (XI) 和 (XII). 我们将不去讨论要用到超前势的另一个解 [在公式中以 $t + (r/c)$ 代替 $t - (r/c)$], 自从里茨首先提出这个解以后, 曾经展开许多的讨论 [参阅注 21)].

153) G. Herglotz, *Nachr. Ges. Wiss. Göttingen*, (1904) 549.

154) 参阅注 55), **33**, §7, 665 页以下.

在相对论的影响下, 修正并充实了 Herglotz 的方法.

对于点电荷可从 (237) 式求得李纳 – 维谢尔 (Liénard-Wiechert) 势[155]

$$4\pi\varphi_{P,t} = \frac{e}{r_P - (\boldsymbol{u}\cdot\boldsymbol{r}_P/c)}\Bigg|_{t-(r/c)},\\ 4\pi\boldsymbol{A}_{P,t} = \frac{e\boldsymbol{u}/c}{r_P - (\boldsymbol{u}\cdot\boldsymbol{r}_P/c)}\Bigg|_{t-(r/c)},\Bigg\} \tag{238}$$

式中 $\boldsymbol{r}_P$ 是联结电荷在时刻 $t-(r_P/c)$ 的位置与场点的矢量. 按照闵可夫斯基[156] 的方法, 这可用四维矢量来解释, 令

$$\xi^i = \xi^i(\tau) \tag{239}$$

是电荷的世界线, 它是固有时的函数, 而 P 是场点, 同上面一样. 通过 P 向过去作一 "零锥". 它与电荷的世界线相交于 Q 点, 假使世界线的方向总是类时的话, 则交点 Q 将是唯一的. 若 x^i 是场点的坐标, 且

$$X^i = x^i - \xi_Q{}^i, \tag{240}$$

则下列条件

$$X_i X^i = 0, \tag{241}$$

[91] 　就确定了 Q_i, 因而 τ 的相应值也可看成 x^i 的唯一的函数,

$$\tau_Q = f(x^i). \tag{242}$$

利用 (205) 式和 (190) 式, 势的表达式 (238) 现在可结合成

$$4\pi\varphi_i = -\frac{eu_i}{u_r X^r}. \tag{238a}$$

引入固有时后可大大简化场强的计算. 从 (241) 式首先可得到函数 (242) 对 P 点的坐标 x^k 的导数,

$$X_i\left(\delta_k{}^i - u^i\frac{\partial\tau}{\partial x^k}\right) = 0, \quad \frac{\partial\tau}{\partial x^k} = \frac{X_k}{X_r u^r}. \tag{243}$$

其余的计算是很浅近的, 结果得出了场强的表达式:

$$4\pi F_{ik} = -\frac{e}{(X_r u^r)^3}\left\{c^2 + \left(X_r\frac{\mathrm{d}u_r}{\mathrm{d}\tau}\right)\right\}(u_i X_k - u_k X_i)$$

155) 参阅注 4), §17, 方程 (70).

156) 参阅注 54), (II).

$$+ \frac{e}{(X_r u^r)^2} \left(\frac{\mathrm{d}u_i}{\mathrm{d}\tau} X_k - \frac{\mathrm{d}u_k}{\mathrm{d}\tau} X_i \right). \tag{244}$$

假使现在在场点上放上速度矢量为 $\overline{u}^i$ 的第二个电荷 $\overline{e}$, 则我们可由 (216) 式求得第一个电荷对第二个电荷的作用力 $\boldsymbol{K}$. 因之闵可夫斯基力的表达式, 亦即由 (219) 式所定义的四维矢量 K_i 可导出如下:

$$\begin{aligned}
4\pi K_i &= 4\pi \overline{e} F_{ik} \overline{u}^k \\
&= \frac{e\overline{e}}{(X_r u^r)^3} \left\{ \left[c^2 + \left(X_r \frac{\mathrm{d}u_r}{\mathrm{d}\tau} \right) \right] (u_k \overline{u}^k) - (X_r u^r) \left(\frac{\mathrm{d}u_k}{\mathrm{d}\tau} \overline{u}^k \right) \right\} X_i \\
&\quad - \frac{e\overline{e}}{(X_r u^r)^3} \left[c^2 + \left(X_r \frac{\mathrm{d}u_r}{\mathrm{d}\tau} \right) \right] (X_k u^k) \overline{u}_i \\
&\quad + \frac{e\overline{e}}{(X_r u^r)^3} (X_k \overline{u}^k) \frac{\mathrm{d}u_i}{\mathrm{d}\tau}.
\end{aligned} \tag{245}$$

索末菲利用上述的复数积分法, 不仅导出了李纳 – 维谢尔势 (238a), 而且还导出了 (244) 式和 (245) 式. (245) 式是与 Schwarzschild[157] 的 "基本电动力" 相一致.

(β) 一个作匀速运动的点电荷的场 因为电子论是与相对论一致的, 就计算某一电子运动的电磁场而言, 相对论不能得出相对论以前的洛伦兹电子论中所未曾包含的结果. 但是, 假使在某一个特殊坐标系中的场为已知, 则场强的变换法则常会使我们不必去运用微分方程或普遍公式 (244). 例如, 假使我们现在要确定一个在系统 K 中作匀速运动的点电荷的场, 就可先确定在系统 K' 中电荷处于静止状态的场: [92]

$$\boldsymbol{E}' = \frac{e}{r'^3} \boldsymbol{r}'.$$

由 (207) 式, 我们立刻可得

$$E_x = \frac{e}{r'^3} x', \quad E_y = \frac{e}{r'^3} \frac{y'}{\sqrt{1-\beta^2}}, \quad E_z = \frac{e}{r'^3} \frac{z'}{\sqrt{1-\beta^2}},$$

$$\boldsymbol{H} = \frac{e}{r'^3} \frac{(\boldsymbol{r}' \wedge \boldsymbol{v})/c}{\sqrt{1-\beta^2}}.$$

若 $\boldsymbol{r} = (x, y, z)$ 是在 K 中同时测定的电荷的位置和场点间的矢量, 则[158]

$$\left. \begin{aligned}
\boldsymbol{r}' &= \left(\frac{x}{\sqrt{1-\beta^2}}, y, z \right), \quad r' = \sqrt{\frac{x^2}{1-\beta^2} + y^2 + z^2}, \\
\boldsymbol{E} &= \frac{e}{r'^3} \frac{\boldsymbol{r}}{\sqrt{1-\beta^2}}, \quad \boldsymbol{H} = \frac{e}{r'^3} \frac{(\boldsymbol{r} \wedge \boldsymbol{v})/c}{\sqrt{1-\beta^2}}.
\end{aligned} \right\} \tag{246}$$

157) K. Schwarzschild, *Nachr. Ges. Wiss. Göttingen*, (1903) 132; 也可参阅注 4), §25.

158) 这一推导最早见之于庞加莱的论文中 [参阅注 11), *R. C. Circ. mat. Palermo*, §5].

因此在这里电场仍是径向的, 而磁场与径矢和运动方向两者均相垂直. 在运动系统中等势面不是球面而是赫维赛德椭球面, 它早在 1889 年已为赫维赛德[159] 引入电动力学中. 这样一个椭球只不过是对球进行洛伦兹变换的结果.

考虑普遍公式 (244) 的特殊情形也能得到场 (246) 式. 让我们引入矢量 $\boldsymbol{X}'$, 它从电荷的世界线 (在我们所讨论的情形中, 它是直线) 出发并与之垂直, 而它的终点为场点. 在静止系统中, 矢量 $\boldsymbol{X}'$ 的分量为 $(\boldsymbol{r}', 0)$. 容易求得

$$X_i' = X_i + \frac{1}{c^2} u_i(X_r u^r), \quad X_i' X'^i = |\boldsymbol{X}'|^2 = \frac{1}{c^2}(X_r u^r)^2,$$

$$|\boldsymbol{X}'| = -\frac{1}{c^2}(X_r u^r),$$

因此

$$4\pi F_{ik} = \frac{e}{c|\boldsymbol{X}'|^3}(u_i X_k' - u_k X_i'). \tag{246a}$$

(γ) 双曲线运动的场　次于匀速运动的最简单的情况是匀加速运动, 即相对论中的双曲线运动 (参阅 §26). 玻恩[160] 首先确定了一个作双曲线运动的点电荷的场. 索末菲[161] 在计算场时应用了回路积分. 劳厄[162] 还作了初步的推导. 设取双曲线的中心为坐标系的原点, 并令 $x^1 x^4$ 平面与双曲线的平面重合. 于是电荷的世界线 (196a) 上的点

$$\xi^1 = a\cos\frac{s}{a}, \quad \xi^4 = a\sin\frac{s}{a}, \quad \xi^2 = \xi^3 = 0$$

通过 (241) 式与场点 $x^1, \cdots, x^4$ 相对应, 并由下式确定:

$$\cos(\psi - \varphi) = \frac{R^2 + a^2}{2\xi\rho}, \quad \psi = \frac{s}{a}, \tag{247}$$

其中

$$R = \sqrt{x_i x^i}, \quad x^1 = \rho\cos\varphi, \quad x^4 = \rho\sin\varphi, \tag{248}$$

四维矢势的分量变成

$$\left.\begin{array}{l} \phi_1 = \dfrac{e}{4\pi\rho}\dfrac{\sin\psi}{\sin(\psi - \varphi)}, \quad \phi_2 = \phi_3 = 0, \\[3mm] \phi_4 = -\dfrac{e}{4\pi\rho}\dfrac{\cos\psi}{\sin(\psi - \varphi)}. \end{array}\right\} \tag{249}$$

[93]

159) 参阅注 4), §11b, 参见早期文献的参考书.

160) 参阅注 114).

161) 参阅注 25), **33**, 670 页.

162) M. v. Laue, *Das Relativitätsprinzip* (Braunschweig 1911 年第一版) 108 页, §18 (d).

在电荷在时刻 $t - (r/c)$ 为瞬时静止的坐标系中, ϕ_1 在时刻 t 的值为零. 在场点和双曲线的中心为同时的系统中, 我们求得场强:

$$
\left.
\begin{aligned}
E_x &= -\frac{\mathrm{i}e}{4\pi\rho\sin^2(\psi-\varphi)} \cdot \frac{\partial\psi}{\partial\rho} \\
&= -\frac{\mathrm{i}e[a\cos(\psi-\varphi)-\rho]}{4\pi a\rho^2\sin^3(\psi-\varphi)} \\
&= -\frac{e}{\pi}\frac{a^2[R^2+a^2-2\rho^2]}{[(R^2+a^2)^2-4a^2\rho^2]^{3/2}}, \\
E_y &= -\frac{\mathrm{i}e}{4\pi\rho\sin^2(\psi-\varphi)} \cdot \frac{\partial\psi}{\partial x^{(2)}} \\
&= \frac{\mathrm{i}ey}{4\pi a\rho^2\sin^3(\psi-\varphi)} \\
&= \frac{2e}{\pi}\frac{a^2\rho}{[(R^2+a^2)^2-4a^2\rho^2]^{3/2}}, \\
\boldsymbol{H} &= 0
\end{aligned}
\right\}
\tag{250}
$$

(其中我们已经把 $x^{(2)}$ 改写成 y).

因此双曲线运动构成一种既不形成波带也无任何相应的辐射的特殊情况. (另一方面, 当两个匀速直线运动为双曲线运动的一部分所联结, 就会产生辐射.)

若要计算由于双曲线运动所产生的场, 自然还要引入一个随电荷一起运动的 (非伽利略的) 参考系. 我们可引入以上用 ρ 表示的量作为 x 坐标; 最好以角度 φ 作为时间坐标, 因为它是运动电荷固有时的倍数. 在这个坐标系中, 线元变成

$$
\mathrm{d}s^2 = (\mathrm{d}\xi^1)^2 + (\mathrm{d}\xi^2)^2 + (\mathrm{d}\xi^3)^2 + (\xi^1)^2(\mathrm{d}\xi^4)^2 \tag{251}
$$
$$
(\xi^1 = \rho, \quad \xi^2 = x^2, \quad \xi^3 = x^3, \quad \xi^4 = \varphi).
$$

若利用第 II 编中的方法, 可以立即写出用这些坐标表示的场方程组. 这样, 这个问题就变成一个静力问题而非一维的问题, 但计算并未大大简化. 玻恩[163] 曾引用运动系统来讨论过这个问题, 这只是在历史上有些价值. 玻恩所用的时间参数与上面所采用的不同, 他回到先前以不变的方式所表述的变分原理 (参看 §31), 从而得到了微分方程.

(δ) 光相的不变性. 在一面运动镜子上的反射. 辐射压强 在 §6 中, 我们已经从光相的不变性导出了多普勒效应和光行差的相对论公式. 光相的不变性可直接从场强的变换公式加以证明. 此外, 由于一个平面波

163) 参阅注 114).

的相位是空间 – 时间坐标的线性函数, 因而可把它写成位置矢量与四维波矢量 l_i 的标积,

$$-\nu t + (\boldsymbol{k} \cdot \boldsymbol{r}) = l_i x^i, \tag{252}$$

其中 $\boldsymbol{k}$ 是三维传播矢量, 它的方向与波面法线的方向一致, 而量值等于波长的倒数 (波数). 特别是当波面法线与 xy 平面平行时, 我们有

$$l_i = \left(\frac{\nu}{c} \cos \alpha, \quad \frac{\nu}{c} \sin \alpha, \quad 0, \quad \mathrm{i} \frac{\nu}{c} \right). \tag{252a}$$

在真空中, l_i 是一个零矢量, 因而立即可得出 §6 中的变换公式 (15) 和 (16). 此外, 由于 (204) 式, 容易写出振幅 A 的变换公式[164]

$$A' = A \frac{1 - \beta \cos \alpha}{\sqrt{1 - \beta^2}}. \tag{253}$$

若再考虑一个侧面有界的, 有限的波的体积 V 的变换式

$$V' = V \frac{\sqrt{1 - \beta^2}}{1 - \beta \cos \alpha}, \tag{254}$$

我们可得到波的总能量: $E = \frac{1}{2} A^2 V$, 这与以前的公式 (228a)[164] 相同. 与 (15) 式比较后表明, 能量和振幅的变换跟频率的变换方式相同; 另一方面, 对于体积, 则按频率的倒数变换,

[95]

$$\frac{E'}{\nu'} = \frac{E}{\nu}, \quad \frac{A'}{\nu'} = \frac{A}{\nu}, \quad V'\nu' = V\nu. \tag{254a}$$

这些关系中的第一个方程为爱因斯坦所强调, 他认为具有特殊的重要性; 维恩定律就与此式有关.

　　与这些平面波的频率和传播方向的变换公式密切相关的是有关于在一个运动镜子 (假定它是完全导电且为平面的) 上反射的诸定律. 若引入一个随着镜子运动的坐标系 K', 那么这些定律显然可以还原为对静止镜子能成立的定律[165]. 这里相对论也只能在推导的形式方面有一些新的方法, 但就结果而言却没有新的内容[166]. 实际上, 早期理论的公式是正确的, 因为所有在这些公式中出现的量都是用同一系统中的量杆和钟来测量的, 因此洛伦兹收缩和时间膨胀不会对结果有所影响.

---

164) 参阅注 12), §8.

165) 参阅注 12), §7.

166) 参见 W. Hicks 对在一运动着的镜子上的反射定律所作的详尽的讨论 (在相对论诞生以前发表), *Phil. Mag.*, **3** (1902) 9; M. Abraham, *Boltzmann-Festschuft*, (1904) 85 页; *Ann. Phys., Lpz.*, **14** (1904) 236; *Theorie der Elektrizität*, 第二卷 (Leipzig 1905 年第一版) 343 页, §40, 也可见 E. Kohl, *Ann. Phys., Lpz.*, **28** (1909) 28.

设 α_1 和 α_2 分别为在 K 中所测得的入射波和反射波的法线与镜子运动方向所成的角, 而 α_1' 和 α_2' 分别是在 K' 中相应的角; ν_1 和 ν_2 分别是在 K 中入射波和反射波的频率, 而 $\nu_1' = \nu_2' = \nu'$ 是在 K' 中相应的频率. 假使镜子平行于其本身的平面而运动, 则 $\alpha_2' = 2\pi - \alpha_1'$, 由 (15) 式和 (16) 式也可得: $\alpha_2 = 2\pi - \alpha_1, \nu_2 = \nu_1$. 换言之, 在此情形中, 反射定律与镜子为静止的情况并无不同. 而且, 只有沿镜子法线方向的速度分量是重要的. 所以可以认定: 镜子垂直于其本身的平面而运动; 设镜子的速度 v 沿内法线方向时为正值, 则 α_1 和 α_2 以及 α_1' 和 α_2' 就分别为入射角和反射角. 因此

$$\alpha_2' = \pi - \alpha_1',$$

则由 (15) 式和 (16) 式可得

$$\nu_2(1 - \beta\cos\alpha_2) = \nu_1(1 - \beta\cos\alpha_1), \tag{255}$$

$$\nu_2 \sin\alpha_2 = \nu_1 \sin\alpha_1, \tag{256}$$

$$\tan\frac{\pi - \alpha_2}{2} = \frac{1 + \beta}{1 - \beta}\tan\frac{\alpha_1}{2}. \tag{257}$$

此外,

$$\frac{\cos\alpha_1 - \beta}{1 - \beta\cos\alpha_1} = -\frac{\cos\alpha_2 - \beta}{1 - \beta\cos\alpha_2},$$

由此我们可得 [96]

$$\cos\alpha_2 = -\frac{(1 + \beta^2)\cos\alpha_1 - 2\beta}{1 - 2\beta\cos\alpha_1 + \beta^2} \tag{257a}$$

以及

$$\nu_2 = \nu_1 \frac{1 - 2\beta\cos\alpha_1 + \beta^2}{1 - \beta^2}. \tag{258}$$

Bateman[167] 提出了推导这些公式的一个十分巧妙的方法. 要在 K' 中求得入射波与反射波的相位差, 只须把 x' 换成 $-x'$. 这就说明了对镜像的过渡. 要在 K 中求得相应的变换, 必须利用一个转过 $+\varphi$ 角 [由 (187) 式决定] 的虚转动, 首先过渡到 K', 然后倒转 x 轴, 最后转过 $-\varphi$ 角回到 K. 但是, 这些运算相当于一个转过 2φ 角的转动和一个相继的 x 轴的倒转.

---

167) H. Bateman, *Phil. Mag.*, **18** (1909) 890.

因此, 若我们令

$$\left. \begin{aligned} &\tan 2\varphi = \frac{iU}{c}, \\[2mm] &U = \frac{2c^2 v}{c^2 + v^2}, \\[2mm] &\cos 2\varphi = \frac{1 + \beta^2}{1 - \beta^2}, \quad \sin 2\varphi = i\frac{1 - \beta^2}{2\beta}. \end{aligned} \right\} \tag{259}$$

则由 (187) 式,

下列变换

$$\left. \begin{aligned} \overline{x} &= -\frac{x - Ut}{\sqrt{1 - (U^2/c^2)}} = -\frac{c^2 + v^2}{c^2 - v^2}x + \frac{2c^2 v}{c^2 - v^2}t, \\[2mm] \overline{t} &= \frac{t - (U/c^2)x}{\sqrt{1 - (U^2/c^2)}} = \frac{c^2 + v^2}{c^2 - v^2}t - \frac{2v}{c^2 - v^2} \end{aligned} \right\} \tag{260}$$

给出运动的镜子中物 (x, t) 与像 $(\overline{x}, \overline{t})$ 之间的联系. 在运动的镜子上 $x = vt$ 的一点已变换成为它本身 $(\overline{x} = x, \overline{t} = t)$; 若物以与镜子相同的速度运动 $(x = vt + a)$, 则像也必以同样的速度运动 $(\overline{x} = v\overline{t} + \overline{a})$, 在 K 中静止的一点的像以速度 U 运动, 这也可以根据速度合成定理把 v 与 v 合成而得. 将 (260) 式代入, 运动镜子上的反射波的相可以直接由入射波的相而求得, 关系式 (257), (257a), (258) 可以写成与式 (16a), (16), (17) 十分相类似的形式,

$$\tan\frac{\pi - \alpha_2}{2} = \sqrt{\frac{1 + (U/c)}{1 - (U/c)}}\tan\frac{\alpha_1}{2}, \tag{257'}$$

[97]

$$\cos(\pi - \alpha_2) = \frac{\cos\alpha_1 - (U/c)}{1 - (U/c)\cos\alpha_1}, \tag{257'a}$$

$$\nu_2 = \nu_1\frac{1 - (U/c)\cos\alpha_1}{\sqrt{1 - (U^2/c^2)}}, \tag{258'}$$

由于 x 轴的倒转, 每处都要用 $\pi - \alpha_2$ 来代替 α_2. Varičak[168] 用 Bolyai-Lobachevski 几何学解释了这些公式.

关系 (254a) 使我们可以立刻写下在运动的镜子上反射时振幅的改变[168a],

$$\left. \begin{aligned} &\frac{A_2}{\nu_2} = \frac{A_1}{\nu_1}, \\[2mm] &A_3 = A_1\frac{1 - 2\beta\cos\alpha_1 + \beta^2}{1 - \beta^2}. \end{aligned} \right\} \tag{261}$$

---

168) 参阅注 111).
168a) 参阅注 12), §7.

在单位时间内和单位面积上, 出射能量

$$\frac{1}{2}A_2^2(c\cos\alpha_2 - v)$$

与入射能量

$$\frac{1}{2}A_1^2(-c\cos\alpha_1 + v)$$

之差必须等于辐射压强 p 在单位时间内所完成的功 pv[168a]. 由此而得的 p 与相对论以前的理论所得出的结果一致,

$$p = A_1^2 \frac{(\cos\alpha_1 - \beta)^2}{1 - \beta^2} = A_1'^2 \cos^2\alpha' = p', \tag{262}$$

辐射压强是一个不变量. 在 §45 中将要证明一切压强都是不变量.

(ε) 一个运动偶极子的辐射场 赫兹振子的场已包含在 (243) 式中作为一个特殊情形. 此外, 假使我们仅限于讨论波带 (即在远距离处) 中的场. X_i 可以从偶极子的中心量起, 而对于 u_i, 我们可用偶极子中心的速度矢量来代替个别电荷运动的速度矢量. 设 $v, \dot{v}$ 分别是在时刻 $t - (r/c)$ 偶极子的速度和振动电荷的加速度; r 和 $\boldsymbol{R} = r - r\dfrac{\boldsymbol{v}}{c}$ 分别为偶极子相对于场点的推迟的位置矢量和同时的位置矢量; r_1 为单位矢量 r/r, 而 $\boldsymbol{R}_1$ 为相应的矢量, $\boldsymbol{R}_1 = \dfrac{\boldsymbol{R}}{r} = r_1 - (\boldsymbol{v}/c); \theta$ 是 $\boldsymbol{v}$ 和 r 间的夹角. 则由于 (241) 式, 我们可得

$$\left.\begin{aligned}
\boldsymbol{E} &= \frac{e}{4\pi c^2 r(1 - \beta\cos\theta)^3}[(r_1 \cdot \dot{v})\boldsymbol{R}_1 - \dot{v}(\boldsymbol{R}_1 \cdot r_1)] \\
&= \frac{e}{4\pi c^2 r(1 - \beta\cos\theta)^3} r_1 \wedge (\boldsymbol{R}_1 \wedge \dot{v}), \\
\boldsymbol{H} &= \frac{e}{4\pi c^2 r(1 - \beta\cos\theta)^3}\left[(r_1 \cdot \dot{v})\frac{(\boldsymbol{v} \wedge r_1)}{c} + (\dot{v} \wedge r_1)\right] \\
&= r_1 \wedge \boldsymbol{E}.
\end{aligned}\right\} \tag{263}$$

相对论能使我们由静止偶极子场的赫兹公式导出这些公式 (首先为 [98] 赫维赛德[169] 求得, 后来为 Abraham[170] 更精确地求得). 最简单的步骤是应用庞加莱[171] 的方法来求证 $\boldsymbol{E}$ 和 $\boldsymbol{H}$ 互相垂直且与 r_1 垂直, 而且在运动系统中它们具有相同的值. 这一点可以用不变的矢量方程

$$F_{ik}X^k = 0, \quad F_{ik}^*X^k = 0$$

169) O. Heaviside, *Nature, Lond.*, **67** (1902) 6; 也可参阅注 4), §14, 180 页及那里所引的参考书.

170) M. Abraham, *Ann. Phys., Lpz.*, **14** (1904) 236; *Theorie der Elektrizität*, 第二卷, (1905, 第一版), §13~§15.

171) 参阅注 11), *R. C. Circ. mat. Palermo*.

表示出来.

因此, 我们只要从张量 S_{ik} 的变换公式去计算能量密度就可以了.

劳厄[172] 从相对论的观点考察了一个运动偶极子所发射的动量和能量. 由于波场的存在并不依赖于电荷, 方程 (228b) 在此处必能成立. 当计及时间膨胀, 我们可求得单位时间内发射的能量,

$$-\frac{\mathrm{d}E}{\mathrm{d}t} = -\frac{\mathrm{d}E'}{\mathrm{d}t'}$$

但是在静止系统中有

$$-\frac{\mathrm{d}E'}{\mathrm{d}t'} = \frac{e}{6\pi c^3}\dot{\boldsymbol{v}}'^2$$

因而加速度的变换公式 (193) 直接引导到

$$\left.\begin{aligned}
-\frac{\mathrm{d}E}{\mathrm{d}t} &= \frac{e^2}{6\pi c^3}\left[\frac{\dot{\boldsymbol{v}}_x^2}{(1-\beta^2)^3} + \frac{\dot{\boldsymbol{v}}_y^2 + \dot{\boldsymbol{v}}_z^2}{(1-\beta^2)^2}\right] \\
&= \frac{e^2}{6\pi c^3}\frac{1}{(1-\beta^2)^2}\left[\dot{\boldsymbol{v}}^2 + \frac{(\boldsymbol{v}\cdot\dot{\boldsymbol{v}})^2}{c^2(1-\beta^2)}\right], \\
-\frac{\mathrm{d}G}{\mathrm{d}t} &= -\frac{\boldsymbol{v}}{c^2}\frac{\mathrm{d}E}{\mathrm{d}t}.
\end{aligned}\right\} \tag{264}$$

这些方程是与 Abraham 根据场强 (263) 式所进行的计算一致的. 发射出来的能量是由 $\boldsymbol{v}$ 的纵向分量和横向分量各自贡献的能量之和.

假使从系统 K' 来考察这个过程, 值得注意的是偶极子的速度并未因辐射而改变 (它在 K' 中永远为零). 但是, 由于能量的惯性, 尽管有动量辐射 (264) 式 (参阅 §41), 但并不违反动量守恒定律.

[99]　　　(ζ) 辐射反作用　当 $\boldsymbol{v} = 0$ 的某一时刻, 辐射反作用的大小由下式给定[173]:

$$\boldsymbol{K} = \frac{e^2}{6\pi c^3}\ddot{\boldsymbol{v}}.$$

劳厄[174] 和 Abraham[175] 根据这个公式应用洛伦兹变换各自导出了作用于一个运动电荷上的辐射反作用的表达式. 要得到这个式子, 只要能够求出一个矢量 K_i [参阅 (219)], 使它的三个空间分量在 $\boldsymbol{v} = 0$ 时与上述表达式中的 $\boldsymbol{K}$ 一致, 而它的时间分量则为零. 为此目的, 把 K_i 写成下列形式:

$$K_i = \frac{e^2}{6\pi c^3}\left(\frac{\mathrm{d}^2 u_i}{\mathrm{d}\tau^2} + \alpha u_i\right), \tag{265}$$

---

172) M. v. Laue, *Verh. dtsch. phys. Ges.*, **10** (1908) 888; *Ann. Phys., Lpz.*, **28** (1909) 436.

173) 参阅注 4), 190 页, 方程 (74).

174) 参阅注 172).

175) M. Abraham, *Theorie der Elektrizität*, 第二卷 (1908 年第二版), 387 页.

并根据条件 $K_i u^i = 0$ 来确定 α. 由 (159) 式和 (192) 式我们求得:

$$\alpha = \frac{1}{c^2} u^k \frac{\mathrm{d}^2 u_k}{\mathrm{d}\tau^2} = -\frac{1}{c^2} \frac{\mathrm{d}u_k}{\mathrm{d}\tau} \frac{\mathrm{d}u^k}{\mathrm{d}\tau}, \tag{266}$$

因而 $\boldsymbol{K}$ 的最后表达式为

$$\boldsymbol{K} = \frac{e^2}{6\pi c^3} \frac{1}{(1-\beta^2)} \left\{ \ddot{\boldsymbol{v}} + \dot{\boldsymbol{v}} \frac{3(\boldsymbol{v} \cdot \dot{\boldsymbol{v}})}{c^2(1-\beta^2)} + \right.$$
$$\left. \frac{\boldsymbol{v}}{c^2(1-\beta^2)} \left[(\boldsymbol{v} \cdot \ddot{\boldsymbol{v}}) + \frac{3(\boldsymbol{v} \cdot \dot{\boldsymbol{v}})^2}{c^2(1-\beta^2)} \right] \right\}. \tag{265a}$$

Abraham[175] 还证明: 把 $\boldsymbol{K}$ 对辐射过程的时间取积分就等于所发射的动量, 同样 $(\boldsymbol{v} \cdot \boldsymbol{K})$ 对时间的积分则等于所发射的能量. 对于双曲线运动, $\boldsymbol{K}$ 应等于零, 因为没有发生辐射 [参阅上面的 (γ)].

33. 闵可夫斯基的运动物体唯象电动力学

原则上, 所有关于运动物体的电动力学中的问题可用电子论中的场方程 (203) 和 (208) 来解决. 由于我们对物质结构的知识还不充分, 因此我们必然要问, 若从实验上已获知静止物体的过程, 那么相对论原理能使我们对运动物体的 (宏观) 过程作出怎样的陈述. 闵可夫斯基[176] 回答了这个问题. 他证明了运动物体的方程可以明确地从相对论原理和静止物体中的麦克斯韦方程组 [100]

$$\mathrm{curl}\,\boldsymbol{E} + \frac{1}{c} \frac{\partial \boldsymbol{B}}{\partial t} = 0, \quad \mathrm{div}\,\boldsymbol{B} = 0, \tag{F}$$

$$\mathrm{curl}\,\boldsymbol{H} - \frac{1}{c} \frac{\partial \boldsymbol{D}}{\partial t} = \boldsymbol{J}, \quad \mathrm{div}\,\boldsymbol{D} = \rho, \tag{G}$$

$$\boldsymbol{D} = \varepsilon \boldsymbol{E}, \quad \boldsymbol{B} = \mu \boldsymbol{H}, \quad \boldsymbol{J} = \sigma \boldsymbol{E} \tag{H}$$

推出. 正如把电子论场方程用四维形式写出那样, 我们可先把不包含电荷密度和电流密度的那些方程合并起来, 然后把其余的方程合并起来. 这就要引入下列的两个面张量:

$$(F_{41}, F_{42}, F_{43}) = \mathrm{i}\boldsymbol{E}, \quad (F_{23}, F_{31}, F_{12}) = \boldsymbol{B}, \tag{267}$$

$$(H_{41}, H_{42}, H_{43}) = \mathrm{i}\boldsymbol{D}, \quad (H_{23}, H_{31}, H_{12}) = \boldsymbol{H}, \tag{268}$$

以及下列的四维矢量:

$$(J^1, J^2, J^3) = \boldsymbol{J}, \quad J^4 = \mathrm{i}\rho,$$

---

176) 参阅注 54), (II); 也可见爱因斯坦和 J. Laub 不用张量分析的推导, *Ann. Phys., Lpz.*, **26** (1908) 532.

并有相应的变换公式

$$E'_\parallel = E_\parallel, \quad E'_\perp = \frac{\{E + (1/c)(v \wedge B)\}_\perp}{\sqrt{1-\beta^2}}, \left.\begin{array}{c}\\\\\\\end{array}\right\}$$

$$B'_\parallel = B_\parallel, \quad B'_\perp = \frac{\{B - (1/c)(v \wedge E)\}_\perp}{\sqrt{1-\beta^2}}; \tag{267a}$$

$$D'_\parallel = D_\parallel, \quad D'_\perp = \frac{\{D + (1/c)(v \wedge H)\}_\perp}{\sqrt{1-\beta^2}}, \left.\begin{array}{c}\\\\\\\end{array}\right\}$$

$$H'_\parallel = H_\parallel, \quad H'_\perp = \frac{\{H - (1/c)(v \wedge D)\}_\perp}{\sqrt{1-\beta^2}}; \tag{268a}$$

$$J'_\parallel = \frac{J_\parallel - \beta\rho}{\sqrt{1-\beta^2}}, \quad J'_\perp = J_\perp, \quad \rho' = \frac{\rho - (1/c)(v \cdot J)}{\sqrt{1-\beta^2}}. \tag{269a}$$

当物体在 K' 中为静止, 且 v 是物体在 K 中的速度 (以别于电子的速度 u) 及 $\beta = v/c$. 则方程组 (F) 和 (G) 对于运动物体仍适用, 并且可以写成如下的形式:

$$\frac{\partial F_{ik}}{\partial x^l} + \frac{\partial F_{kl}}{\partial x^i} + \frac{\partial F_{li}}{\partial x^k} = 0 \quad \left(\text{或为}\ \frac{\partial F^{*ik}}{\partial x^k} = 0\right), \tag{270}$$

$$\frac{\partial H^{ik}}{\partial x^k} = J^i. \tag{271}$$

[101] 这些公式只对作匀速运动的物体才严格成立, 且由于场的可选加性, 它们对于几个各以不同的速度作匀速运动且为真空区域所分隔的物体也成立. 物体的加速度愈小, 则 (270) 式和 (271) 式近似正确的程度一般也愈好.

至于这些方程中出现的各个量的物理意义, 我们可以说, $E, D(B, H)$ 代表在真空中作用于静止在 K 中的单位电 (磁) 荷上的力; 在有质介质中, 它们没有直接的明显意义. 而且, J, ρ 可认为是也处于系统 K 中的电流密度和电荷密度. 对于 J, ρ 在 $J' = 0$ 的非导体情况中的证明可以直接由 (269a) 式推得. 在此情形中, ρ 等于 $\rho'/\sqrt{1-\beta^2}$, 即 $de = \rho dV$ 为不变量, 且 $J = \rho v/c$ 等于对流电流. J_i 还十分普遍地满足连续性方程:

$$\frac{\partial J^i}{\partial x^i} = 0. \tag{272}$$

所以 J 一般是传导电流和对流电流之和, 而 ρ 是电荷密度.

若以在 K 中测定的作用于随物体一起运动的单位电 (磁) 荷上的力 $E^*(H^*)$ 来代替 $E(H)$ 也是方便的. 从式 (213) 及 (267a), (268a) 我们求得:

$$E^* = E + \frac{1}{c}(v \wedge B), \quad H^* = H - \frac{1}{c}(v \wedge D). \tag{273}$$

与 E 和 H 不同, 这些矢量在有质体内部也具有直接的物理意义. 此外, 当引进 E^*, H^* 以后, 场方程组 (270), (271) 就采取简单的形式. 设 A 是一个任意的矢量, 我们规定 $\underline{\dot{A}}$ 的运算如下[177]:

$$\frac{\mathrm{d}}{\mathrm{d}t} \int A_n \mathrm{d}\sigma = \int \underline{\dot{A}}_n \mathrm{d}\sigma,$$

这里积分是对随物体运动的曲面进行的. 故 [177]

$$\underline{\dot{A}} = \frac{\partial A}{\partial t} + v \cdot \operatorname{div} A - \operatorname{curl}(v \wedge A),$$

而场方程组可以写成

$$\left. \begin{array}{l} \operatorname{curl} E^* = -\dfrac{1}{c}\underline{\dot{B}}, \quad \operatorname{div} B = 0, \\[2mm] \operatorname{curl} H^* = \dfrac{1}{c}\underline{\dot{D}} + J_c, \operatorname{div} D = \rho, \end{array} \right\} \tag{274}$$

J_c 是传导电流

$$J = \rho \frac{v}{c} + J_c. \tag{275}$$

方程 (274) 也可使我们过渡到积分形式[178]. 由变换公式 (269a) 可知: 把电流分为传导电流和对流电流并不是与参考系无关的. 即使在 K' 中没有电荷密度而只有传导电流时, 在 K 中仍会出现一电荷密度, 因而也会出现对流电流[178a]. 由 (269a) 式和 (275) 式可求得相应的变换公式: [102]

$$J'_{c\parallel} = \frac{J_{c\parallel}}{\sqrt{1-\beta^2}}, \quad J'_{c\perp} = J_{c\perp}, \tag{276}$$

$$\left. \begin{array}{l} \rho' = \rho\sqrt{1-\beta^2} - \dfrac{(1/c)(v \cdot J_c)}{\sqrt{1-\beta^2}}, \\[3mm] \rho = \dfrac{\rho' + (1/c)(v \cdot J'_c)}{\sqrt{1-\beta^2}} \end{array} \right\} \tag{277}$$

(参看 §34 中关于这些公式的基于电子论的推导).

---

177) 参阅注 48), §4, 78 页, 方程 (12) 及 (13).

178) 参阅注 48), §6 和注 4), §33. 那里所用的量 E', H' 与我们用的 E^*, H^* 等同, 而那里所引的方程 (Ⅲ″a), (Ⅳ″a) 与 (274) 式一致. 虽然方程 (Ⅲ″), (Ⅳ″) 是与方程 (F), (G) 的形式相同, 但是洛伦兹的 E 和 H 之间的联系是与关系 (273) 中的第二式所表示的不同. 另一方面, 他的量 E 是与我们这里所述的 E^* 等同 [参阅方程 (106)], 并与我们的方程 (273) 中的第一个相一致. 也可参阅闵可夫斯基自己把他的公式与洛伦兹公式所作的比较 [参阅注 54), (Ⅱ), §9].

178a) H. A. Lorentz, "Alte und neue Fragen der Physik", *Phys. Z.*, **11** (1910) 1234; 特别是 1242. M, v. Laue, "*Das Relativitätsprinzip*", (Braunschweig 1911 年第一版) 119.

假使我们不附加以联系 E^*, H^* 和 D, B 之间的方程, 则方程 (F), (G) [或 (274) 式] 只不过构成一个形式体系而无物理内容. 这些关系可借助于至今尚未用过的方程 (H) 而求得. 由 (267a) 式, (268a) 和 (273) 式, 我们可立刻求得

$$\left.\begin{aligned}
D + \frac{1}{c}(v \wedge H) &= \varepsilon\left[E + \frac{1}{c}(v \wedge B)\right] = \varepsilon E^*, \\
B - \frac{1}{c}(v \wedge E) &= \mu\left[H - \frac{1}{c}(v \wedge D)\right] = \mu H^*.
\end{aligned}\right\} \tag{278}$$

对 D 和 B 求解并消去 E^*, H^*, 这些方程给出

$$\left.\begin{aligned}
D &= \frac{\varepsilon(1-\beta^2)E + (\varepsilon\mu-1)\{[(v \wedge H)/c] - \varepsilon(v/c)(v \cdot E)/c\}}{1-\varepsilon\mu\beta^2}, \\
B &= \frac{\mu(1-\beta^2)H - (\varepsilon\mu-1)\{[(v \wedge E)/c] - \mu(v/c)(v \cdot H)/c\}}{1-\varepsilon\mu\beta^2},
\end{aligned}\right\} \tag{278a}$$

并借助于 (273) 式消去 E, H, 可得

$$\left.\begin{aligned}
D &= \frac{\varepsilon[E^* - (v/c)(v \cdot E^*)/c] - (1/c)(v \wedge H^*)}{1-\beta^2}, \\
B &= \frac{\mu[H^* - (v/c)(v \cdot H^*)/c] + (1/c)(v \wedge E^*)}{1-\beta^2}.
\end{aligned}\right\} \tag{278b}$$

[103]　对于非磁化体 ($\mu = 1$), 就一级近似而言, 这些方程与洛伦兹所得出的 D, B 和 E', H' (相当于我们的 E^*, H^*) 之间的关系一致[179].

正如 (278) 式可由 (H) 的头两个关系求得一样, 运动物体的欧姆定律的微分形式可以由方程 (H) 的最后关系求得. 由式 (276), (276a) 和 (273), 我们求得

$$J_{c\parallel} = \sigma\sqrt{1-\beta^2}\,E^*_\parallel, \quad J_{c\perp} = \frac{\sigma}{\sqrt{1-\beta^2}}E^*_\perp, \tag{279}$$

这也可以写成

$$J_c = \frac{\sigma}{\sqrt{1-\beta^2}}\left\{E^* - \frac{v}{c} \cdot \frac{(v \cdot E^*)}{c}\right\}. \tag{279a}$$

现在可以把电荷密度的变换公式 (277) 表示成如下的形式:

$$\rho = \frac{\rho' + \sigma(v \cdot E')/c}{\sqrt{1-\beta^2}} = \frac{\rho' + \sigma(v \cdot E^*)/c}{\sqrt{1-\beta^2}} \tag{277a}$$

---

179) 参阅注 4), §45, 227 页, 方程 (XXXIV″). 对于非磁化的物体, 按照洛伦兹的方法, 有

$$B = H = H' + \frac{1}{c}(w \wedge E).$$

参阅前书中的方程 (XXX′), 及 §42.

闵可夫斯基[180] 还将方程 (278), (279) 写成协变的形式:

$$\left.\begin{array}{r} H_{ik}v^k = \varepsilon F_{ik}v^k, \\ F_{ik}^*v^k = \mu H_{ik}^*v^k \\ F_{ik}v_l + F_{kl}v_i + F_{li}v_k = \mu(H_{ik}v_l + H_{kl}v_i + H_{li}v_k), \end{array}\right\} \quad (280)$$

及

$$J_i + (v_k J^k)v_i = -\sigma F_{ik}v^k. \quad (281)$$

这里 v^k 是物体的四维速度的分量. 要证明这些方程的正确性, 显然我们只要证明, 对于随物体一起运动的系统 K', 这些方程就可以过渡到关系 (H); 这可以很容易地证明的.

关系式 (280), (281) 中的每一个关系代表一个由四个方程组成的方程组. 但是第四个方程可以从其他方程得出. 要看出这点可用 v^i 与式 (280), (281) 作标积, 此时两边恒等于零.

边界条件 可借助于洛伦兹变换由静止物体的边界条件得到. 在运动物体的界面上, E^* 和 H^* 的切向分量以及 B 的法向分量必须是连续的. 还必须假定 v 是连续的. 若在 E^*, H^* 的表达式 (273) 中我们令方程两边的 v 等于物体的速度, 则同样的条件对为真空所包围的物体的情形也适用. 同样对面电荷密度 $\omega, D_{n1} - D_{n2} = 4\pi\omega$. 假使我们要求随物体一起运动的一点的场量的时间导数 $\left(利用算符 \left(\dfrac{\partial}{\partial t}\right) + (v \cdot \mathrm{grad})\ 求得\right)$ 一直保持有限[181], 则这些条件也可以直接由 (274) 式得到.

[104]

正像闵可夫斯基的场方程和连络方程是借助于洛伦兹变换从静止物体的相应定律导出那样, 所以 Frank[182] 借助于伽利略变换得到了赫兹理论[183] 的方程.

34. 以电子论为依据的推导方法

电子论中的场方程组对于洛伦兹群是协变的, 这些场方程对于静止的物体进行平均后, 就成为麦克斯韦方程组. 因此, 对于运动的物体, 它

---

180) H. Weyl, *Raum-Zeit-Materie* (1918 年第一版), 153 页, 方程 (46).

181) 闵可夫斯基电动力学中的边界条件曾由爱因斯坦和 J. Laub 讨论过, *Ann. Phys., Lpz.*, **28** (1909) 445 和 M. v. Laue [参阅注 178a], 128 和 129 页].

182) P. Frank, *Ann. Phys., Lpz.*, **27** (1908) 897.

183) E, Henschke, *Dissertation* (Berlin, 1912); *Ann. Phys., Lpz.*, **40** (1913) 887, 和 I. Ishiwara, *Jb. Radioakt.* **9** (1912) 560; *Ann. Phys., Lpz.*, **42** (1913) 986, 根据变分原理 (232) 作了推广导出场方程.

们必然导致闵可夫斯基场方程. 实际上, 玻恩[184] 根据闵可夫斯基的遗稿证明了这一点, 他把电子的运动看成一种经受变形的物体的运动. 由第一次变形得到了电极化, 由第二次变形除电极化外还有磁化现象发生.

　　另一点必须交代清楚的是: 为什么洛伦兹[185] 根据电子论得出的方程与闵可夫斯基方程不同. Frank[186] 已证明: 这是由于未考虑到洛伦兹收缩与时间膨胀的缘故. Dällenbach[187] 把洛伦兹的论据自然地推广到四维情况中, 实际上这是对任意结构的运动物体而言的. 他定义张量 F_{ik} 为微观场张量 F_{ik} 的平均, 电流密度矢量 J^i 为传导电子与对流电荷对于 $(1/c)\rho_0 u^i_{传导} + (1/c)\rho_0 u^i_{对流}$ 所作贡献的平均. 平均是对 "物理无限小" 的世界区域进行的. 现在我们可以由 (208) 式看到, 求极化电子的电流密度矢量 $\rho_0 u^i_{极化}$ 的平均是一个基本问题. 利用跟洛伦兹完全相类似的讨论, 唯一不同的只是以世界区域代替所有空间区域, 我们求得:

$$\overline{\rho_0 u^i_{极化}} = \frac{\partial M^{ik}}{\partial x^k}, \tag{282}$$

这里首先把 M^{ik} 定义为

$$M^{ik} = \overline{\rho_0 (x^i u^k)_{极化}}.$$

[105]　　但是由于下式

$$\rho_0 x^i u^k + \rho_0 x^k u^i = \rho_0 \frac{\mathrm{d}}{\mathrm{d}\tau}(x^i x^k)$$

的平均为零, 我们可以令

$$M^{ik} = \overline{\frac{1}{2}\rho_0 (x^i u^k - x^k u^i)_{极化}}. \tag{283}$$

现在我们把 H^{ik} 定义为

$$H^{ik} = F^{ik} - M^{ik}. \tag{284}$$

于是进行平均后即可由 (208) 式得出 (271) 式. 假使极化电子相对于分子质心的速度比光速小, 则面张量 M_{ik} 只与电极化相联系, 按照通常方式, 电极化可定义为

$$\boldsymbol{P} = N \sum \overline{e\boldsymbol{r}},$$

而磁化为

$$\boldsymbol{M} = \frac{1}{2} N \sum \overline{e(\boldsymbol{r} \wedge \boldsymbol{u})}$$

---

184) Minkowski-Born, *Math. Ann.*, **68** (1910) 526; 另印有单行本 (Leipzig 1910); 也可见 A. D. Fokker, *Phil. Mag.*, **39** (1920) 404.

185) 参阅注 4), 同前, 第 Ⅳ 编.

186) P. Frank, *Ann. Phys., Lpz.*, **27** (1908) 1059.

187) W. Dällenbach, *Dissertation* (Zürich 1918); *Ann. Phys., Lpz.*, **58** (1919) 523.

(已对时间取过平均, N = 单位体积中分子的数目, $\boldsymbol{u}$ = 电子的速度, $\sum$ 是对一个分子中的所有电子取和的). 我们可得

$$
\left.
\begin{aligned}
(M^{41}, M^{42}, M^{43}) &= \frac{-\mathrm{i}\boldsymbol{P}}{\sqrt{1-(v^2/c^2)}}, \\
(M^{23}, M^{31}, M^{12}) &= \frac{\boldsymbol{M}}{\sqrt{1-(v^2/c^2)}}
\end{aligned}
\right\}
\tag{285}
$$

(v = 物质的速度).

由于式 (267), (268), 故 H^{ik} 的定义 (284) 变成

$$
\boldsymbol{D} = \boldsymbol{E} + \boldsymbol{P}, \quad \boldsymbol{H} = \boldsymbol{B} - \boldsymbol{M}
\tag{284a}
$$

由 (285) 式可推出变换公式:

$$
\left.
\begin{aligned}
\boldsymbol{P}'_\parallel &= \boldsymbol{P}_\parallel, \quad \boldsymbol{P}'_\perp = \frac{[\boldsymbol{P} - (1/c)(\boldsymbol{v} \wedge \boldsymbol{M})]_\perp}{\sqrt{1-(v^2/c^2)}}, \\
\boldsymbol{M}'_\parallel &= \boldsymbol{M}_\parallel, \quad \boldsymbol{M}'_\perp = \frac{[\boldsymbol{M} + (1/c)(\boldsymbol{v} \wedge \boldsymbol{P})]_\perp}{\sqrt{1-(v^2/c^2)}},
\end{aligned}
\right\}
\tag{285a}
$$

假使在系统 K' 中, 一个未电极化的粒子已被磁化, 则在 K 中, 它也将是电极化的; 假使在 K' 中, 一个未磁化的粒子已电极化, 则在 K 中, 它也将是磁化的[187a]. 因此, 把磁化电子和 (电) 极化电子区分开来是不正确的. 所以我们把它们都称为极化电子, 此时必须把它们理解为既是电极化的又是磁化的. 不用张量分析, 而用 $\boldsymbol{P}$ 和 $\boldsymbol{M}$ 的定义, 也可以自然地导出公式 (285a). 例如, 假使物体是处于随它一起运动的系统 K' 中, 有 [106]

$$
\boldsymbol{P}' = (\varepsilon - 1)\boldsymbol{E}', \quad \boldsymbol{M}' = (\mu - 1)\boldsymbol{H}',
$$

则由于这些关系的洛伦兹协变性, 立刻可以得到张量方程

$$
\left.
\begin{aligned}
M_{ik}v^k &= -(\varepsilon - 1)F_{ik}v^k, \\
M_{ik}v_l + M_{kl}v_i + M_{li}v_k &= (\mu - 1)(H_{ik}v_l + H_{kl}v_i + H_{li}v_k),
\end{aligned}
\right\}
\tag{286}
$$

利用 (284) 式还可以化成 (280) 式. 也可以把 (286) 式写成下列形式:

$$
\left.
\begin{aligned}
\boldsymbol{P} - \frac{1}{c}(\boldsymbol{v} \wedge \boldsymbol{M}) &= (\varepsilon - 1)\boldsymbol{E}^*, \\
\boldsymbol{M} + \frac{1}{c}(\boldsymbol{v} \wedge \boldsymbol{P}) &= (\mu - 1)\boldsymbol{H}^*.
\end{aligned}
\right\}
\tag{286a}
$$

187a) 参阅注 178a).

最后还要从理论上导出电荷密度和传导电流密度的变换公式. 设 $N'_-(N'_+)$ 和 $u'_+(u'_-)$ 分别是单位体积中正 (负) 粒子的数目和它们的速度, 则由定义, 得

$$\rho' = e'_+ N'_+ - e'_- N'_-,$$

$$\boldsymbol{J}'_c = e'_+ N'_+ \boldsymbol{u}'_+ - e'_- N'_- \boldsymbol{u}'_-,$$

在系统 K 中则为

$$\rho = e_+ N_+ - e_- N_-,$$

$$\boldsymbol{J}_c = e_+ N_+ (\boldsymbol{u}_+ - \boldsymbol{v}) - e_- N_- (\boldsymbol{u}_- - \boldsymbol{v}).$$

现在可以引入中间的坐标系 K^0_+ 和 K^0_-, 其中的正粒子和负粒子都是静止的. 于是根据速度合成定理就可以求得下列关系:

$$N = N' \frac{1 + (\boldsymbol{v} \cdot \boldsymbol{u}')/c^2}{\sqrt{1 - \beta^2}},$$

$$(\boldsymbol{u} - \boldsymbol{v})_\| = \frac{(1 - \beta^2) \boldsymbol{u}'_\|}{1 + (\boldsymbol{v} \cdot \boldsymbol{u}')/c^2},$$

$$(\boldsymbol{u} - \boldsymbol{v})_\perp = \boldsymbol{u}_\perp = \frac{\sqrt{1 - \beta^2} \boldsymbol{u}'_\perp}{1 + (\boldsymbol{v} \cdot \boldsymbol{u}')/c^2}.$$

(这里指标 + 和 – 已经省略, 因为这两种情形的公式是等同的.) 由此并根据电荷的不变性 $(e = e')$, 可以直接得出 (276) 式和 (277) 式. 这样我们就已经从电子论观点对运动的载流导体中的电荷的反常出现作了解释.

35. 唯象电动力学中的能量 – 动量张量和有质动力. 焦耳热

相对论原理使我们能够清楚地由静止物体的能量 – 动量张量和有质动力的表达式导出运动物体的能量 – 动量张量和有质动力的表达式. 虽然各个作者各自提出了不同的能量 – 动量张量表达式, 但是究竟哪一种较为可取还不能最后肯定. 让我们首先来讨论那些与能量 – 动量张量的特殊选择无关的相对论结果.

[107]

我们可以把能量密度 W, 能流密度 $\boldsymbol{S}$, 动量密度 $\boldsymbol{g}$ 和应力张量的分量 T_{ik} $(i, k = 1, 2, 3)$ (正像在真空中的场一样) 结合成单一的张量 S_{ik},

$$\left.\begin{aligned}
S_{ik} &= -T_{ik}, \quad \text{对 } i, k = 1, 2, 3, \\
(S_{14}, S_{24}, S_{34}) &= \mathrm{i} c \boldsymbol{g}, \\
(S_{41}, S_{42}, S_{43}) &= \frac{\mathrm{i}}{c} \boldsymbol{S}, \\
S_{44} &= -W.
\end{aligned}\right\} \tag{287}$$

就目前而言, 尚未涉及这个张量的对称性质. 方程组

$$\boldsymbol{f} = \operatorname{div} \boldsymbol{T} - \boldsymbol{g}, \tag{288}$$

$$\frac{\partial W}{\partial t} + \operatorname{div} \boldsymbol{S} + Q + A = 0 \tag{289}$$

表出了类似于 §30 中 (D) 式和 (E) 式的有质动力和能量方程. 在 (289) 式中, Q 是单位时间内和单位体积中发出的焦耳热, 而 A 是在单位时间内和单位体积中所完成的功,

$$A = \boldsymbol{f} \cdot \boldsymbol{v}. \tag{289a}$$

在坐标系 K' 中 (其中物体处于瞬时静止状态), A 为零; 因此可以自然地把 (288) 式和 (289) 式结合成如下的四维矢量方程

$$f_i = -\frac{\partial S_i{}^k}{\partial x^k}. \tag{290}$$

分量 f_i 就具有如下的意义:

$$(f_1, f_2, f_3) = \boldsymbol{f}, \quad f_4 = \frac{\mathrm{i}}{c}(Q + A). \tag{291}$$

由此可见, 现在 f_i 不是与 v^i 垂直, 而是

$$f_i v^i = -\frac{Q}{\sqrt{1 - \beta^2}}. \tag{292}$$

由于 (292) 式的右边和左边一样都必须是不变的, 故得变换公式

$$Q = Q'\sqrt{1 - \beta^2}. \tag{293}$$

由于四维体积的不变性, 这个结果对于在一定过程中发出的总热量也适用, 并与相对论热力学 (参看 §46) 一致, 而且它在这里是作为 S_{ik} 的张量特性以及要求像 (288) 式中的力密度那样可以从应力张量和动量密度导出而出现的.

　　$f_i v^i$ 不等于零得出了一个特殊的两难推论. 因为运动方程只可以取下列形式

$$\mu_0 \frac{\mathrm{d} v_i}{\mathrm{d}\tau} = f_i, \tag{221}$$

当 $f_i v^i = 0$ 时, 若以 v^i 作标积, 则左边恒等于零. 因此我们必须在抛弃四维力的方程 (290) 和抛弃运动方程 (221) 两者之间作一选择. 闵可夫斯基[188] 选取一种方法. 因此就得到一个与 (293) 式不同的焦耳热的变换公

[108]

---

188) 参阅注 54), (I).

式, 而且与相对论热力学的要求矛盾. Abraham[189] 列方程的正确方法如下: 用普遍的相对论动力学可以证明, 对于任何一种能量必须赋以惯性质量 (参看 §41 和 §42). 因此倘有热量放出, 静止质量密度就不再保持不变, 而运动方程必须写成

$$\frac{\mathrm{d}}{\mathrm{d}\tau}(\mu_0 v_i) = f_i. \tag{294}$$

以 v_i 对上式作标积并利用 (292) 式, 即得

$$\frac{\mathrm{d}\mu_0}{\mathrm{d}\tau} = -\frac{1}{c^2}(f_i v^i) = +\frac{Q}{c^2}\frac{1}{\sqrt{1-\beta^2}}, \tag{295}$$

换言之,

$$\frac{\mathrm{d}\mu_0}{\mathrm{d}\tau} = \frac{Q}{c^2} \tag{295a}$$

与能量惯性定理 (§41) 一致.

我们可以由 (294) 式得到一个值得注意的结果, 即当一个物体受到力作用时, 其速度不一定总会有改变[190]. 例如, 试考虑一个在 K' 中静止的载有电流的导体. 由于稳恒电流没有力 (在系统 K' 中观察) 对导体作用, 故导体仍为静止. 但是根据 (294) 式, 在系统 K 中却有一力作用于导体. 类似的情况曾在 §32 (ε) 中遇到过.

现在我们来讨论已经提出过的能量 – 动量张量 S_{ik} 的各种不同的表达式. 对于静止的物体, 所有作者都同意在无滞介质中, 能量密度 W 和能流密度 $\boldsymbol{S}$ 可表成下式:

$$W = \frac{1}{2}(\boldsymbol{E}\cdot\boldsymbol{D} + \boldsymbol{H}\cdot\boldsymbol{B}) \text{ 和 } \boldsymbol{S} = c(\boldsymbol{E}\wedge\boldsymbol{H}). \tag{296}$$

[109]   但是麦克斯韦和赫维赛德[191] 对于 (三维的) 应力张量 $\boldsymbol{T}$ 提出了

$$T_{ik} = E_i D_k - \frac{1}{2}(\boldsymbol{E}\cdot\boldsymbol{D})\delta_i{}^k + H_i B_k - \frac{1}{2}(\boldsymbol{H}\cdot\boldsymbol{B})\delta_i{}^k$$
$$(i, k = 1, 2, 3), \tag{297}$$

赫兹[191] 则采用了下列表达式 (对于 i 和 k 是对称的):

$$T_{ik} = \frac{1}{2}(E_i D_k + E_k D_i) - \frac{1}{2}(\boldsymbol{E}\cdot\boldsymbol{D})\delta_i{}^k$$

189) M. Abraham, *R. C. Circ. mat. Palermo*, **28** (1909) **1**; 也可参阅 Abraham 与 Nordström 的讨论; G. Nordström, *Phys. Z.,* **10** (1909) 681; M. Abraham, *Phys. Z.,* **10** (1909) 737; G. Nordström, *Phys. Z.,* **11** (1910) 440; M. Abraham, *Phys. Z.,* **11** (1910) 527. Nordström 的反对意见是不能加以支持的.

190) 参阅注 178a), 134 页.

191) 作为参考, 可参阅注 48), §23.

$$+\frac{1}{2}(H_iB_k + H_kB_i) - \frac{1}{2}(\boldsymbol{H}\cdot\boldsymbol{B})\delta_i{}^k, \tag{298}$$

在各向异性的介质 (晶体) 的情形中, 这是与 (297) 式不同的. 对于动量密度 $\boldsymbol{g}$ 同样也有两种式子可供选择. 或者是

$$\boldsymbol{g} = \frac{1}{c}(\boldsymbol{D}\wedge\boldsymbol{B}), \tag{299}$$

对于均匀的各向同性介质, 由 (296) 式, 这可以写成

$$\boldsymbol{g} = \frac{\varepsilon\mu}{c^2}\boldsymbol{S}, \tag{299a}$$

或者是

$$\boldsymbol{g} = \frac{1}{c}(\boldsymbol{E}\wedge\boldsymbol{H}) = \frac{1}{c^2}\boldsymbol{S}. \tag{300}$$

若已知静止物体的 $W, \boldsymbol{S}, \boldsymbol{T}, \boldsymbol{g}$ 的表达式, 则运动物体的相应表达式就被唯一地决定, 因为任一个坐标系中的张量的分量可以从另一个坐标系中的张量的分量推出. 到现在为止, 针对着上述 T_{ik} 和 $\boldsymbol{g}$ 的表达式中的未确定性, 主要已讨论了下述的关于张量 S_{ik} 的表达式.

(i) 闵可夫斯基[192] 的 S_{ik} 表达式　他利用了静止物体的表达式 (297) 和 (299). 容易证明, 这样可以导致

$$S_i{}^k = F_{ir}H^{kr} - \frac{1}{4}H_{rs}F^{rs}\delta_i{}^k, \tag{301}$$

而且表达式 (296), (297) 和 (299) 仍然对运动物体适用. 此外在适用于真空中的 (223) 式仍然不变,

$$S_i{}^i = 0. \tag{223}$$

借助于 (290) 式, 可由 $S_i{}^k$ 得到四维力 f_i. 它在静止系统 K' 中的分量具有下列诸值:

$$(f_1', f_2', f_3') = \rho'\boldsymbol{E}' + (\boldsymbol{J}_c'\wedge\boldsymbol{B}'), \quad f_4' = \mathrm{i}(\boldsymbol{J}_c'\cdot\boldsymbol{E}'). \tag{302}$$

应该提及 Dällenbach[193] 也曾导出了闵可夫斯基能量 – 动量张量, 但是他基于电子论的论证并不是很令人信服的. 他把这个张量写成对于任何不均匀和各向异性介质也适用的形式. 他又用另一种方法由作用原理得到了这个张量, 还得出了场方程[194].

---

192) 参阅注 54), (Ⅱ). S_{ik} 同一的表达式也为 G. Nordström 所导出 [*Dissertation* (Helsingfors 1908)], 并为 I. Ishiwara 用变分原理导出 [参阅注 183], *Ann. Phys, Lpz.*]

193) 参阅注 187).

194) W. Dällenbach, *Ann. Phys., Lpz.*, **59** (1919) 28.

(ii) Abraham 的 S_{ik} 表达式　闵可夫斯基的能量 – 动量张量的表达式 (301) 的非对称性导致十分特殊的结果, 虽然它们不与实验矛盾. 例如转矩不能由电磁角动量的变化来补偿. 基于这一理由, Abraham 作出一个对称的能量 – 动量张量, 并假定 (298) 式和 (300) 式对静止的物体适用. 这样, 对于均匀的各向同性介质就得到

$$
\begin{aligned}
S_i{}^k &= \frac{1}{2}(F_{ir}H^{kr} + H_{ir}F^{kr}) - \frac{1}{4}F_{rs}H^{rs}\delta_i{}^k \\
&\quad - \frac{1}{2}(\varepsilon\mu - 1)(v_i\Omega^k + \Omega_i v^k) \\
&= F_{ir}H^{kr} - \frac{1}{4}F_{rs}H^{rs}\delta_i{}^k - (\varepsilon\mu - 1)\Omega_i v^k \\
&= H_{ir}F^{kr} - \frac{1}{4}F_{rs}H^{rs}\delta_i{}^k - (\varepsilon\mu - 1)v_i\Omega^k,
\end{aligned} \tag{303}
$$

式中矢量 Ω^i [在闵可夫斯基的著述中已可找到, 他称之为静止射线矢量 (Ruhstrahlvektor)], 其定义为

$$
\left.
\begin{aligned}
F_i &= F_{ik}v^k, \quad H_i = H_{ik}v^k, \\
\Omega^i &= v_k F_l\{H^{ik}v^l + H^{kl}v^i + H^{li}v^k\}.
\end{aligned}
\right\} \tag{304}
$$

在一个随物体运动的系统 K' 中, 这些矢量的分量具有下列的值:

$$
\left.
\begin{aligned}
(F_1', F_2', F_3') &= \boldsymbol{E}', \quad & F_4' &= 0; \\
(H_1', H_2', H_3') &= \boldsymbol{D}', \quad & H_4' &= 0; \\
(\Omega_1', \Omega_2', \Omega_3') &= c\boldsymbol{S}', \quad & \Omega_4' &= 0.
\end{aligned}
\right\} \tag{304a}
$$

(303) 式中的三个表达式在静止系统 K' 中是一致的, 由此可见, 这三个式子是恒等的. 关系式 (203) 在这里也成立. 对于运动的物体, $W, \boldsymbol{S}, T_{ik}$, $\boldsymbol{g}$ 不能再由 (296) 式, (298) 式和 (300) 式决定, Abraham[195] 除了算出有质动力的表达式以外, 已经明显地算出了相应的表达式. 这里所用的以不变方式列出方程的方法是由 Grammel[196] 提出的. 在 Abraham 的情况下, 对于静止的物体, 在有质动力的表达式中, 要在 (302) 式上加一附加项

$$
\frac{\varepsilon\mu - 1}{c^2}\frac{\partial \boldsymbol{S}}{\partial t}.
$$

由于这一项很微小, 就难以去设计一个实验来确定两种方法中哪一种较好. 还应该提一下, 劳厄[197] 是同意 Abraham 的假设的.

---

195) M. Abraham, *R. C. Circ. mat. Palermo*, **28** (1909) 1 和 **30** (1910) 33; *Theorie der Elektrizität* 第二卷 (Leipzig, 1914 年第三版) 298 页以下, §38 和 §39.

196) R. Grammel, *Ann. Phys., Lpz.*, **41** (1913) 570.

197) 参阅注 178a), §22, 135 页以下.

下述的基于电子论的讨论 (这也是由 Abraham[198] 提出的) 似乎使我们对支持唯象的能量 – 动量张量的对称性质构成了一种很有力的论据. 四维力可看成为微观四维力的平均, 就是说, 由 (290) 式, 能量 – 动量张量也可看成为微观的能量 – 动量张量的平均[199]. 进行平均时, 张量的对称性质被保留下来 (关系式 (223) 也是这样)[†].

[111]

(iii) 爱因斯坦和 Laub[200] 的 S_{ik} 表达式　爱因斯坦和 Laub 对作用在静止物体上的有质动力得到了与闵可夫斯基和 Abraham 完全不同的结果 (因而对能量 – 动量张量的结果也不相同). 他们求得作用在一个稳定的载流导体上的可观测的力密度

$$f = (J_c \wedge B)$$

是由一个表面力 $(1 - 1/\mu)(J_c \wedge H_{外})$ ($H_{外}$ = 外磁场) 和被看成体积力本身的力

$$f = (J_c \wedge H_{内})$$

所组成, 这不同于 (302) 式, (302) 式中的体积力是 $(J_c \wedge B)$. 这两个作者所得出的能量 – 动量张量也须作相应的修正. Gans[201] 就曾经怀疑过爱因斯坦和 Laub 的论据的正确性[202].

36. 理论的应用

(α) Rowland, Röntgen, Eichenwald 和 Wilson 的实验　只要所讨论的是无磁化的物体, 而且可以忽略 v/c 的高次项[203], 则这些实验的相对论解释可以继承电子论[204] 的学说. 目前我们在这里仍将保留电子论的近似法, 但同时允许磁导率 μ 可取任意值. 将这个理论推广到磁化体的情形可认为是已真正向前推进一步, 这应归功于闵可夫斯基的电动力学.

Rowland 的实验证实了运流电流产生的磁场和传导电流 $\rho v/c$ 产生的磁场相同. 对于这一情况的解释可以直接从场方程 (G) 和电流密度 J 的变换公式 (269a) 得出. 大家知道, 这个实验以前曾被用来作为以太存

198) M. Abraham, *Ann. Phys., Lpz.,* **44** (1914) 537.

199) Dällenbach 对此论据的反对意见 [参阅注 187)] 似乎并不是很充分的.

† 见补注 11.

200) A. Einstein and J. Laub, *Ann. Phys., Lpz.,* **26** (1908) 541.

201) R. Gans, "Über das Biot-Savartsche Gesetz", *Phys. Z.,* **12** (1911) 806.

202) Grammel 说 [参阅注 96)] 爱因斯坦和 Laub 的有质动力表达式与相对论相矛盾, 这种说法是不正确的, 因为这些公式只要求对于静止系统 K' 成立.

203) 参阅 A. Weber, *Phys. Z.,* **11** (1910) 134.

204) 参阅注 48), §17 及注 4), §34, 在那里可以找到早期的论文.

在的论据. 但是从相对论的观点看来, 只不过像相对论所要求的那样证明了把电磁场分成电场和磁场是与参考系统有关的.

[112] 　　Röntgen 的实验证明了当一块电介质在电场中运动时, 在介质的界面上会产生表面电流, 它会产生磁场. 之后, Eichenwald 曾经证明表面电流的量值为

$$|\boldsymbol{j}| = \beta|\boldsymbol{P}| = \beta(\varepsilon - 1)|\boldsymbol{E}|, \tag{305a}$$

式中 $\boldsymbol{P}$ 是电介质的极化矢量. 在实际做实验时是使电介质在电容器的两极板之间转动. 将匀速运动物体的理论应用于这一情形, 肯定是允许的, 而且是极为好的近似. 使一块电介质平行于电容器的极板而运动, 并令 $E_n = \omega$ 为板上 (自由) 电荷的面密度. 因为 $\boldsymbol{B}$ 是无源的, 在外部的区域中, 它等于 $\boldsymbol{H}$, 因此只需考虑 $\boldsymbol{B}$ 的旋度就足够了. 此外, 由于我们所讨论的是稳定场, 由方程 (F) 和 (G) 可知 $\boldsymbol{E}$ 和 $\boldsymbol{H}$ 为无旋的. 现在我们将忽略 v/c 的全部高次项. 利用 $\boldsymbol{H}$ 和 $\boldsymbol{B}$ 本身都是一阶量这个事实, 我们可以从 (278a) 式求得,

$$\boldsymbol{D} = \varepsilon\boldsymbol{E},$$
$$\boldsymbol{B} = \mu\boldsymbol{H} - (\varepsilon\mu - 1)\frac{(\boldsymbol{v} \wedge \boldsymbol{E})}{c},$$

因此 $\boldsymbol{B}$ 的旋度是由 $(\varepsilon\mu - 1)(\boldsymbol{v} \wedge \boldsymbol{E})/c$ 的旋度决定, 这里它退化为面旋度, 而 $\boldsymbol{j}$ 具有值

$$|\boldsymbol{j}| = \beta(\varepsilon\mu - 1)|\boldsymbol{E}|, \tag{305b}$$

式中 $|\boldsymbol{E}|$ 是电介质内部的 $\boldsymbol{E}$ 的值, 而 $\boldsymbol{j}$ 具有 $\boldsymbol{v}$ 的方向. 当 $\mu = 1$ 时, $|\boldsymbol{j}|$ 就变成由电子论所得出的 (305a) 式之值. 对于磁化物体并未观察到这种效应.

　　Wilson 的实验[205] 与 Eichenwald 的实验相似. 一个电介质圆柱在一短路的电容器的极板之间转动, 并处于一与电容器的极板相平行的磁场之中. 可以观察到极板已被充电. 假使再以一平行于极板而垂直于磁场的直线运动来代替转动, 则根据方程 (F), 我们首先可以从电势 φ 导出 $\boldsymbol{E}$. 因为两板是短路的, 所以 $\varphi_1 - \varphi_2 = 0$, 因而 $\boldsymbol{E} = 0$, 而由 $\boldsymbol{D}$ 直接得出了电荷密度 ω. 在此情形中, 边界条件要求 $\boldsymbol{H}$ 为连续的. 因此我们可由 (278a)

　　205) H. A. Wilson, *Philos. Trans.*, A **204** (1904) 121. 见 H. A. Lorentz, [参阅注 48], §20; 注 4), §45)] 关于 Blondlot 所作的一个早期的实验 (结果是否定的). 在此实验中, 空气作为电介质, 并且根据早期电子论的观点. 从相对论的观点对 Wilson 实验的讨论, 可见 A. Einstein and J. Laub [参阅注 176)]; M. v. Laue [参阅注 178a], 129 页以下]; H. Weyl, *Raum-Zeit-Materie* (Berlin 1918 年第一版) 155 页.

式求得

$$\omega = \frac{(\varepsilon\mu - 1)\beta H}{1 - \varepsilon\mu\beta^2} \simeq (\varepsilon\mu - 1)\beta H. \tag{306a}$$

对于未磁化的物体, 电子论的结果得出

$$\omega = (\varepsilon - 1)\beta H. \tag{306b}$$

H. A. 和 M. Wilson[206] 还成功地测定了在磁化的绝缘体中的效应, 他们是 [113] 巧妙地把一个钢球嵌入火漆中作为磁化绝缘体的. 实验结果证实了电荷 密度的相对论值 (306a).

早期的赫兹理论得出的值是

$$|\boldsymbol{j}| = \beta|\boldsymbol{E}|, \quad \omega = \beta H,$$

这两个值不同于 (305a) 式和 (306a) 式, 是与实验相矛盾的.

(β) 运动导体中的电阻和感应[207] 对于一个有限长的运动导体, 我 们可由 (279) 式求得

$$R_0 J = \int \boldsymbol{E}^* \cdot \mathrm{d}\boldsymbol{s}, \tag{307}$$

式中 R_0 为导体的静止电阻, 而 $\boldsymbol{J} = |J|\boldsymbol{A}$. 当算出电阻后, 由 (280) 式给定 的导电率的改变正好为因洛伦兹收缩所引起的导线长度及其横截面 A 的改变所补偿. 从一个运动系统 K 看来, Trouton 和 Rankine[208] 所进行的 实验正是这种情形. 运动导体中的感应定律可以从方程组 (274) 的第一 个方程得出,

$$\int \boldsymbol{E}^* \cdot \mathrm{d}\boldsymbol{s} = \frac{\mathrm{d}}{\mathrm{d}t} \int B_n \mathrm{d}\sigma; \tag{308}$$

另一方面,

$$\int \boldsymbol{E} \cdot \mathrm{d}\boldsymbol{s} \neq \frac{\mathrm{d}}{\mathrm{d}t} \int B_n \mathrm{d}\sigma.$$

但是 (308) 式肯定是与实验一致的, 因为确定 (279) 式中的传导电流的是 $\boldsymbol{E}^*$ 而不是 $\boldsymbol{E}$.

(γ) 光在运动介质中的传播. 曳引系数. Airy 的实验 要求得光在运 动介质中的传播定律可以不必回溯到场方程组. 这些定律必须借助于洛 伦兹变换, 直接从静止物体中的相应定律推得. 首先考虑无吸收的介质.

---

206) H. A. and M. Wilson, *Proc. Roy. Soc.*, A **89** (1913) 99.

207) 参阅注 132); 注 178a), M. v. Laue, 126 页以下; 及 H. Weyl, *Raum-Zeit-Materie* (Berlin 1918 年第一版), §22.

208) 参阅注 15), F. T. Trouton 和 A. O. Rankine.

不变的光相仍然由 (252) 式导出, 若取 z 轴垂直于物体的速度和波阵法线, 则式中的 l_i 就具有分量:

$$l_i = \left(\frac{\nu}{w} \cos \alpha, \ \frac{\nu}{w} \sin \alpha, \ 0, \ \frac{\mathrm{i}\nu}{c} \right). \tag{309}$$

在随物体运动的系统 K' 中, 则有

$$w' = \frac{c}{n}. \tag{310}$$

[114] 由此可得出变换公式

$$\nu = \nu' \frac{1 + (v/w') \cos \alpha'}{\sqrt{1 - \beta^2}}, \tag{311a}$$

$$\frac{v}{w} \cos \alpha = \nu' \frac{(1/w') \cos \alpha' + \beta/c}{\sqrt{1 - \beta^2}}, \quad \frac{v}{w} \sin \alpha = \frac{v'}{w'} \sin \alpha',$$

$$\frac{1}{w} \cos \alpha = \frac{(1/w') \cos \alpha' + \beta/c}{1 + (v/w') \cos \alpha'},$$

$$\frac{1}{w} \sin \alpha = \frac{(1/w') \sin \alpha' \sqrt{1 - \beta^2}}{1 + (v/w') \cos \alpha'},$$

$$\tan \alpha = \frac{\sin \alpha' \sqrt{1 - \beta^2}}{\cos \alpha' + \beta w'/c}, \tag{311b}$$

$$w = c \frac{1 + \beta n \cos \alpha'}{\sqrt{(n \cos \alpha' + \beta)^2 + n^2 \sin^2 \alpha' (1 - \beta^2)}}. \tag{311c}$$

关系式 (311a) 表示多普勒效应, (311b) 式表示光行差, 而 (311c) 式表示曳引系数. 到一次项为止, 这些关系与早期理论中的表达式一致. 后者得出

$$w = \frac{c}{n} + v \left(1 - \frac{1}{n^2} \right) \cos \alpha'. \tag{311d}$$

(参阅 §6 关于波长对折射率的影响.) 在运动边界面上的折射定律也可以借助于洛伦兹变换从静止的情况推得, 但是得出了一个繁复的公式.

其次, 我们要讨论 Airy 的实验结果[208a], 根据这个结果, 当望远镜中充满水时, 光行差角并不改变. 由于必须从观察者 (地球) 具有相对运动的参考系中来描述这个效应, 所以早期理论[209] 必须以繁复的论证来解

208a) G. B. Airy, *Proc. Roy. Soc.*, **20** (1871) 35; **21** (1873) 121; *Phil Mag.*, **43** (1872) 310.

209) 参阅 H. A. Lorentz, *Arch. neerl. Sci.*, **21** (1887) 103 (论文集 XIV, 341 页), 那里可以找到早期的参考文献.

释这个结果. 另一方面, 假使从静止系统进行观察, 根据相对论的观点, Airy 的结果是不言自明的. 若把望远镜指向恒星的视位置, 那么它所发出的光波将会垂直地射入望远镜. 现在假使望远镜充满水, 则光波也将在水中垂直于边界面传播. 从静止系统的观察者 (地球) 看来, Airy 实验只不过证实了 (根据相对论) 一平凡的事实, 即当入射角为零 (垂直入射) 时, 折射角也为零.

可以看到关系式 (311b, c) 与速度合成原理并不一致. 只当 $\alpha = 0$ 时, 它才与速度合成定理相一致 (参看 §6). 劳厄[210] 把这一点归溯于光线与波面法线之间的差异. 若光线的速度的方向和大小定义为

$$w_1 = \frac{S}{W} \qquad (312)$$

$$(S = \text{坡印亭矢量}, W = \text{能量密度}),$$

则 w_1 的分量的变换公式是严格地满足速度合成定理的. Scheye[211] 的计算表明, 假使采用闵可夫斯基的非对称能量 – 动量张量, 那么上述的情形是确实的. 而且, 从这一情形的能量方程得出, 相速 w 等于光线的速度沿波面法线方向的分量. 另一方面, 若从 Abraham 的张量 (304) 出发, 情况就变得较为复杂, 速度合成定理就是对光线的速度也不适用了[†].

这些定律对吸收性 (传导) 介质的推广, 大体上并未提供新的内容. 但可以提一下, 根据 (277a) 式, 在一个运动导体中传播的光波是与一作周期变化的电荷密度相联系的.

(δ) **在色散介质中的信号速度和相速度** 在色散介质中, 产生了光波的相速 $\geqslant c$ 的情况. 这似乎跟相对论的要求相矛盾的, 相对论要求任何扰动不能以大于 c 的速度传播 (参看 §6). 这个困难经索末菲[212] 的研究而得到解决. 他在电子论的基础上证明了波峰总是以真空中的光速 c 传播的, 所以实际上不可能以大于 c 的速度传送信号. Brillouin[213] 又发展了这个结果, 他证明: 除了吸收区域以外, 信号的主要部分是以群速传播的.

---

210) 参阅注 178a), 105 页.

211) A. Scheye, "Über die Fortpflanzung des Lichtes in einem bewegten Dielektrikum", *Ann. Phys., Lpz.,* **30** (1909) 805.

† 见补注 11.

212) A. Sommerfeld, "Heinrich-Weber-Festschrift"; *Phys. Z.,* **8** (1907) 841; *Ann. Phys., Lpz.,* **44** (1914) 177.

213) L. Brillouin, *Ann. Phys., Lpz.,* **44** (1914) 203.

[115]

(c) 力学和广义动力学

37. 运动方程. 动量和动能

相对论力学[213a] 是从下述假设出发的, 即在坐标系 K' 中 (在这种坐标系中的一个粒子是处于瞬时静止状态的), 经典力学的运动方程

$$m_0 \frac{\mathrm{d}^2 \boldsymbol{r}'}{\mathrm{d}t'^2} = \boldsymbol{K}' \tag{313}$$

[116] 是适用的. 如果对 (313) 式进行洛伦兹变换, 则相对论原理可使我们明确地导出在任何其他坐标系 K 中的运动方程. 但是, 我们还没有对运动方程作出在系统 K 中的力的定义. 在三个运动方程中尚有一个可以任意方式依赖于速度的公共因子仍未确定. 有两种基本上不同的方法可用来去除这种任意性.

第一种方法是利用电动力学的概念. 若我们假设洛伦兹力表达式对作任何快速运动的电荷均适用, 因而其中也隐含着力的变换公式 (参看 §29). 各种力均按同样方式变换, 可从以下的事实得出: 假使两个力在系统 K' 中相互抵消, 则在任一其他系统 K 中亦必相互抵消. 公式 (213), (214), (215) 可以立刻推广到任意力的情形. 我们得到四维力密度 – 功率密度矢量,

$$(f_1, f_2, f_3) = \boldsymbol{f}, \quad f_4 = \mathrm{i}\frac{\boldsymbol{f} \cdot \boldsymbol{u}}{c} \tag{314}$$

来代替 (217) 式, 它垂直于四维速度

$$f_k u^k = 0. \tag{315}$$

因此我们再一次得到运动方程

$$\mu_0 \frac{\mathrm{d}^2 x^i}{\mathrm{d}\tau^2} = f^i \quad \text{或} \quad \mu_0 \frac{\mathrm{d}^2 x_i}{\mathrm{d}\tau^2} = f_i, \tag{316}$$

其中 μ_0 是 (不变的) 静止质量密度. 我们还可以引入由 (219) 式定出的闵可夫斯基力 K_i 和运动方程 (220).

213a) 在下面, 术语 "相对论力学" 总是用来表示狭义相对论的力学, 即洛伦兹群的力学. 这个术语的用法值得商榷, 因为经典力学满足相对性假设, 因此它也是相对论性的了. 但是 "相对论性" 一词已经常用来特指 "相对于洛伦兹群". 适当的例子是术语 "狭义相对论" 本身.

由方程组

和

$$\left.\begin{array}{c} \dfrac{\mathrm{d}}{\mathrm{d}t}(m\boldsymbol{u}) = \boldsymbol{K} \\[3mm] \dfrac{\mathrm{d}}{\mathrm{d}t}(mc^2) = \boldsymbol{K} \cdot \boldsymbol{u} \end{array}\right\} \tag{317}$$

可知, 动量可表为[214]

$$\boldsymbol{G} = m\boldsymbol{u} = \frac{m_0}{\sqrt{1-\beta^2}}\boldsymbol{u}, \tag{318a}$$

而动能可表为

$$E_{\mathrm{kin}} = mc^2 + \text{常量} = \frac{m_0 c^2}{\sqrt{1-\beta^2}} + \text{常量}.$$

人们会想到按照这样的方式去确定常量, 即 E_{kin} 对于一个静止粒子为零. 但是更实用的却是令常量本身为零. 因此一个静止粒子的能量变为 $m_0 c^2$, 而一般形式则为   [117]

$$E = mc^2 = \frac{m_0 c^2}{\sqrt{1-\beta^2}}. \tag{318b}$$

若用幂级数展开, 对于小的 β 值, 我们可求得,

$$E = m_0 c^2 \left(1 + \frac{1}{2}\beta^2\right) = E_0 + \frac{1}{2}m_0 v^2,$$

此式与经典力学相符. 假使我们注意到

$$(J_1, J_2, J_3) = c\boldsymbol{G}, \quad J_4 = \mathrm{i}E \tag{319}$$

是一个四维矢量的分量, 则我们按这样的方式去选择常量的方便之处就更为明显了. 因而

$$J_k = m_0 c u_k. \tag{320}$$

还可以看出, 这里对 $\boldsymbol{G}, E$ 适用的变换公式正好对一个封闭的, 无力作用的电磁系统 (光波) 的动量和能量适用的变换公式相同, 参看公式 (228),

$$\left.\begin{array}{c} G_x' = \dfrac{G_x - (v/c^2)E}{\sqrt{1-\beta^2}}, \quad G_y' = G_y, \quad G_z' = G_z, \\[3mm] E' = \dfrac{E - vG_x}{\sqrt{1-\beta^2}}, \end{array}\right\} \tag{321}$$

以及相应的逆变换公式, 它们对于作自由运动的一组粒子也适用.

---

214) 参阅注 129).

正如一开始所预期的那样, 对于小的速度, 相对论力学中的运动方程以及动量和能量的表达式将变成经典力学中相应的公式. 但是我们还可以讲得更确切一些: 相对论力学与经典力学的偏差是 v/c 的二次效应. 这就是为什么基于经典力学的旧的电子论能够正确地解释所有一次效应的理由 (如劳厄[214a] 所指出那样).

闵可夫斯基[215] 还对运动方程 (316) 作了一个更重要的解释. 让我们利用下列关系引入动能 – 动量张量 Θ_{ik},

$$\Theta_{ik} = \mu_0 u_i u_k. \tag{322}$$

它的空间分量代表动量流张量, 混合分量 (差一个因子 ic) 代表动量密度, 而时间分量代表能量密度. 由于连续性条件

$$\frac{\partial(\mu_0 u^k)}{\partial x^k} = 0, \tag{323}$$

[118] 运动方程可以写成下列形式:

$$\frac{\partial \Theta_i{}^k}{\partial x^k} = f_i. \tag{324}$$

这里应该指出, 对于一个在恒力作用下的粒子的运动情形, 运动方程 (317) 得出了双曲线运动 (已在 §26 中讨论过) 的结果.

38. 不以电动力学为根据的相对论力学

前一节中的推导是不能令人满意的, 因为它必须借助于电动力学的概念. Lewis 与 Tolman[215a] 的推导对这一课题作出了重要的贡献, 他们的推导没有那样做. 这里基本的概念不是力而是动量. 他们设想, 可以对每一个粒子赋予一个平行于速度的动量和一个无方向的动能, 并使服从守恒定律. 这就是, 当各质量之间有相互作用时, 假使既无动量和能量产生, 也无热量产生, 则系统中各个质量的动量与能量之和保持常量. 具体地说, 这就是弹性碰撞的情形. Lewis 和 Tolman 曾经设计了一个理想实验去证明, 动量和动能对速度的依赖关系可以唯一地根据这些守恒定律的洛伦兹不变性条件来决定.

214a) 参阅注 178a), 88 页.

215) 参阅注 54), (II).

215a) G. N. Lewis and C. Tolman, *Phil. Mag.*, **18** (1909) 510. N. Campbell 曾反对他们的方法, *Phil. Mag.*, **21** (1911) 626, 对形式上反对意见较多, 而对论证的主要实质则较少. 这可从 P. Epstein 的论文中看到 [*Ann. Phys., Lpz.*, **36** (1911) 729], 它证明, Lewis 和 Tolman 的结论可以用一种完全严格的方式达到.

设两观察者 A 和 B 之间的相对速度 v 是沿 x 方向的. 他们相对而立, 并各自沿正 y 方向和负 y 方向抛出两个质量相等及速度均为 u 的球, 并且使两球的连心线沿着 y 方向. 两个球的速度的 x 分量保持不变. 而且, 由于对称性的理由, A 和 B 将对他们各自的球观察到相同的运动. 因此由速度合成定理 (10) 得出了两个碰撞球在 K 和 K' 中的速度分量 w_x, w_y 和 w'_x, w'_y 的值如下:

碰撞前

球 A

$$w_x = 0, \quad w_y = u \quad \Big| \quad w'_x = -v, \quad w'_y = u\sqrt{1 - \frac{v^2}{c^2}} \ .$$

球 B

$$w_x = v, \quad w_y = -u\sqrt{1 - \frac{v^2}{c^2}} \quad \Big| \quad w'_x = 0, \quad w'_y = -u.$$

碰撞后

球 A

$$w_x = 0, \quad w_y = -u' \quad \Big| \quad w'_x = -v, \quad w'_y = -u'\sqrt{1 - \frac{v^2}{c^2}} \ .$$

球 B [119]

$$w_x = v, \quad w_y = +u'\sqrt{1 - \frac{v^2}{c^2}} \quad \Big| \quad w'_x = 0, \quad w'_y = +u'.$$

若 $w = |\boldsymbol{w}|$ 是速度的绝对值, 则动量可以写成

$$\boldsymbol{G} = m(w)\boldsymbol{w}$$

根据定义, 其中 m 称为质量而且只能依赖于速度的绝对值. 由于 x 方向的动量守恒, 有

$$u = u',$$

而由于 y 方向的动量守恒, 有

$$m\left[v^2 + u^2\left(1 - \frac{v^2}{c^2}\right)\right]^{\frac{1}{2}} u\sqrt{1 - \frac{v^2}{c^2}} = m(u)u. \qquad (\alpha)$$

除以 u 并过渡到极限 $u \to 0$, 我们就得到了所要证明的结果,

$$m(v)\sqrt{1 - \frac{v^2}{c^2}} = m_0, \quad m = \frac{m_0}{\sqrt{1 - (v^2/c^2)}},$$

式中 $m(0) = m_0$. 容易看到, 若取这个 m 的表达式, 关系式 (α) 对任意的 u 也适用. 其次, 假使动量已经算出, 则动能的表达式 (318b) 很容易通过洛伦兹变换而求得. 现在力已可规定为动量的时间导数, 而且力的变换定律已可直接得出. 因此我们已经证明, 不必依赖于电动力学, 也可以得到建立相对论力学的根据[†].

　　还应该提及, Jüttner[216] 曾就一般情况导出和讨论了相对论力学中关于弹性碰撞的定律.

39. 相对论力学中的哈密顿原理

　　普朗克[217] 曾经证明: 运动方程 (317) 可以从变分原理导出. 假使我们引入拉格朗日函数

$$L = -m_0 c^2 \sqrt{1 - \frac{u^2}{c^2}}, \tag{325}$$

则

$$\int_{t_0}^{t_1} (\delta L + \boldsymbol{K} \cdot \delta \boldsymbol{r}) \mathrm{d}t = 0, \tag{326}$$

这是很容易验证的. 正如经典力学中的哈密顿原理一样, t_0, t_1 的值和积分路线的端点的值都是预定的. 运动方程还可以写成哈密顿方程的形式. 假使我们引入动量

[120]

$$G_x = \frac{\partial L}{\partial \dot{x}}, \quad G_y = \frac{\partial L}{\partial \dot{y}}, \quad G_z = \frac{\partial L}{\partial \dot{z}} \tag{327}$$

来代替速度分量 $\dot{x}, \dot{y}, \dot{z}$, 并组成哈密顿函数

$$\begin{aligned}
H &= \dot{x}\frac{\partial L}{\partial \dot{x}} + \dot{y}\frac{\partial L}{\partial \dot{y}} + \dot{z}\frac{\partial L}{\partial \dot{z}} - L = \frac{m_0 c^2}{\sqrt{1 - (u^2/c^2)}} = E_{\text{kin}} \\
&= m_0 c^2 \sqrt{1 + \frac{G_x^2 + G_y^2 + G_z^2}{m_0^2 c^2}},
\end{aligned} \tag{328}$$

则

$$\left.\begin{aligned}
\dot{x} &= \frac{\partial H}{\partial G_x}, \cdots \text{等}, \\
\frac{\mathrm{d}G_x}{\mathrm{d}t} &= K_x, \cdots \text{等}.
\end{aligned}\right\} \tag{329}$$

---

† 见补注 12.

216) F. Jüttner, *Z. Math. Phys.*, **62** (1914) 410.
217) 参阅注 129).

作用积分 $\int L\mathrm{d}t$ 必须是洛伦兹不变式. 其实, 它简单地等于

$$\int L\mathrm{d}t = -m_0 c^2 \int \mathrm{d}\tau, \tag{330}$$

式中 τ 为固有时. 作用原理 (326) 可以写成[218]

$$-m_0 c^2 \delta \int \mathrm{d}\tau + \int K_i \delta x^i \mathrm{d}\tau = 0, \tag{331}$$

假使取 δx^i 的变分时加上辅助条件

$$K_i u^i = 0,$$

则可更简单地写为

$$\delta \int \mathrm{d}\tau = 0. \tag{332}$$

把变分原理表成这样的公式是由闵可夫斯基[219] 提出的.

运动方程 (317) 还可以变成与经典力学中的位力定理相对应的形式. 假使我们令

$$L + E_{\mathrm{kin}} + \frac{\mathrm{d}}{\mathrm{d}t}(m\boldsymbol{u} \cdot \boldsymbol{r}) = \boldsymbol{K} \cdot \boldsymbol{r}, \tag{333}$$

并令 r 在运动过程中保持有限的极限, 而且速度 $\boldsymbol{u}$ 不能任意地趋近光速, 则对时间取平均后, 可得

$$\overline{L} + \overline{E_{\mathrm{kin}}} = \overline{\boldsymbol{K} \cdot \boldsymbol{r}}. \tag{333a}$$

40. 广义坐标. 运动方程的正则形式

在相对论力学中, 一般不可能引入仅依赖位置坐标的势能, 因为根据相对论的基本假定, 相互作用不能以大于光速的速度传播. 但是在某些特殊的情形中, 引入这样的势能仍然是有用的, 例如, 当一个粒子在一不随时间变化的力场中运动的情形就是这样. 正是这种情形在巴耳末谱线的精细结构理论中起着主要的作用. 我们能令

$$\boldsymbol{K} = -\mathrm{grad}\, E_{\mathrm{pot}}, \tag{334}$$

$$L = -mc^2\sqrt{1 - \frac{u^2}{c^2}} - E_{\mathrm{pot}}, \quad \delta \int L\mathrm{d}t = 0, \tag{335}$$

$$H(G_x \cdots, x \cdots) = E_{\mathrm{kin}} + E_{\mathrm{pot}} = \dot{x}\frac{\partial L}{\partial \dot{x}} + \cdots - L, \tag{336}$$

---

218) δx^i 在积分限处为零.
219) 参阅注 54), (Ⅱ), 附录.

$$\left.\begin{aligned}
\dot{x} &= \frac{\partial H}{\partial G_x}, \cdots, \\
\frac{\mathrm{d} G_x}{\mathrm{d} t} &= -\frac{\partial H}{\partial x}, \cdots,
\end{aligned}\right\} \tag{337}$$

这样就把方程化成正则形式. 我们还可以引入广义坐标 $q_1, \cdots, q_f$. 因此正则共轭动量表成

因而我们有

$$\left.\begin{aligned}
p_k &= \frac{\partial L}{\partial \dot{q}_k} \\
H(p, q) &= \sum \dot{q}_k \frac{\partial L}{\partial \dot{q}_k} - L, \\
\frac{\mathrm{d} q_k}{\mathrm{d} t} &= \frac{\partial H}{\partial p_k}, \quad \frac{\mathrm{d} p_k}{\mathrm{d} t} = -\frac{\partial H}{\partial q_k}.
\end{aligned}\right\} \tag{338}$$

而且, 哈密顿－雅可比方程在这里也和经典力学中一样可以适用, 从它们本身的推导中可以看出, 上述公式只在所讨论的那个问题所特有的一个坐标系统中适用.

41. 能量的惯性

动能与质量之间的简单的联系 (318b) 使我们作出假设: 对于每一种能量 E 必有一质量 $m = E/c^2$ 与之相当[220]. 由此可知: 一个物体的质量会因加热而增加, 而且借助于吸收物体与放射物体之间的辐射, 会发生质量的转移. 对于第二个例子可以作如下的证明. 设有一在 K' 中静止的物体放射出辐射能量 E_{rad}, 并使辐射的总动量为零, 因而物体在 K' 中仍然保持静止. 根据 (228) 式, 在一个以相对速度 v 运动的坐标系 K 中就会放射出动量

[122]

$$\boldsymbol{G}_{\mathrm{rad}} = \frac{\boldsymbol{v}}{c^2} \frac{E'_{\mathrm{rad}}}{\sqrt{1 - \beta^2}} = \frac{\boldsymbol{v}}{c^2} E_{\mathrm{rad}}$$

由于物体的速度 v 是不变的, 这只当它的静止质量 m_0 减少了量

$$\Delta m_0 = \frac{E'_{\mathrm{rad}}}{c^2}$$

才有可能. 作动量上的类似考虑, 可以证明对热能也必须赋予一质量. 从下面的讨论可以看出这句话是合理的. 前已述及, 变换公式 (321) 既适用

---

220) A. Einstein, *Ann. Phys., Lpz.*, **18** (1905) 639 (也在论文集 "Relativitätsprinzip" 中可以见到). 质能等效原理在这里首先出现, 也可参阅 *Ann. Phys., Lpz.*, **20** (1906) 627. G. N. Lewis, *Phil. Mag.*, **16** (1908) 705, 相反地, 从假设 $E = mc^2$ 出发, 并用方程 $\boldsymbol{u} \cdot \mathrm{d}(m\boldsymbol{u})/\mathrm{d}t = \mathrm{d}E/\mathrm{d}t$ 导出了质量的速度依赖关系, $m = m_0/\sqrt{1 - \beta^2}$.

于一个单粒子的动量和能量, 也同样适用于一组粒子的总动量和总能量. 假使这样来选取坐标系 K_0, 使得那里的总动量为零, 则在坐标系 K 中, 我们又有

$$\boldsymbol{G} = \frac{\boldsymbol{v}}{c^2} \frac{E_0}{\sqrt{1 - \beta^2}}, \quad E = \frac{E_0}{\sqrt{1 - \beta^2}},$$

因此这个坐标系的性质犹如一个静止质量[221] 为 $m_0 = E_0/c^2$ 的单粒子. 显然, 理想气体就是这样的一个粒子系统. 这里 E_0 变成 $\sum m_0 c^2 + U$, 其中 U 是热能. 因此它的惯性业已证出.

洛伦兹[222] 曾经讨论过更普遍的情形. 考虑一个由质量, 拉长的弹簧, 光线等组成的任意封闭的物理系统. 设此系统在坐标系 K_0 中是静止的 (即总动量为零). 因此在任一其他的坐标系 K 中, 它将具有速度 $\boldsymbol{u}$, 即具有 K_0 相对于 K 的速度. 现在我们可以作非常巧合的假设, 即同单粒子中的情形一样[223], 系统在 K 中的动量 $\boldsymbol{G}_1$ 由下式给定:

$$\boldsymbol{G}_1 = m\boldsymbol{u} = \frac{m_0}{\sqrt{1 - (u^2/c^2)}} \boldsymbol{u}.$$

因此下列的变换公式对 $\boldsymbol{G}_1$ 适用,

$$G'_{1x} = \frac{G_{1x} - mv}{\sqrt{1 - \beta^2}}, \quad G'_{1y} = G_{1y}, \quad G'_{1z} = G_{1z}.$$

现在我们令此系统 1 与另一个只由辐射所组成的系统 2 相作用. 令 $\Delta \boldsymbol{G}_1$ 和 $\Delta \boldsymbol{G}_2$ 是两个系统中动量的改变, 而 $\Delta E_1, \Delta E_2$ 是两系统中能量的改变. 则我们必有: [123]

$$\Delta \boldsymbol{G}_1 + \Delta \boldsymbol{G}_2 = 0, \quad \Delta \boldsymbol{G}'_1 + \Delta \boldsymbol{G}'_2 = 0, \quad \Delta E_1 + \Delta E_2 = 0.$$

而且, 由于 (228) 式,

$$\Delta G'_{2x} = \frac{\Delta G_{2x} - (v/c^2)\Delta E_2}{\sqrt{1 - \beta^2}}.$$

由此直接得出

$$\Delta m = \frac{\Delta E_1}{c^2}. \tag{339}$$

---

221) A. Einstein, *Ann. Phys., Lpz.*, **23** (1907) 371.

222) 参阅注 3), 及 "Over de massa der energie" *Versl. gewone Vergad. Akad. Amst.*, **20** (1911) 87.

223) 若假设系统只受到电磁力, 则不需要作这个假设. 参阅 A. Einstein, *Jb. Radioakt.*, **4** (1907) 440. 若动量在任何坐标系中不等于零, 则有界的平面光波是一个例外情形 (参阅 §30). 因为在此情形中, 我们必须在上式中, 令 $u = c$, 所以我们必须认定它的静止质量为零 [参阅注 222)].

这表明跟我们所讨论的是何种能量完全无关.

这样我们可以认为已经证明: 相对性原理以及动量和能量守恒定律导致质量与 (任何种类的) 能量等效的基本原理. 我们认为这个原理 (为爱因斯坦所完成) 是狭义相对论的最重要的结果. 到目前为止, 尚未对这个原理提供定量的实验证据. 爱因斯坦[224] 在他关于相对性原理所发表的第一篇论文中已经指出, 可能利用放射性过程来检验这一理论. 但是所预期的放射性元素[225] 的原子量亏损对实验测定来说是太小了. 朗之万[226] 首先指出: 可能利用核子间相互作用能量的等效质量来解释元素的原子量 (相对于 H=1) 对整数的偏差 —— 只要它们不是由于同位素所引起. 近来对这个建议进行了很多的讨论[227]. 在不久的将来, 或许通过对原子核的稳定性的观察, 可以验证这个质能等效原理. 目前则已经有了定性符合的迹象 [227]†.

42. 广义动力学

[124]

假使我们不讨论总能量和总动量, 而仍然回到能量密度和动量密度上来, 情况将会变得更简单些. 我们曾经在 §30 的方程 (225) 中看到, 可以从一个应力张量 $S_i{}^k$ 的散度导出四维电磁力. 这可以导致明显的推广, 即这一推导对于任何种类的力均适用. 以我们目前所具备的知识就可以证明这点. 因为我们知道, 所有的力 (弹性的, 化学的, 等等) 都可以化为电磁力 —— 重力在这里是例外[227a]. 电子和氢原子核在运动过程中的相互作用力也构成一个例外 (参看第 Ⅴ 编). 因此我们将按下列方式进行讨论: 在能量 – 动量张量的表达式 (222) 中, 我们把场张量 F_{ik} 分解成由每一个带电粒子所引起的各自部分. 因此张量 $S_i{}^k$ 分解为两部分: 其中的一部分是由各个不同的粒子的场张量的分量之积所组成, 而另一部分是由同一个粒子的场张量的分量之积所组成. 我们将只保留前一部分, 即

---

224) 参阅注 220), **18**.

225) M. Planck, *S. B. preuss. Akad. Wiss.* (1907) 542; *Ann. Phys., Lpz.,* **76** (1908) 1; A. Einstein [参阅注 223], 443 页].

226) P. Langevin, *J. Phys. théor. appl.* (5) **3** (1913) 553. 同时, Langevin 想根据原子核内能的等效质量导出原子量对整数的全部偏差. 这已为 R. Swinne 所强调, *Phys. Z.,* **14** (1913) 145, 即必须同时考虑所有的同位素, 正如被 Aston 实验所证明的那样, 在许多情形中是确实存在的.

227) W. D. Harkins 和 E. D. Wilson, *Z. anorg. Chem.,* **95** (1916) 1 及 20; W. Lenz, *S. B. bayer. Akad. Wiss* (1918) 35; *Naturwissenschaften,* **8** (1920) 181; O. Stern 及 M. Vollmer, *Ann. Phys., Lpz.,* **59** (1919) 225; A. Smekal, *Naturwissenschaften,* **8** (1920) 206; *S. B. Akad. Wiss. Wien, Abt.* IIa, **129** (1920) 455.

† 见补注 13.

227a) 目前我们还不能说, 这里所讨论的动力学将被量子论修正到怎样的程度.

描述各个粒子间相互作用的一部分. 假使我们现在取散度, 那么只能得到相互作用力. 因此我们可以写出

$$\mu_0 \frac{\mathrm{d}u_i}{\mathrm{d}\tau} = -\frac{\partial S_i{}^k}{\partial x^k},$$

而由 (322) 式, (324) 式,

$$\frac{\partial(\Theta_i{}^k + S_i{}^k)}{\partial x^k} = 0.$$

因此物体可以用一个散度为零的能量 – 动量张量 $T_i{}^k$ 来表征,

$$T_{ik} = \Theta_{ik} + S_{ik}, \tag{340}$$

$$\frac{\partial T_i{}^k}{\partial x^k} = 0. \tag{341}$$

像在 (224) 式中那样, T_{ik} 的空间分量代表应力, 也可以解释为动量流的分量, 而其余的分量则决定动量密度 $\boldsymbol{g}$、能流 $\boldsymbol{S}$ 以及能量密度 W:

$$\left.\begin{array}{l} T_{i4} = \mathrm{i}c\boldsymbol{g}, \quad T_{4i} = \dfrac{\mathrm{i}}{c}\boldsymbol{S}, \quad [\text{指标 } i = 1, 2, 3], \\ \qquad\qquad T_{44} = W. \end{array}\right\} \tag{342}$$

这里能量 – 动量张量已经表示为力学的贡献和电磁的贡献之和. 可参看第 V 编中关于把力学部分也化为电磁部分的工作. 对于以下的纯唯象的讨论, 重要的不是能量 – 动量张量的性质, 而只是能量 – 动量张量的存在. 就历史方面来说, 应该提及, 对于机械 (弹性的) 能量存在这样的张量首先为 Abraham[228] 所肯定, 劳厄[228] 最后把它表成公式. 回溯到机械张量和电磁张量, 能量 – 动量张量的对称性会得到保证, 这点在先前是作为一个独立的假设而引入的. 对称性导致一个十分重要的结果. 由于 (342) 式, 从 $T_{i4} = T_{4i}$ 可得出   [125]

$$\boldsymbol{g} = \frac{\boldsymbol{S}}{c^2}. \tag{343}$$

这就是首先由普朗克[229] 所表述的能流的动量定理, 根据这个定理, 对于每一能流有一动量与之相应. 这个定理可以认为是质能等效原理的补充定理. 质能等效原理只涉及总能量, 而这个定理还谈到动量和能量定域化的一些问题.

正如在 §30 中那样, 我们可以由 (341) 式推出: 一个封闭系统的总能量与总动量形成一个四维矢量

$$(J_1, J_2, J_3) = c\boldsymbol{G}, \quad J_4 = \mathrm{i}E. \tag{227}$$

228) M. Abraham, *Phys. Z.*, **10** (1909) 739; M. v. Laue (参阅注 178a) 及 *Ann. Phys., Lpz.*, **35** (1911) 524; 参阅 W. Schottky, *Dissertation* (Berlin 1912).

229) M. Planck, *Phys. Z.*, **9** (1908) 828.

公式 (228) 在这里也适用. 任何形式能量的惯性, 例如势能的惯性, 可以由此直接推出. 让我们再注意一下能量的附加常量已经按照一个静止电子的能量等于 m_0c^2 的方式加以确定了. 因此, $E = mc^2$ 一般说来是成立的.

角动量

$$L = \int (r \wedge g)\mathrm{d}V \tag{344}$$

的守恒也可按通常方式从 (341) 式推出[230]. 为了使这个守恒定律成立, 基本上只要 T_{ik} 的空间分量是对称的就可以了. 假使每一参考系都要求有这一对称性, 则混合分量也必须是对称的, 这又意味着能流的动量定理[230a].

43. 存在外力时一个系统的能量和动量的变换

只当问题中所出现的所有各种能量和动量均包括在 E 和 G 中时, 公式 (228) 才适用. 假使我们所讨论的是在外压力作用下的气体或是一组静止的电荷, 就应该再把容器的弹性能或带电物质的能量考虑在内. 这样做会感到很不方便. 所以我们要求解下述的一个普遍问题. 这里只考虑会产生力 f_i 的一种能量, 并使

[126]

$$\frac{\partial S_i{}^k}{\partial x^k} = -f_i, \tag{345}$$

其中 S_{ik} 是相应的张量. 我们要求出总能量和总动量的变换公式. 设系统在坐标系 K' 中是静止的 [即在 K' 中, 总动量为零 $(G' = 0)$] 并设所有态函数均与时间无关.

我们现在有两种方法可以随便选用. 我们可以首先把能量和动量密度都变换到运动系统中去. 借助于一个对称张量的分量的变换公式, 这是容易做到的, 然后我们可对体积进行积分. 劳厄[231] 就是按这样的方式进行的. 我们求得

$$\left.\begin{aligned}
G_x &= \frac{1}{\sqrt{1-\beta^2}} \cdot \frac{v}{c^2}\left[E' + \int S'_{xx}\mathrm{d}V'\right], \\
G_y &= \frac{v}{c^2}\int S'_{xy}\mathrm{d}V', \cdots, \\
E &= \frac{1}{\sqrt{1-\beta^2}}\left[E' + \frac{v^2}{c^2}\int S'_{xx}\mathrm{d}V'\right],
\end{aligned}\right\} \tag{346}$$

---

230) 参阅注 4), §7.

230a) 关于角动量定理方面, 应该提及 P. Epstein [参阅注 215a)] 把角动量作为一面张量: $N_{ik} = x_iK_k - x_kK_i$ 引入这个理论之中, 这里 K_i 是闵可夫斯基力.

231) M. v. Laue, *Ann. Phys., Lpz.*, **35** (1911) 524; 也可参阅注 178a), 87 页方程 (102) 及 153 页方程 (XXVII).

假使在特殊情形下应力是一均匀的标量压强 p, 则

$$G_x = \frac{1}{\sqrt{1-\beta^2}} \cdot \frac{v}{c^2}(E' + p'V'), \quad G_y = G_z = 0, \left.\begin{array}{l}\\[4mm]\\[4mm]\end{array}\right\}$$

$$E = \frac{1}{\sqrt{1-\beta^2}}\left(E' + \frac{v^2}{c^2}p'V'\right), \qquad (346a)$$

这是普朗克[232] 在他的关于运动系统的动力学的基本论文中首先发现的.

第二种方法类似于 §21 中对 J_k 的矢量特性的证明. 但是在此情形中, 必须注意我们不能简单地用对于超平面 $x^4 = $ 常数的积分去代替对于超平面 $x'^4 = $ 常数的积分. 其实两个积分只相差

$$-\int f_i \mathrm{d}\Sigma,$$

这里积分是对两个超平面所包含的世界区域进行的. 若取 x 轴沿 K 相对于 K' 的速度方向, 容易看出

$$\int f_i \mathrm{d}\Sigma = \beta \int f'_i x' \mathrm{d}V',$$

再经过几道计算以后, 我们就得到 [127]

$$G_x = \frac{1}{\sqrt{1-\beta^2}} \cdot \frac{v}{c^2}\left[E' + \int f'_x x' \mathrm{d}V'\right], \left.\begin{array}{l}\\[4mm]\\[4mm]\\[4mm]\end{array}\right\}$$

$$G_y = \frac{v}{c^2}\int f'_y x' \mathrm{d}V', \quad G_z = \cdots, \qquad (347)$$

$$E = \frac{1}{\sqrt{1-\beta^2}}\left[E' + \beta^2 \int f'_x x' \mathrm{d}V'\right].$$

这些公式是由爱因斯坦[233] 导出的, 而劳厄的公式可以从这些公式进行分部积分而得.

44. 在特殊情形中的应用. Trouton 和 Noble 的实验

容易看到: 按照相对论力学的变换公式, 当作用于一个运动刚体上的合力矩为零时, 这个运动刚体并不处于平衡状态. 例如, 考虑一根在坐标系 K 中的杆, K 是以速度 $\boldsymbol{u}$ 沿 x 轴方向运动[234]. 在一个随杆一起运动的系统 K' 中, 设有两个相等而反向的力沿着杆的方向作用于杆的两

232) 参阅注 225); 也可参阅 A. Einstein, *Jb. Radioakt.*, **4** (1907) 411.

233) 参阅注 221). 在 A. Einstein, *Jb. Radioakt.*, **4** (1907) 446 和 447 中可找到更普遍的处理方法.

234) 参阅注 215a) P. Epstein, 779 页.

端上. 设 α 是在 K' 中所测得的杆与 K' 相对于 K 的速度 $\boldsymbol{u}$ (x' 轴) 之间的夹角. 假使 x', y' 是杆的两端在 K' 中的坐标之差, 而 x, y 是在 K 中的相应值, 则

$$K'_x = |\boldsymbol{K}'|\cos\alpha, \quad K'_y = |\boldsymbol{K}'|\sin\alpha,$$

从 (216) 式我们有

$$K_x = K'_x, \quad K_y = K'_y\sqrt{1-\beta^2}$$

以别于

$$x = x'\sqrt{1-\beta^2}, \quad y = y'.$$

所以在 K 中, 力不是沿着杆的方向. 作用在杆上的力偶为

$$\begin{aligned}
N_z &= (1-\beta^2)x'K'_y - y'K'_x \\
&= -\beta^2 x'K'_y = -\beta^2 l_0|\boldsymbol{K}'|\sin\alpha\cos\alpha.
\end{aligned} \tag{348}$$

现在我们必须要问, 为什么尽管有这个力偶存在, 却无转动发生? 首先可以看出, 在 K' 中与外力 $\boldsymbol{K}$ 平衡的弹性力是与外力按同样的方式变换的. 所以在 K 中存在一个弹性力矩与外力偶 $\boldsymbol{N}$ 相抵消. 还有一个更令人信服的理由可以说明弹性力在此情形中不是沿着杆的方向的. 这些力不能够单独由应力张量的散度来表示. 必须加上从动量密度的时间导数得出的一个附加项 (参看 §42). 这样可以得到转动力偶的正确的定量

[128]

的数值, 这可以从下面的论证中看出来. 弹性力所引起的力偶 $\boldsymbol{N}$ 是等于总弹性角动量 $\boldsymbol{L}$ 对时间的负导数, 即, 按照 (344) 式,

$$\boldsymbol{N} = -\frac{\mathrm{d}\boldsymbol{L}}{\mathrm{d}t} = -\frac{\mathrm{d}}{\mathrm{d}t}\int(\boldsymbol{r}\wedge\boldsymbol{g})\mathrm{d}V. \tag{344a}$$

这一推导十分类似于洛伦兹[234a] 对于电磁力情形的推导. 因为在 K' 中所有态函数均与时间无关, 容易推得[234a]

$$\boldsymbol{N} = -(\boldsymbol{u}\wedge\boldsymbol{G}). \tag{344b}$$

这样就把转动力偶的决定转化为对总弹性角动量

$$\boldsymbol{G} = \frac{1}{c^2}\int\boldsymbol{S}\mathrm{d}V$$

的决定. 就这里的情况而言, 能流总是平行于杆的方向, 而对杆的横截

234a) 参阅注 4), §7 和 §21 (a).

面的积分 $\int S_n \mathrm{d}\sigma = \int |\boldsymbol{S}| \mathrm{d}\sigma$, 根据能量守恒定律, 等于所完成的功 $\boldsymbol{K} \cdot \boldsymbol{u}$. 因此

$$G = \frac{1}{c^2}(\boldsymbol{K} \cdot \boldsymbol{u})\boldsymbol{r},$$

式中 $\boldsymbol{r}$ 是具有分量 x, y 的矢量. 代入 (344b) 式, 即得

$$|\boldsymbol{N}| = \frac{1}{c^2}(\boldsymbol{K} \cdot \boldsymbol{u})|\boldsymbol{u} \wedge \boldsymbol{r}| = \beta^2 K'_x y' = \beta^2 l_0 |\boldsymbol{K}'| \sin\alpha\cos\alpha,$$

这正好抵消了转动力偶 (348).

相似的论据可以应用于直角杠杆的情形中, Lewis 和 Tolman[235] 曾注意到在此情形中存在着一个转动力偶, 并且由劳厄[236] 根据能流的动量定理加以解释.

其次, 假使把作用于杆上的外力看成由两个位于杆端的小的球形电荷所产生, 则只需要很简单的措施就可以实现 Trouton 和 Noble 的实验装置[237]. 这些物理学家曾经考察过一个充电的电容器是否会转向跟地球运动方向相垂直的方向. 若电容器在坐标系中沿 x 轴方向以速度 $\boldsymbol{u}$ 运动, 那么这个坐标系中的电磁场一般有一力偶作用于电容器上[238]. 设 α' 是电容器的极板的法线与速度 $\boldsymbol{u}$ 所成的角, W' 是能量密度, E' 是在一个随电容器一起运动的系统 K' 中的静电能. 借助于 (346) 式, 就可以计算运动系统中的动量. 由于 K' 中的场仅由电容器两板之间的均匀静电场所组成, 并且与它们垂直, 我们有

[129]

$$E'_x = |\boldsymbol{E}'|\cos\alpha', \quad E'_y = |\boldsymbol{E}'|\sin\alpha',$$

而且对于 S'_{xx} 和 S'_{xy}, 我们可求得

$$S'_{xx} = W' - E'^2_x = W'(1 - 2\cos^2\alpha'),$$
$$S'_{xy} = -E'_x E'_y = -2W'\sin\alpha'\cos\alpha'.$$

代入 (346) 式中后, 有

$$\left. \begin{aligned} G_x &= \frac{u}{c^2}\frac{E'}{\sqrt{1-\beta^2}}(2 - 2\cos^2\alpha') = 2\frac{u}{c^2}\frac{E'}{\sqrt{1-\beta^2}}\sin^2\alpha', \\ G_y &= -2\frac{u}{c^2}E'\sin\alpha'\cos\alpha' = -\frac{u}{c^2}E'\sin 2\alpha'. \end{aligned} \right\} \tag{349}$$

235) G. N. Lewis and R. C. Tolman, *Phil. Mag.*, **18** (1909) 510.

236) M. v. Laue, *Phys. Z.*, **12** (1911) 1008.

237) 参阅注 6); 也可见注 4), §56 (c).

238) 可参阅注 178a), M. v. Laue, 99 页对这方面的推导.

所以除了高阶项以外, 动量是平行于电容器的两板. 由此, 并由 (344b) 式, 可求得一个大小为

$$|\boldsymbol{N}| = uG_y = \beta^2 E' \sin 2\alpha' \tag{350}$$

的力偶. 因此, 决不会观察到转动, 这和以前根据相对性原理所预期的一样. 早在 1904 年, 洛伦兹[239] 已作了正确的解释, 即弹性力跟电磁力按完全相同的方式变换. 劳厄[240] 的概念更为深入. 按照他的概念, 弹性能流的动量产生了一个力偶, 此力偶正好抵消了电磁力偶. 劳厄[241] 还详尽地考察了力偶 (350) 是怎样产生的. 在这里值得注意的是, 在 K' 中除了垂直于电容器极板的力: $|\boldsymbol{K}_1'| = E'/d$ 以外, 在每一个极板上还作用着与各边垂直并在极板平面内的力. 假使极板是边长为 a, b 的长方形, 则垂直地作用于边 b 和 a 上的附加力分别为:

[130]

$$|\boldsymbol{K}_2'| = \frac{1}{2}E'/a \text{ 和 } |\boldsymbol{K}_3'| = \frac{1}{2}E'/b.$$

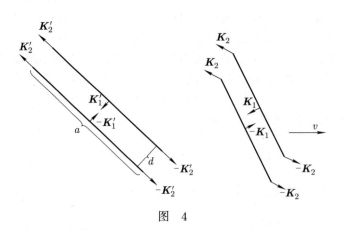

图　4

假使边 b 垂直于速度 $\boldsymbol{u}$, 则 $\boldsymbol{K}_3'$ 就不必考虑了. 图 4 分别说明了作用在系统 K' 和 K 中的力 $\boldsymbol{K}_1', \boldsymbol{K}_2'$ 和 $\boldsymbol{K}_1, \boldsymbol{K}_2$.

把力变换到系统 K' 中, 就可直接求得转动力偶. 转动力偶有一半是力偶 $\boldsymbol{K}_1$ 贡献的, 而另一半是两个力矩 $\boldsymbol{K}_2$ 贡献的. 动量表达式 (347) 也是容易证明的. 我们有:

$$\int f_x' x' \mathrm{d}V' = E'(\sin^2 \alpha' - \cos^2 \alpha')$$

239) 参阅注 4), §64; 也可参阅注 10), *Versl. gewone Vergad. Akad. Amst.*

240) M. v. Laue, *Ann. Phys., Lpz.*, **35** (1911) 524.

241) M. v. Laue, *Ann. Phys., Lpz.*, **38** (1912) 370.

$$\int f_y' x' \mathrm{d}V' = 2E' \sin \alpha' \cos \alpha',$$

由此, 我们又得到 (349) 式.

除了上面所讨论的那些电荷分布以外, 当电荷在作匀速运动时, 也会导致转动力偶. 椭球的情形就是一个例子[242]. 但是由于相对性原理, 决不会发生转动. 假使场在运动系 K' 中是球形对称的, 则 K 中的动量是平行于 $\boldsymbol{u}$ 的, 而且由于 (344b) 式, 转动力偶变成零. 在此情形中,

$$\int S_{xy}' \mathrm{d}V' = 0, \quad \int S_{xx}' \mathrm{d}V' = \int S_{yy}' \mathrm{d}V' = \int S_{zz}' \mathrm{d}V',$$

而且从 $S_{xx}' + S_{yy}' + S_{zz}' = W'$ 可知, 后面三个积分的每一个都等于 $\frac{1}{3}E'$. 所以, 从 (346) 式,

$$\boldsymbol{G} = \frac{\boldsymbol{u}}{c^2} \frac{\frac{4}{3}E'}{\sqrt{1-\beta^2}}, \quad E = \frac{E'\left(1 + \frac{1}{3}u^2/c^2\right)}{\sqrt{1-\beta^2}}. \tag{351}$$

参看第 V 编关于这些关系对单个电子情形中的应用.

45. 流体力学和弹性理论

从历史观点上来说, 相对论的弹性理论导源于把刚体这个概念也应用于相对论的想法. 人们自然必须先要去研究一下洛伦兹不变的刚体的定义. 这个定义是玻恩[243] 首先提出的. 假使物体的一个给定体积元在坐标系 K_0 中是不变形的, 而这个体积元在 K_0 中又处于瞬时静止状态, 那么这个物体可认为是一个刚体. 现在用分析法把它列出方程如下: 让我们按拉格朗日的方法来表征变形介质的流动, 并把坐标 $x^1, \cdots, x^4$ 表示为初始坐标 $\xi^1, \cdots, \xi^3$ 和固有时 τ —— 或者为了对称的理由, 把它表为 $\xi^4 = \mathrm{i}c\tau$ 更好些 —— 的函数: [131]

$$x^k = x^k(\xi^1, \cdots, \xi^4). \tag{352}$$

两个相邻的空间 – 时间点的世界线元

$$\mathrm{d}s^2 = \sum (\mathrm{d}x^k)^2,$$

---

242) M. Abraham, *Ann. Phys., Lpz.,* **10** (1903) 174; 及 *Theorie der Elektrizität*, 第二卷 (1905 年第一版) 170 页以下.

243) M. Born, *Ann. Phys., Lpz.,* **30** (1909) 1.

则变成微分 $\mathrm{d}\xi^i$ 的二次型:

$$\mathrm{d}s^2 = A_{ik}\mathrm{d}\xi^i\mathrm{d}\xi^k.\tag{353}$$

假使我们挑出那些世界点, 在给定的时刻, 这些点对于随着体积元一起运动的观察者是同时的 —— 它们满足方程

$$u_i\mathrm{d}x^i = u_i\frac{\partial x^i}{\partial \xi^k}\mathrm{d}\xi^k = 0,\tag{354}$$

式中 $u_i =$ 四维速度 —— 则 $\mathrm{d}\xi^4$ 可从 (353) 式消去, 而且可以把线元 $\mathrm{d}s^2$ 写成三个空间微分的二次型:

$$\mathrm{d}s^2 = \sum_{i,k=1}^{3} p_{ik}\mathrm{d}\xi^i\mathrm{d}\xi^k.\tag{355}$$

p_{ik} 对它们的初始值的偏差表征体积元的变形. 对于一个刚体, 它们总为零, 因此

$$\frac{\partial p_{ik}}{\partial \xi^4} = 0.\tag{356}$$

但是 Ehrenfest[244] 的简单论证表明: 不可能使这样的一个物体转动. 假使这是可能的话, 则由于洛伦兹收缩, 物体上诸点所描绘的圆的周长将会变小; 但是它们的半径却保持不变, 因为它们总是与速度垂直. Herglotz[245] 和 Noether[246] 进而独立地证明: 在玻恩的意义下的刚体只具有三个自由度, 不同于经典力学中的刚体具有六个自由度. 除了例外的情形, 当物体上单独一点的运动已被确定, 则物体的运动就被完全确定. 这对于在相对论力学中[247] 引入刚体这个概念的可能性在它本身就引起了强烈的怀疑. 在劳厄[248] 的一篇论文中最后澄清了这点, 他以十分初浅的论据证明了: 按照相对论的理论, 一个物体的运动自由度的数目不可能是有限的. 因为任何作用不能以大于光速的速度传播, 若同时在 n 个不同的地点给物体一个冲量, 从一开始作用, 将会引起至少要用 n 个自由度来描述的运动.

[132]

因此, 刚体这个概念在相对论力学中是没有什么地位的, 但是引入一个物体的刚性运动这个概念仍是自然的而且是有用的. 我们将把那些满

244) P. Ehrenfest, *Phys. Z.*, **10** (1909) 918.

245) G. Herglotz, *Ann. Phys., Lpz.*, **31** (1910) 393.

246) F Noether, *Ann. Phys., Lpz.*, **31** (1910) 919.

247) 参阅 M. Born, *Phys. Z.*, **11** (1910) 233; M. Planck, *Phys. Z.*, **11** (1910) 294; W. v. Ignatowski, *Ann. Phys., Lpz.*, **33** (1910) 607; P. Ehrenfest, *Phys. Z.*, **11** (1910) 1127; M. Born, *Nachr. Ges. Wiss. Göttingen* (1910) 161.

248) M. v. Laue, *Phys. Z.*, **12** (1911) 85.

足玻恩的条件 (356) 的运动看成刚性运动. 后来 Herglotz[249] 发展了相对论的弹性理论, 它基于下述的观念, 即当违反玻恩的条件 (356) 时, 总会出现应力. 他从作用原理

$$\delta \int \Phi \mathrm{d}\xi_1 \cdots \mathrm{d}\xi_4 = 0 \tag{357}$$

导出了运动方程. 式中 Φ 为形变量 A_{ik} 的一个函数. 它是这样选取的: 对稳定的情况, Φ 依赖于 p_{ik} 的方式和通常弹性理论中的拉格朗日函数完全一样. 这样得出的运动方程可以拟合为劳厄体系中的 (340) 式和 (341) 式.

还应该提及, 为了和绝对应力作对比, 劳厄[250] 又引入了相对应力. 从 (341) 式可以得出:

$$\dot{g}_i = -\sum_{k=1}^{3} \frac{\partial T_i{}^k}{\partial x^k} \quad (i = 1, 2, 3). \tag{358a}$$

由于公式的左方只有动量密度的定位改变率而不是总改变率, 所以 $\boldsymbol{T}$ 的空间分量并不代表弹性应力. 动量密度的总改变率 $\dfrac{\mathrm{d}g_i}{\mathrm{d}t}$ 由下式确定:

$$\frac{\mathrm{d}g_i}{\mathrm{d}t} = \frac{\partial g_i}{\partial t} + \sum_{k=1}^{3} \frac{\partial}{\partial x^k}(g_i u_k),$$

因此

$$\frac{\mathrm{d}g_i}{\mathrm{d}t} = -\sum_{k=1}^{3} \frac{\partial \overline{T}_i{}^k}{\partial x^k}, \tag{358b}$$

其中

$$\overline{T}_{ik} = T_{ik} - g_i u_k \quad (i, k = 1, 2, 3), \tag{359}$$

必须注意, 相对应力 $\overline{T}_{ik}$ 是不对称的. 它们的变换定律由下式给定:

$$\left.\begin{aligned}
&\overline{T}_{xx} = T^0_{xx}, \quad \overline{T}_{yy} = T^0_{yy}, \quad \overline{T}_{zz} = T^0_{zz}, \\
&\overline{T}_{xy} = \frac{T^0_{xy}}{\sqrt{1-\beta^2}}, \quad \overline{T}_{xz} = \frac{T^0_{xz}}{\sqrt{1-\beta^2}}, \quad \overline{T}_{yz} = T^0_{yz}, \\
&\overline{T}_{yx} = \sqrt{1-\beta^2}\,T^0_{yx}, \quad \overline{T}_{zx} = \sqrt{1-\beta^2}\,T^0_{zx}, \quad \overline{T}_{zy} = T^0_{zy}.
\end{aligned}\right\} \tag{360}$$

与绝对应力的相应关系不同, 这里不出现能量密度 W_0. 假使在静止系统 [133]

249) G. Herglotz, *Ann. Phys., Lpz.,* **36** (1911) 493.

250) 参阅注 228); 也可参阅注 178a), §26. M. Abraham [*R. C. Circ. mat. Palermo,* **28** (1909) 1] 在此以前, 已经在运动物体的电动力学中引入十分相似的相对应力.

中, (三维) 应力张量独特地是一个标量

$$T_{ik}^0 = p_0 \delta_i{}^k \quad (i, k = 1, 2, 3),$$

则我们还有

$$\overline{T}_{ik} = p_0 \delta_i{}^k$$

标量压强是一个不变量:

$$p = p_0 \tag{361}$$

假使我们将压强定义为单位面积上的力[251], 上式即可直接从力和面积的变换公式得出 [也可参看 §32(δ) 关于辐射压强的不变性的讨论].

液体的运动方程可采取比较简单的形式, 因为三维应力张量在这里已退化为一个标量. 除了 Herglotz[252] 以外, Ignatowski[253] 和 Lamla[254] 也曾经讨论过这一特殊情形. 这些作者的结果都是一致的. 设 μ_0 是静止质量密度, p 是压强, P 是积分 $\int \mathrm{d}p/\mu_0$, 和通常流体力学中一样, 如果仅限于绝热过程的情形, 则能量 – 动量张量由下式给定:

$$T_i{}^k = \mu_0 \left(1 + \frac{P}{c^2}\right) u_i u^k + p\delta_i{}^k. \tag{362}$$

以 u^i 对上式作标积, 则由方程

$$\frac{\partial T_i{}^k}{\partial x^k} = 0$$

可得出连续性方程

$$\frac{\partial (\mu_0 u^k)}{\partial x^k} = 0 \tag{363}$$

和运动方程

$$\mu_0 \left(1 + \frac{P}{c^2}\right) \frac{\mathrm{d}u_i}{\mathrm{d}\tau} = -\left[\frac{\partial p}{\partial x^i} + u_i \frac{\mathrm{d}}{\mathrm{d}\tau}\left(\frac{p}{c^2}\right)\right]. \tag{364}$$

对于静止的情况, T_0^0 得出了能量密度的通常表达式.

这些论据只对于证明有可能建立不发生矛盾的一个相对论性流体力学和一个弹性理论有些价值. 从物理学观点来说, 它们并不产生任何新的东西, 因为当物质中弹性波的速度比 c 为小时, 相对论弹性理论的方程与通常理论的方程实际上是没有什么区别的.

[134]　　Herglotz 和 Lamla 曾经从他们的方程导出: 压缩系数一定要有一个下

251) 参阅注 232), §13; A. Sommerfeld, *Ann. Phys., Lpz.,* **32** (1910) 775. 首先为 M. Planck 所表述 [参阅注 225)].

252) 参阅注 249).

253) W. v. Ignatowski, *Phys. Z.,* **12** (1911) 441.

254) E. Lamla, *Dissertation* (Berlin 1911); *Ann. Phys., Lpz.,* **37** (1912) 772.

限, 否则弹性波就能够以大于光速的速度传播了. 但是相对性原理似乎不能对内聚力的大小作出任何陈述. 当静压缩系数趋近于 Herglotz 和 Lamla 极限时, 唯象的方程或许会变为不正确. 因而将会出现弹性波的色散, 这种情况是与 §36(δ) 中所讨论过的光波的情况相类似的.

(d) 热力学和统计力学

46. 热力学量在洛伦兹变换下的性质

普朗克[255] 在他的关于运动系统的动力学的基本论文中已经导出过渡到运动系统的热力学量的变换公式. 他的出发点是变分原理. 但是爱因斯坦[256] 曾经证明, 这些变换公式也可以直接导出, 然后从这些变换公式导得变分原理.

让我们从列出体积、压强、能量和动量的关系式开始, 这里还假定弹性应力只包含标量压强:

$$V = V_0 \sqrt{1 - \beta^2}, \tag{7a}$$

$$p = p_0, \tag{361}$$

$$\left. \begin{aligned} \boldsymbol{G} &= \frac{\boldsymbol{u}}{c^2} \frac{1}{\sqrt{1 - \beta^2}} (E_0 + p_0 V_0), \\ E &= \frac{1}{\sqrt{1 - \beta^2}} \left(E_0 + \frac{u^2}{c^2} p_0 V_0 \right). \end{aligned} \right\} \tag{346a}$$

由此, 再得出

$$E + pV = \frac{E_0 + p_0 V_0}{\sqrt{1 - \beta^2}}, \quad \boldsymbol{G} = \frac{\boldsymbol{u}}{c^2} (E + pV). \tag{346b}$$

现在我们要导出热量、温度和熵的相应关系式. 设 $\mathrm{d}Q$ 是转移给系统的热量, $\mathrm{d}A$ 是外力对系统所作的功, 则

$$\left. \begin{aligned} \mathrm{d}Q &= \mathrm{d}E - \mathrm{d}A, \\ \mathrm{d}A &= -p\mathrm{d}V + \boldsymbol{u} \cdot \mathrm{d}\boldsymbol{G}. \end{aligned} \right\} \tag{365}$$

第二项是主要的, 因为按照 (346) 式, 即使在改变它的态时系统的速度也 [135]

---

255) 参阅注 225). 也可参阅 Hasenöhrl 的论文, *S. B. Akad. Wiss. Wien*, **116** (1907) 1391, 他在这里以另一种方法得到了相似的结果, 并与 Planck 的方法无关.

256) 参阅注 232), §15 及 §16.

保持不变 (以后就这样假定), 这一项仍不为零. 我们得

$$
\begin{aligned}
\mathrm{d}Q &= \frac{1}{\sqrt{1-\beta^2}}\mathrm{d}E_0 + \frac{u^2/c^2}{\sqrt{1-\beta^2}}\mathrm{d}(p_0V_0) \\
&\quad - \frac{u^2/c^2}{\sqrt{1-\beta^2}}[\mathrm{d}E_0 + \mathrm{d}(p_0V_0)] + \sqrt{1-\beta^2}\,p_0\mathrm{d}V_0 \\
&= \sqrt{1-\beta^2}(\mathrm{d}E_0 + p_0\mathrm{d}V_0) = \sqrt{1-\beta^2}\mathrm{d}Q_0,
\end{aligned}
$$

即

$$
Q = Q_0\sqrt{1-\beta^2}. \tag{366}
$$

这一计算与我们以前所导出的焦耳热的变换性质一致 [参看方程 (293)].

　　若给系统以速度 u, 这可以看成一个绝热过程. 因此熵保持不变, 而且不论对于运动系统或者静止系统都具有相同的值. 这意味着熵是一个洛伦兹不变量,

$$
S = S_0. \tag{367}
$$

假使无限缓慢地传给热量 $\mathrm{d}Q$, 则有

$$
\mathrm{d}Q = T\mathrm{d}S.
$$

利用 (366) 式和 (367) 式, 我们可求得

$$
T = T_0\sqrt{1-\beta^2}. \tag{368}
$$

　　这些关系式能使我们写下静止系统中诸量 p_0, V_0, E_0, G_0, T_0 之间的每一关系式, 也能写下运动系统中的相应关系式. 特别是能够确定物质的状态方程对于速度的依赖关系.

47. 最小作用原理

　　在非相对论热力学中, 状态方程可以从作用原理[257]

$$
\int_{t_1}^{t_2}[\delta(-F + E_{\mathrm{kin}}) + \delta A]\mathrm{d}t = 0
$$

得到. 式中 F 是自由能,

$$
F = E - TS.
$$

---

　　257) H. v. Helmholtz, *J. reine angew. Math.*, **100** (1886) 137 及 213 [论文集 **3** (1895) 225].

这里的自变量是系统的位置坐标、体积和温度. δA 是对这些参量取变分时所作的功. 当自变量改变时, 函数按通常的方式改变. 作用函数

$$L = -F + E_{\text{kin}}$$

在这里由两部分所组成, 其中一部分只依赖于速度, 而另一部分只依赖于物体的内态 (V, T). 在相对论力学中也存在这样的作用函数, 但是它不能按同样的方式分解. 实际上对于 [136]

$$L = -E + TS + \boldsymbol{u} \cdot \boldsymbol{G}, \tag{369}$$

$$\left.\begin{array}{l} \dfrac{\mathrm{d}}{\mathrm{d}t}\left(\dfrac{\partial L}{\partial \dot{x}}\right) = K_x, \quad \dfrac{\mathrm{d}}{\mathrm{d}t}\left(\dfrac{\partial L}{\partial \dot{y}}\right) = K_y, \quad \dfrac{\mathrm{d}}{\mathrm{d}t}\left(\dfrac{\partial L}{\partial \dot{z}}\right) = K_z, \\[2mm] \dfrac{\partial L}{\partial V} = p, \quad \dfrac{\partial L}{\partial T} = S. \end{array}\right\} \tag{370}$$

因为从

$$\mathrm{d}E = \boldsymbol{K} \cdot \mathrm{d}\boldsymbol{r} - p\mathrm{d}V + T\mathrm{d}S = \boldsymbol{u} \cdot \mathrm{d}\boldsymbol{G} - p\mathrm{d}V + T\mathrm{d}S$$

可以得到

$$\mathrm{d}L = \boldsymbol{G} \cdot \mathrm{d}\boldsymbol{u} + p\mathrm{d}V + S\mathrm{d}T.$$

但是 (370) 式正好是从作用原理得出的方程. 此外我们可以看到, 对于一个粒子, 根据 (318a, b) 和 (325) 式, 我们必须令

$$L = -E_{\text{kin}} + \boldsymbol{u} \cdot \boldsymbol{G}.$$

这可以看作为 (369) 式的特殊情形. 在静止系 K_0 中, L 与 (负的) 自由能等同, $L_0 = -E_0 + T_c S_0$. 从 (346) 式, (367) 式和 (368) 式, 我们也可以求得 L 的变换公式:

$$L = L_0 \sqrt{1 - \beta^2}, \tag{371}$$

因此作用积分 $\displaystyle\int L\mathrm{d}t$ 为一不变量, 与要求相符.

48. 相对论对统计力学的应用

刘维尔定理

$$\mathrm{d}p_1 \cdots \mathrm{d}q_N = \mathrm{d}p_1{}^0 \cdots \mathrm{d}q_N{}^0 \tag{372}$$

在正则变量 p_k, q_k 的空间中适用 (参阅 §40). 因为它是哈密顿方程的一个直接的结果. 当然, 它也对于其他变量 $x_1, \cdots, x_{2N}$ 的空间适用, 变量 $x_1, \cdots, x_{2N}$ 是由具有函数行列式等于 1 的正则变量产生,

$$\mathrm{d}x_1 \cdots \mathrm{d}x_{2N} = \mathrm{d}x_1{}^0 \cdots \mathrm{d}x_{2N}{}^0. \tag{372a}$$

因为统计力学的普遍定理是基于刘维尔定理, 除此以外别无其他的假定, 所以它们在相对论统计力学中保持不变[258]. 它们可以表述如下:

(i) 设能量是变量 $x_1, \cdots, x_{2N}$ 的一个函数 —— 对这些变量总假定它们满足条件 (372a) —— 由下式给定:

$$H(x_1, \cdots, x_{2N}) = E. \tag{373}$$

[137]   因此, 熵由下式给定:

$$S = k \log V, \tag{374}$$

式中 V 为能量曲面 $H = E$ 所包围的体积, 或者为能壳 $E < H < E + \mathrm{d}E$ 所包围的体积,

$$V = \int_{H<E} \mathrm{d}x_1 \cdots \mathrm{d}x_{2N} \ \text{或} \ V = \int_{E<H<E+\mathrm{d}E} \mathrm{d}x_1 \cdots \mathrm{d}x_{2N}. \tag{375}$$

(ii) 自由能 $F = E - TS$ 由下式给定:

$$\left. \begin{aligned} F &= -kT \log Z, \\ Z &= \int e^{-H/kT} \mathrm{d}x_1 \cdots \mathrm{d}x_{2N}. \end{aligned} \right\} \tag{376}$$

(iii) 均分定律   时间的平均是

$$\left. \begin{aligned} \overline{x_i \frac{\partial H}{\partial x_i}} &= kT, \quad \text{对于所有从 1 到 } 2N \text{ 的 } i, \\ \overline{x_i \frac{\partial H}{\partial x_j}} &= 0, \quad \text{对于 } i \neq j. \end{aligned} \right\} \tag{377}$$

对于正则变量有

$$\overline{p_i q_i} = kT, \quad \overline{q_i \frac{\partial H}{\partial q_i}} = kT. \tag{377a}$$

这里已经与普通力学不一致. 因为在普通力学中,

$$E_{\text{kin}} = \frac{1}{2} \sum p_i \dot{q}_i,$$

所以 (377a) 的第一个方程只不过说明了对应于每一个不同自由度, 对动能贡献的时间平均等于 $\frac{1}{2}kT$. 在相对论力学中, 均分定律和平均动能之间的联系就失效.

---

258) 这里没有考虑量子论对统计定理的应有的修正.

(iv) 麦克斯韦 – 玻尔兹曼分布定律　设所讨论的系统的能量函数 H 可以分成两部分:

$$H = H_1(x_1, \cdots, x_{2n}) + H_2(X_1, \cdots, X_{2N}), \qquad (378)$$

它们依赖于不同的变量. H_1 中变量的数目 $2n$ 应远小于 H_2 中变量的数目 $2N$. 此外, 假定两组变量是由具有函数行列式等于 1 的不同的正则变量所产生. 因此不论第二组变量的值为如何, 第一组变量在 $\mathrm{d}x_1 \cdots \mathrm{d}x_{2n}$ 范围内取某种给定值 $x_1, \cdots, x_{2n}$ 的概率可由下式确定:

$$w(x_1, \cdots, x_{2n})\mathrm{d}x_1 \cdots \mathrm{d}x_{2n} = Ae^{-H_1(x)/kT}\mathrm{d}x_1 \cdots \mathrm{d}x_{2n}. \qquad (379)$$

与 x 无关的量 A 由条件

$$\int w(x_1, \cdots, x_{2n})\mathrm{d}x_1 \cdots \mathrm{d}x_{2n} = 1 \qquad (379a)$$

确定. 分布定律 (379) 所依据的假设是 H_1 的值比 H 的 (恒定的) 值要小. [138]

49. 特殊情形

(α) 在一个运动空腔中的黑体辐射　这一情形只具有历史上的价值, 因为它可以不用相对论而完全根据电动力学去讨论. 进行讨论以后, 人们会得到这样一个必然的结论: 动量和惯性质量必须归之于运动的辐射能. 值得注意的是在相对论形成之前, Hasenöhrl[259] 已经求得了这个结果. 显然, 他的推论尚有几处需要修正. 这个问题的完整的解法首先由 Mosengeil[260] 提出. 普朗克[261] 推广了 Mosengeil 的结果, 导出了许多关于运动系统的动力学公式.

若把一个运动空腔的情形化为一个静止空腔的情形, 相对论可以使我们直接确定辐射压强、动量、能量和熵对温度的依赖关系以及谱线分布对温度和方向的依赖关系.

对于后者我们有

$$E_0 = aT_0{}^4V_0, \quad p_0 = \frac{1}{3}aT_0{}^4, \quad S_0 = \frac{4}{3}aT_0{}^3V_0 \qquad (380a)$$

并从 (369) 式, 有

$$L = \frac{1}{3}aT_0{}^4V_0.$$

---

259) F. Hasenöhrl, *S. S. Akad. Wiss. Wien*, **113** (1904) 1039, *Ann. Phys., Lpz.*, **15** (1904) 344 及 **16** (1905) 589.

260) K. v. Mosengeil, *Dissertation* (Berlin 1906); *Ann. Phys., Lpz.*, **22** (1907) 867; 也可参阅 M. Abraham 的说明, *Theorie der Elektrizität* 第二卷 (第二版) 44 页.

261) 参阅注 225).

最后, 在频率间隔 $\mathrm{d}\nu$ 和立体角 $\mathrm{d}\Omega$ 中的辐射强度由下式给定:

$$K_0\nu_0\mathrm{d}\nu_0\mathrm{d}\Omega_0 = \frac{2h}{c^2}\frac{{\nu_0}^3\mathrm{d}\nu_0}{\exp(h\nu_0/kT_0)-1}\mathrm{d}\Omega_0. \tag{381a}$$

借助于 §46 的公式, 我们可得

$$\left.\begin{array}{l} E = E_0\dfrac{1+\dfrac{1}{3}\beta^2}{\sqrt{1-\beta^2}} = \alpha T^4 V\dfrac{1+\dfrac{1}{3}\beta^2}{(1-\beta^2)^2}, \\[3ex] p = p_0 = \dfrac{1}{3}aT^4\dfrac{1}{(1-\beta^2)^2}, \\[3ex] S = S_0 = \dfrac{4}{3}aT^3 V\dfrac{1}{(1-\beta^2)^2}, \\[3ex] L = L_0\sqrt{1-\beta^2} = \dfrac{1}{3}aT^4 V\dfrac{1}{(1-\beta^2)^2}, \\[3ex] \boldsymbol{G} = \dfrac{4}{3}\dfrac{\boldsymbol{u}}{c^2}\dfrac{1}{\sqrt{1-\beta^2}}E_0 = \dfrac{4}{3}aT^4 V\dfrac{1}{(1-\beta^2)^3}\dfrac{\boldsymbol{u}}{c^2}. \end{array}\right\} \tag{380b}$$

[139] 要求得运动空腔中的谱线分布, 我们可以利用下列关系:

$$\nu' = \nu\frac{1-\beta\cos\alpha}{\sqrt{1-\beta^2}}, \quad \mathrm{d}\nu' = \mathrm{d}\nu\frac{1-\beta\cos\alpha}{\sqrt{1-\beta^2}},$$

$$\mathrm{d}\Omega' = \frac{1-\beta^2}{(1-\beta\cos\alpha)^2}\mathrm{d}\Omega,$$

$$K'_{\nu'}\mathrm{d}\nu'\mathrm{d}\Omega' = K_\nu\mathrm{d}\nu\mathrm{d}\Omega\frac{(1-\beta\cos\alpha)^2}{1-\beta^2},$$

这些关系容易从 (15) 式, (17) 式和 (253) 式导出. 最后的量必须像振幅 A 的平方一样变换. 进而得出

$$K'_{\nu'} = K_\nu\frac{(1-\beta\cos\alpha)^3}{(1-\beta^2)^{3/2}},$$

$$K_\nu\mathrm{d}\nu\mathrm{d}\Omega = \frac{2h}{c^2}\frac{\nu^3\mathrm{d}\nu}{\exp\{(h\nu/kT)(1-\beta\cos\alpha)\}-1}\mathrm{d}\Omega. \tag{381b}$$

此外, 由于

$$K'_{\nu'}\mathrm{d}\nu' = K_\nu\mathrm{d}\nu\frac{(1-\beta\cos\alpha)^4}{(1-\beta^2)^2},$$

我们有

$$K = \frac{ac}{4\pi}T^4\frac{1}{(1-\beta\cos\alpha)^4}. \tag{382}$$

这个公式表出了总的辐射强度对于方向的依赖关系 (对所有频率积分以后). 当然它也可以从 (381b) 式对 dν 进行积分而得. 借助于关系式

$$E = V \int \frac{1}{c} K \mathrm{d}\Omega$$

可从 (382) 式求得总能量, 并且与方程 (380b) 中的第一式一致.

由于所指望的效应异常微小, 以致辐射能量的惯性未能在实验中加以验证.

(β) 理想气体 自然, 我们只在分子的平均速度可与光速相比拟时, 才能在由经典力学计算出来的理想气体行为中, 找出一个由相对论效应 (质量的可变性) 所引起的偏差. 这个偏差的判据是量

$$\sigma = \frac{m_0 c^2}{kT} \tag{383}$$

的大小. 对于通常的温度, 它是非常大的, 只当温度在 $10^{12\circ}$K 附近时, 它才达到合理的比例. 所以要去寻求相对论力学所要求的对理想气体的经典行为的偏差是没有什么实际意义的, 这只有理论上的价值. Jüttner[262] 提供了这个问题的答案. 最简单的方法是根据 §48 定理 (ii) 计算自由能. 当以动量表示时, 一个粒子的能量具有形式:

[140]

$$E = m_0 c^2 \left[1 + \frac{1}{m_0{}^2 c^2}(p_x{}^2 + p_y{}^2 + p_z{}^2) \right]^{\frac{1}{2}},$$

因此可得

$$F = -RT \log \overline{Z},$$

$$\begin{aligned} \overline{Z} &= \overline{Z}^{1/L} \\ &= V \cdot \iiint \exp\left\{ -\frac{m_0 c^2}{kT}\left[1 + \frac{1}{m_0{}^2 c^2}(p_x^2 + p_y^2 + p_z^2) \right]^{\frac{1}{2}} \right\} \mathrm{d}p_x \mathrm{d}p_y \mathrm{d}p_z. \end{aligned}$$

这里假设所出现的气体的量是等于 1 g 分子, L 是阿伏伽德罗常量, V 是体积. 计算结果为

$$\left. \begin{aligned} \overline{Z} &= V m_0{}^3 c^3 \cdot 2\pi(-\mathrm{i})\frac{H_2^{(1)}(\mathrm{i}\sigma)}{\sigma}, \\ F &= -RT\left\{ \log V + \log\left(-\frac{\mathrm{i}H_2^{(1)}(\mathrm{i}\sigma)}{\sigma} \right) + 常数 \right\}, \end{aligned} \right\} \tag{384}$$

262) F. Jüttner, *Ann. Phys., Lpz.,* **34** (1911) 856.

式中 $H_n^{(i)}$ 是第 i 类 n 阶的汉克尔 (Hankel) 函数, $i = 1, 2$.

所有其他的热力学量可按通常方式从自由能得出, 即

$$p = -\frac{\partial F}{\partial V}, \quad E = F - T\frac{\partial F}{\partial T} = T^2\frac{\partial}{\partial T}\left(\frac{F}{T}\right)$$

(自变量为 V, T). 从第一个方程我们得

$$p = \frac{RT}{V}. \tag{385}$$

理想气体的状态方程在相对论力学中保持不变. 这是与下面的事实相联系, 即自由能和配分函数对体积的依赖关系并不为相对论力学所改变; 这里又有了一个先验的理由. 就能量对温度的依赖关系而言, 情况就不同了. 我们求得

$$E = RT\left\{1 - \frac{\mathrm{i}H_2'^{(1)}(\mathrm{i}\sigma)}{H_2^{(1)}(\mathrm{i}\sigma)}\sigma\right\}. \tag{386}$$

[141] 对于大的 σ 值, 我们可以不用汉克尔函数而用它的渐近形式

$$-\mathrm{i}H_2^{(1)}(\mathrm{i}\sigma) \simeq \frac{e^{-\sigma}}{\sqrt{\frac{1}{2}\pi\sigma}}.$$

取对数微分,

$$-\frac{\mathrm{i}H_2'^{(1)}(\mathrm{i}\sigma)}{H_2^{(1)}(\mathrm{i}\sigma)} = 1 + \frac{1}{2\sigma},$$

将此式代入 (386) 式中, 得

$$E = RT\left(\sigma + \frac{3}{2}\right) = Lmc^2 + \frac{3}{2}RT, \tag{386a}$$

与早先的理论一致, 这是必然的. 能量的表达式 (386) 也可以从麦克斯韦分布定律求得. 按照 §48 定理 (iv), 这个表达式只在因子 A 依赖于温度的方式上与经典力学的分布定律有所不同.

Jüttner[263] 还从相对论动力学的观点研究了理想气体的运动对它的热力学性质的影响. 根据 §46 的变换公式, 可以立刻写下相应的关系. 就实验上来证明质能等效原理而言, 用理想气体的情况似乎比黑体辐射更为不利.

---

263) F. Jüttner, *Ann. Phys., Lpz.*, **35** (1911) 145.

第 IV 编

广义相对论

---

50. 到爱因斯坦在 1916 年发表论文[264]时为止的历史回顾 [142]

牛顿的引力定律要求瞬时的超距作用, 这是与狭义相对论不相容的. 狭义相对论要求传播速度最大也不过是等于光速[265], 并要求引力定律必须是洛伦兹协变的. 庞加莱[266] 已经按照能满足上述要求的方式研究了修正牛顿引力定律的问题. 这可以有几种做法. 所有他的意图有这样一点是共同的: 即两个粒子之间的作用力不依赖于它们的同时位置, 而依赖于相差一个时间间隔为 $t = r/c$ 的位置, 也依赖于它们的速度 (并且也可能依赖于它们的加速度). 对于牛顿定律的偏差总是 v/c 的二阶效应, 因此总是很小的, 不致与实验相矛盾[266a]. 闵可夫斯基[267] 和索末菲[268] 已经把庞加莱的这些意图表示成与四维矢量分析相应的形式; 并且 H. A. 洛伦兹[268a] 讨论过一个特殊情况.

对所有这些讨论的反对意见是: 他们的出发点都是力的基本定律, 而不是泊松方程. 一旦一个效应的有限传播已被证实, 若把它表成随位置和时间连续变化的函数 (一个场), 并求出这个场所满足的微分方程, 人们就可望得到简单而普遍适用的定律. 因此问题就在于这样来修正泊松

---

264) 参阅 J. Zenneck (数学百科全书, V2) 及 S.Oppenheim (同前, VI2, 22, 特别是第 V 编) 的文章. 我们在这里只介绍历史发展的概要; 对于某些细节问题, 也可参阅 F. Kottler (同前, VI 2, 22) 的文章.

265) 如果假定引力效应的传播速度与引起这些效应的物体的运动状态无关, 则传播速度必须正好等于光速.

266) 参阅注 11).

266a) 较详尽的讨论可参见 W. de Sitter, *Mon. Not. R. Astr. Soc.,* **71** (1911) 388.

267) 参阅注 54).

268) 参阅注 55).

268a) H. A. Lorentz, *Phys. Z.* **11** (1910) 1234; 也可参阅注 40).

方程

$$\Delta\Phi = 4\pi k\mu_0,$$

和粒子的运动方程

$$\frac{\mathrm{d}^2 \boldsymbol{r}}{\mathrm{d}t^2} = -\mathrm{grad}\,\Phi,$$

使它们成为洛伦兹不变式.

[143]

但是在这个问题被解决之前, 发展的方向已转向另一方面. 当根据狭义相对论的物理推论得到了某种程度的成就时, 爱因斯坦[269] 立刻就想把相对性原理推广到非匀速运动的参考系中. 他假设: 普遍的物理定律即使在伽利略以外的 (§2) 系统中也应该保留它们的形式. 借助于等效原理, 这个假设就成为可能. 在牛顿的理论中, 从力学的观点看来[269a], 一个在均匀引力场中的系统是完全等效于一个匀加速参考系的. 除此以外, 再加上一个假设, 即在这两个系统中所有其他过程也是按同一方式发生的, 这样, 就构成了爱因斯坦的等效原理的内容. 这个原理是爱因斯坦在后一些日子所发展的广义相对论的基础之一 (参阅 §51). 由于人们能够计算加速系统中许多事件的次序, 等效原理就使计算一个均匀引力场对任意过程的效应成为可能. 从启发性的观点看来, 正是这个特点使等效原理具有这样巨大的功用. 爱因斯坦用这个方法导出了下列结果: 在引力势较低处的时钟的时率要比在引力势较高处的时钟的时率来得慢; 他还指出, 由于这样, 自太阳发射的谱线比之于地球上的谱线必然会有一个红向移动 [参阅 §53(β)]. 另一个结果是光速在引力场中不是常量, 因此光线将会弯曲, 并且在所有的情形中, 对于能量 E 不仅要赋予一惯性质量, 而且还要赋予一引力质量 $m = E/c^2$. 爱因斯坦在下一篇论文中[270] 曾指出: 由于光线的弯曲, 在太阳的边缘上可以看到恒星的位移, 这可以用实验来验证. 当时爱因斯坦曾算出这个位移的大小为 0.83″.

这个均匀引力场的理论隐含着对狭义相对论框架的破坏. 由于光速和时钟的时率对引力势的依赖关系, 在 §4 中所引入的同时的定义已不再适用, 而洛伦兹变换也失去意义. 从这一观点看来, 狭义相对论只是在没有引力场的情况下才正确. 反之, 当引力势作为一个物理量引入以后, 物理定

---

269) 参阅注 232).

269a) 严格地说, 匀加速运动必须代之以双曲线运动 (§26), 这样会使坐标变换公式更为复杂. 参见 H. A. Lorentz [注 40)] 及 P. Ehrenfest, *Proc. Acad. Sci. Amst.*, **15** (1913) 1187.

270) A. Einstein, "Über den Einfluss der Schwerkraft auf die Ausbreitung des Lichtes", *Ann. Phys., Lpz.*, **35** (1911) 898; 也刊入论文集 *Das Relativitätsprinzip* 中 (1920 年第三版).

律必须认为是其他物理量与引力势之间的关系. 物理定律的协变性必须对于更广泛的变换群成立, 而且对于引力势具有适当的变换性质. 其次的问题是: 如何去建立一个必须以等效原理为根据又能适用于非均匀引力场的理论. 爱因斯坦和 Abraham[271] 曾试图用每一空间 – 时间点的光速 c 之值来表征普遍的静止的引力场, 因此 c 起着引力势的作用. 他们还企图找出必须满足于 c 的微分方程. 除了这些理论只考虑特殊的引力场以外, 它们在其他方面还引起不少困难.

[144]

由于这个原因, Nordström[272] 力图坚持狭义相对论的严格有效性. 在他的理论中, 光速是常量, 且光线不会在引力场中发生弯曲. 这个理论以合乎逻辑的、无可非议的方式解决了上述问题, 即如何使泊松方程和一个粒子的运动方程成为洛伦兹协变的形式. 能量 – 动量定律以及惯性质量与引力质量相等的定理也被满足. 尽管如此, Nordström 的理论是不能接受的, 首先是由于它未能满足广义相对性原理 (或者至少不是以一种简单而自然的方式去满足的, 参阅 §56). 其次, 它与实验相矛盾: 它不能预言光线的弯曲, 而且对于水星近日点的移动得出了错误的符号 (对于红向移动, 它是与爱因斯坦的理论相一致的). Mie[273] 也建立了一个基于狭义相对论原理的引力理论. 但是在这个理论中, 惯性质量与引力质量相等的定理并未被严格地满足, 因而它的正确性是很有问题的.

但是爱因斯坦并未被这个问题的困难所屈服, 他尽力要把物理定律表示成对于最广泛的可能的变换群为协变的形式. 在一篇与 Grossmann 合作的论文[274] 中, 他成功地在这个方向前进了一步. 假使把线元的平方变换成一个任意的曲线空间 – 时间坐标系, 则它会变成一个坐标微分的二次型, 并有十个系数 g_{ik} (参阅 §51). 现在引力场是由这个具有十个分

271) A. Einstein, *Ann. Phys., Lpz.*, **38** (1912) 355 及 443; M. Abraham, *Phys. Z.*, **13** (1912) 1, 4 及 793; 爱因斯坦与 Abraham 之间的讨论, *Ann. Phys., Lpz.*, **38** (1912) 1056 及 1059; **39** (1912) 444 及 704.

272) G. Nordström, *Phys. Z.*, **13** (1912) 1126; *Ann. Phys. Lpz.*, **40** (1913) 856; **42** (1913) 533; **43** (1914) 1101; *Ann. Acad. Sci. fenn.*, **57** (1914 及 1915); 也可见 M. Behacker, *Phys. Z.*, **14** (1913) 989; A. Einstein and A. D. Fokker, *Ann. Phys., Lpz.*, **44** (1914) 321. M. V. Laue 的总结报告, *Jb. Radioakt.*, **14** (1917) 263, 及 M. Abraham 关于早期引力理论的评论文章, *Jb. Radioakt.*, **11** (1914) 470.

273) G. Mie, *Ann. Phys., Lpz.*, **40** (1913) 1, 第 V 章, Gravitation; *Elster-Geitel-Festschrift* (1915) 251 页.

274) A. Einstein and M. Grossmann, *Z. Math. Phys.*, **63** (1914) 215. 总结报告: A. Einstein, "Zum gegenwärtigen Stand des Gravitationsproblems", *Phys. Z.*, **14** (1913) 1249; Mie, 爱因斯坦和 Nordström 其后在 *Phys. Z.*, **15** (1914) 115, 169, 176 及 375 之中的讨论.

量的张量 g_{ik} 所决定, 而不再是由标光速所决定. 同时引入 g_{ik} 以后[275)],
粒子的运动方程, 能量 – 动量定律和真空中的电磁场方程组都得出确定
的, 普遍的协变形式. 只有 g_{ik} 本身所满足的微分方程还不是普遍协变的.

[145]

爱因斯坦在其后的一篇论文中[276)], 试图以一种更严格的方式去建立这些
微分方程, 甚至他相信, 已可证明这些确定 g_{ik} 本身的微分方程可能不是
普遍的协变式. 但是在 1915 年, 他知道: 他的引力场方程组不是由他以前
对它们所加的不变理论的条件所唯一地决定的. 为了对可采用的方法的
种数加以限制, 他仍回复到普遍协变性的假设, 先前, 他只由于心情烦恼,
放弃了这个假设. 利用黎曼的曲率理论, 事实上他已经成功地建立了满
足所有物理学要求的 g_{ik} 本身的普遍协变的方程组[277)] (参阅 §56). 在另
外一篇论文中, 他证明[278)], 他的理论已定量地解释了水星近日点的移动,
并计算了光线在太阳引力场中的弯曲. 弯曲的大小为先前基于均匀场的
等效原理所推得的二倍. 不久爱因斯坦的决定性的论文 “广义相对论的
基础” [279)]发表了. 现在将要介绍这个理论的原理及其进一步的发展.

51. 等效原理的一般表述. 引力与度规之间的联系

等效原理原来只是在均匀引力场的情况下提出的. 对于一般的情形,
等效原理可以作如下的表述: 对于每一个无限小的世界区域 (在这样一个世
界区域中, 引力随空间和时间的变化可以忽略不计), 总存在一个坐标系 K_0
(x_1, x_2, x_3, x_4), 在这个坐标系中, 引力既不影响粒子的运动, 也不影响任何其
他物理过程. 简言之, 在一个无限小的世界区域中, 每一个引力场可以被
变换掉. 我们可以设想用一个自由地飘浮的、充分小的匣子来作为定域
坐标系 K_0 的物理体现, 这个匣子除受重力作用外, 不受任何外力, 并
且在重力的作用下自由落下.

275) 值得指出, 不与引力理论相联系的适当的形式的推导以及普遍协变形式的
电磁场方程组在此以前早已为 F. Kottler 所提出, *S. B. Akad. Wiss. Wien*, **121** (1912)
1659.

276) A. Einstein, "Die formale Grundlage der allgemeinen Relativitatstheorie" *S. B.
preuss. Akad. Wiss.* (1914) 1030.

277) A. Einstein, *S. B. preuss. Akad. Wiss.* (1915) 778, 799 及 844. 与爱因斯坦同时,
Hilbert 独立地表述了普遍协变的场方程 [D. Hilbert, "Grundlagen der Physik" 1, Mitt.,
Nachr. Ges. Wiss. Göttingen, (1915) 395]. 他的表述基于两个理由不为物理学家所接
受, 第一, 变分原理的存在被作为一个公理引入, 第二, 这是更重要的, 场方程并不是
对任意的物质系统导出, 而只是特殊地对基于 Mie 的物质理论而导出的 (在第 V 编
中要更详尽地讨论). 我们将在 §56 及 §57 中讨论 Hilbert 论文的其他的结果.

278) A. Einstein, *S. B. preuss. Akad. Wiss.* (1915) 831.

279) A. Einstein, *Ann. Phys., Lpz.*, **49** (1916) 769. (还出版了单行本, 并刊入于论文
集 Das Relativitätsprinzip 中.)

显然这种 "变换掉" 之所以可能是由于重力场具有这样的基本性质: 它对所有物体都赋予相同的加速度; 或者换一种说法, 是由于引力质量总等于惯性质量的缘故. 这种表述目前已经有一个十分精密的实验可作为根据. Eötvös[280] 曾经证明: 在考察地球引力与地球转动的离心力的合力是否依赖于物质这个问题上, 直到精密度的数量级为 $1 : 10^8$ 为止, 惯性质量与引力质量是相等的. 从能量的惯性定理看来, Southerns[281] 的观察也是有价值的, 他在观察中证明: 氧化铀和氧化铅的质量与重量之比至多各相差一个因子 $1 \div 2 \times 10^5$. 从等效原理以及能量的惯性定理可知, 对于每一种形式的能量还必须赋予一重量. 假使铀在放射性衰变时所产生的内能只有惯性而无重量, 则上面的比值会相差 $1 \div 26000$. Eötvös[280] 发现这个结果是可靠的, 并且大大地改进了它的精密度.

[146]

显然可以自然地假定狭义相对论一定在 K_0 中可以适用. 因此狭义相对论的所有定理仍然可以保留, 只不过我们必须令 K_0 是无限小的世界区域的坐标系, 而不是 §2 中的伽利略坐标系. 通过洛伦兹变换相互推得的所有的系统 K_0 是等同的. 所以就这一意义而言, 我们可以说, 物理定律在洛伦兹变换下的不变性也留存于无限小的区域中. 现在我们可以对两个无限接近的事件赋予某一个可测量的数, 即它们的距离为 $\mathrm{d}s$. 对此, 我们只需要去变换掉引力场, 然后在 K_0 中构成量[282]:

$$\mathrm{d}s^2 = \mathrm{d}X_1{}^2 + \mathrm{d}X_2{}^2 + \mathrm{d}X_3{}^2 - \mathrm{d}X_4{}^2 \tag{387}$$

这里, 坐标的微分 $\mathrm{d}X_1, \cdots, \mathrm{d}X_4$ 可以借助于一标准的量杆和时钟直接加以测定. 现在让我们来考虑另一个坐标系 K, 在这个坐标系中, 除了唯一性和连续性的条件以外, 可以完全任意地对世界点指定坐标 $x^1, \cdots, x^4$ 之值. 因此, 在任一个空间 – 时间点, 相应的微分 $\mathrm{d}X_i$ 将是 $\mathrm{d}x^k$ 的线性的齐次的表达式, 而线元 $\mathrm{d}s^2$ 将变换为二次型:

$$\mathrm{d}s^2 = g_{ik}\mathrm{d}x^i\mathrm{d}x^k, \tag{388}$$

其中系数 g_{ik} 是坐标的函数. 而且, g_{ik} 在过渡到新坐标时, 应使 $\mathrm{d}s^2$ 仍然不变. 因此这种情况完全类似于在非欧的多维簇几何学中所得到的情况 (§15). 在一个自由落下的匣子中的系统 K_0 代替了 §16 中的短程系统; 只

[147]

280) R. Eötvös, *Math. naturw. Ber. Ung.*, **8** (1890) 65; R. Eötvös, D. Pekár, 及 E. Fekete, *Trans. XVI, Allgemeine Konferenz der internationalen Erdmessung* (1909); 也可参阅 *Nachr. Ges. Wiss. Göttingen* (1909), *geschäftliche Mitteilungen* 37 页; 及 D. Pekár, *Naturwissenschaften*, **7** (1919), 327.

281) L. Southerns, *Proc. Roy. Soc.*, A **84** (1910) 325.

282) 与其他作者相反, 本书中把线元写成三个正号和一个负号, 在广义相对论中也如此, 而不是反过来的. 当把我们的公式与通常的公式比较时, 必须记住这一点.

要它们的二阶导数可以忽略, 其中的 g_{ik} 是常量, 而且线元到二阶项为止具有 (387) 的形式. 所有世界点的 g_{ik} 值的总体称为 $G-$ 场.

现在就可以很容易地立出一个除重力外不受其他力的粒子的运动方程了. 这样一个粒子的世界线是一短程线 (§17), 因而由 (81) 式和 (80) 式, 我们有

$$\delta \int \mathrm{d}s = 0, \tag{81}$$

$$\frac{\mathrm{d}^2 x^i}{\mathrm{d}s^2} + \Gamma^i_{rs} \frac{\mathrm{d}x^r}{\mathrm{d}s} \frac{\mathrm{d}x^s}{\mathrm{d}s} = 0, \tag{80}$$

其中 Γ^i_{rs} 是由 (66) 式和 (69) 式确定的. 由于在系统 K_0 中, 粒子在一定时刻, 是处于直线匀速运动状态的, 即 $\mathrm{d}^2 X^i / \mathrm{d}s^2 = 0$, 这同时是 K_0 中的短程线的方程组. 现在一个粒子的世界线是一短程线这种说法是不变的, 并且普遍适用. (但是这里我们已经假定: g_{ik} 对坐标的二阶导数不在粒子的运动方程中出现.) 这个简单的定理的有效性是不足为奇的. 正是由于线元是按使一个粒子的世界线变成一短程线的方式定出的. 因此我们看到, 在爱因斯坦的理论中, 十个张量分量 g_{ik} 代替了牛顿的标势 Φ; 由它们的导数构成的分量 Γ^i_{rs} 确定了引力的大小.

对于光线的情形, 可以作出完全相似的论证. 在系统 K_0 中, 光线是直线[282a], 此外还满足关系

$$\mathrm{d}X_1{}^2 + \mathrm{d}X_2{}^2 + \mathrm{d}X_3{}^2 - \mathrm{d}X_4{}^2 = 0.$$

因此, 光线的世界线是短程零线, 十分普遍地为 (§22):

$$\frac{\mathrm{d}^2 x^i}{\mathrm{d}\lambda^2} + \Gamma^i_{rs} \frac{\mathrm{d}x^r}{\mathrm{d}\lambda} \frac{\mathrm{d}x^s}{\mathrm{d}\lambda} = 0, \tag{80a}$$

$$\mathrm{d}s^2 = g_{ik} \mathrm{d}x^i \mathrm{d}x^k = 0. \tag{81a}$$

此外, Kretschmann[283] 和 Weyl[284] 曾经证明: 观察光信号的到达就可以充分地确定在一个特定的坐标系统中的 $G-$ 场, 而不必去考虑粒子的运动.

[148]　　然而还有第三个方法可以去确定 $G-$ 场. 借助于量杆 (或者更好一些, 用量线) 和时钟, 我们能够对一个给定的坐标系统确定线元的大小 $\mathrm{d}s$ 对沿着起源于任一点的所有世界线的坐标微分 $\mathrm{d}x^k$ 的依赖关系. 从这一关系就可直接求出 $G-$ 场. 因此, 它不仅表征了引力场而且还表征了量杆和时钟的

282a) 自然, 基本的假设是: 我们是局限于几何光学适用的范围之内. 当我们去讨论衍射时, 情形就不再是这样的了. 也可参阅注 310a).

283) E. Kretschmann, *Ann. Phys., Lpz.,* **53** (1917) 575.

284) H. Weyl, *Raum-Zeit-Materie* (1918 年第一版) 182 页; (1919 年第三版) 194 页.

行为, 即四维世界的度规将普通的三维空间几何学作为一个特殊情况包含在
内. 这样把两个先前完全不相关的课题 —— 度规和引力 —— 融合在
一起必须看成是广义相对论的最光辉的成就. 正像上面所证明的那样,
并且可以用简单的例子来说明, 这种融合无疑应归功于等效原理和狭义
相对论在无限小区域中的有效性. 只受到重力影响的粒子的运动现在可
以按下面的方式去解释了: 粒子的运动是不受力的. 运动之所以非直线
和非匀速是由于四维空间 – 时间连续区是非欧的, 而且由于在这样的一
个连续区中, 直线匀速运动已没有任何意义, 必须代之以沿着一短程线
的运动. 因此, 伽利略惯性原理必须代之以

$$\delta \int ds = 0.$$

这比前者具有更大的用处, 因为它是普遍协变的. 在爱因斯坦理论中, 引
力是一种表观力, 正像牛顿理论中的科里奥利力和离心力一样. (若我们
认为这两种力在爱因斯坦的理论中均不应称之为表观力, 也同样是正确
的.) 这并未影响这样的论据, 即在有限的区域中, 引力一般不可能被变换
掉, 而其他的力则是可能的. 在一无限小的区域中, 引力一定可以被变换
掉, 而且只有这一点是确定的. 空间 – 时间世界的非欧特性对量杆和时
钟的行为揭露得很少, 而对粒子的直线匀速运动的偏差 (如对于重力的
情形) 却揭露得很强烈, 这些都是光速的量值所引起的. 这一点将在§53
中证明.

　　重力与度规的融合不仅对引力问题, 而且还对几何问题导致一个令
人满意的解答. 只要几何学只是讨论抽象的概念, 而不去讨论实验的客
体, 则关于几何学定理的真实性以及几何学在空间实际应用两问题都
是没有意义的. 但是假使我们对几何学定理附加上这样一个定义, 即一
根 (无限短的) 线的长度是按通常的方式借助于一根刚性杆或一根测线
而得到的一个数, 则几何学就成为物理学的一个分支, 而上述两问题就
获得了一个确定的意义[284a]. 现在广义相对论使我们能立刻作一般的
叙述: 由于引力是由存在的物质所决定, 则对几何学也必须作同样的假
设. 空间的几何学不是先验地给定的, 而是只由物质所决定. (关于这一点将   [149]
在§56 中作详细的证明.) 黎曼已经提出了一个相似的观点[285]. 但是在当
时它至多不过是一个大胆的设想, 因为只有在空间与时间之间的度规关
系被认识清楚之后, 才可能确定几何学与引力之间的关系.

　　284a) A. Einstein, *Über die spezielle und die allgemeine Relativitätstheorie* (Braunschweig
1917 年第一版) 2 页.

　　285) 参阅注 63).

52. 物理定律的普遍协变性的假设

正是这个假设给与广义相对论以真正的动力, 也正是由于这个假设, 才取上广义相对论的名称. 它有几个不同的根源. 首先, 任意运动着的参考系在运动学上是完全等效的. 这就可以自然地去假设这种等效性还应该适用于动力学方面和物理方面. 这是先验的, 自然不能证明, 而只有它的结果才能证明这个假设是否正确.

但是容易理解, 单单引入任意运动着的参考系是不能满足的. 正如爱因斯坦[286] 在一个转动着的参考系的例子中所指出的那样, 在非伽利略系统中的时间间隔和空间距离不能只用一个时钟和一根刚性的标准量杆去测定; 还必须要放弃欧几里得几何学. 因此我们除了容许所有可以想象的坐标系以外, 别无其他选择. 这些坐标必须看作为是以一种唯一的和连续的方式联属于世界点 (高斯坐标系). 这样来描述世界所以能满足, 可以从爱因斯坦[287] 所作的下述的论据看出: 所有的物理测量不过是测定空间 – 时间的符合; 除了这些以外, 再也没有别的可以观察到了. 但是假使在一个高斯坐标系中有两个点事件对应于同一坐标, 则在任一别的高斯坐标系中, 这必须也是这种情形. 所以我们必须推广这个相对性假设: 普遍的物理定律必须取这样的形式, 它们在每一个高斯坐标系中都写成一样, 即它们必须在任意坐标变换下是协变的[287a].

把 g_{ik} 引入于物理定律, 这种协变性才成为可能. 用数学语言来说, 普遍的物理定律加上了不变的二次型

$$\mathrm{d}s^2 = g_{ik}\mathrm{d}x^i\mathrm{d}x^k$$

[150]　之后就容许任意的点变换. 事实上, 按照第 II 编中所介绍的体系在形式上引入 g_{ik}, 狭义相对论的每个定律都可以成为普遍协变的, 这在 §54 中将用特殊的例子加以证明. 由于这个理由, Kretschmann[288] 就认为, 普遍协变性的假设对物理定律的物理内容没有提出什么主张, 而只不过是关于它们的数学表述的一些意见而已; 爱因斯坦[289] 是和这个见解完全一致

---

286) 参阅注 279).

287) 参阅注 279). 也可参阅 E. Kretschmann, *Ann. Phys., Lpz.*, **48** (1915) 907 及 943.

287a) P. Lenard, *Über das Relativitätsprinzip, Äther, Gravitation*, (Leipzig 1918; 第二版, 1920), 也可见 "Nauheimer Discussion", *Phys. Z.*, **21** (1920) 666. Lenard 对于用这样普遍性的坐标系统, 及对于按照爱因斯坦理论会在这种坐标系中出现引力场的真实性提出怀疑. 本书作者则不同意这些反对意见.

288) 参阅注 283).

289) A. Einstein, *Ann. Phys., Lpz.,* **55** (1918) 241.

的. 物理定律的普遍协变的数学表述只有通过等效原理才获得物理的内容, 由于等效原理, 引力只能唯一地通过 g_{ik} 来描述, 而后者不是无关于物质而给定的, 它们本身就是由场方程组所决定的. 就因为这个理由, g_{ik} 才称得上是物理量[290]. 另一方面, 爱因斯坦[289] 强调指出, 普遍协变性的假设也可以赋予别的意义. $G-$ 场本身的微分方程必须这样确定: 从协变式的普遍理论的观点来判断, 它们要尽可能地清楚和简单. 协变性原理是富有启发性的, 这一方面已经充分地经受了考验 (§56).

不论普遍协变性的条件如何重要, 仍然有人对坐标系统的归一化作出了尝试. 例如 Kretschmann[288] 和 Mie[291] 的研究就牵涉这个问题. 但是所有已提出的归一化方法似乎只在特殊情形中才有可能, 或具有实用价值. 对于一般的情形以及对于原理上的问题, 普遍协变性的条件是不可缺少的.

53. 等效原理的简单推论

(α) 在小速度[292] 和弱引力场情况下的一个点质量的运动方程 假使一个点质量的速度比光速小, 使得阶为 v^2/c^2 的各项可以略去, 那么点质量的运动方程 (80) 可以大大简化. 让我们再假定引力场是弱的; 这是说 g_{ik} 与它们的正常值

$$g_{ik} = +1, \quad \text{对于 } i = k = 1, 2, 3, \quad g_{44} = -1,$$
$$g_{ik} = 0, \quad \text{对于 } i \neq k,$$

只相差很小, 以致这些偏差的平方可以忽略. 因此我们有

$$\frac{\mathrm{d}^2 x^i}{\mathrm{d}t^2} = -c^2 \Gamma^i_{44}, \quad \text{对于 } i = 1, 2, 3; \quad x^4 = ct. \tag{389}$$

此外, 让我们假定: 场是静止的, 或是准静止的, 因而 g_{ik} 的时间导数也可以忽略. 因此 Γ^i_{44} 可以用 $\Gamma_{i,44}$ 代替, 或者用 $-\frac{1}{2}\partial g_{44}/\partial x^i$ 代替, 运动方程 (389) 就化成牛顿方程 [151]

$$\frac{\mathrm{d}^2 x^i}{\mathrm{d}t^2} = -\frac{\partial \Phi}{\partial x^i}, \tag{390}$$

其中我们已经令

$$\Phi = -\frac{1}{2}c^2(g_{44} + 1), \quad g_{44} = -1 - \frac{2\Phi}{c^2}. \tag{391}$$

---

290) H. Weyl, *Raum-Zeit-Materie* (1918 年第一版), 180~181 页; (1919 年第三版) 192 页, 193 页.

291) G. Mie, *Ann. Phys., Lpz.*, **62** (1920) 46.

292) 参阅注 279).

在 Φ 的表达式中, 起初未确定的附加常数是按这样的方式确定的, 即当 g_{44} 具有它的正常值 -1 时, Φ 为零.

值得注意, 运动方程的这种特殊的近似只包含 g_{44}, 虽然其他的 g_{ik} 对它们的正常值的偏差可能与 g_{44} 对它的正常值的偏差具有相同的数量级. 就是因为这个理由, 才可能近似地用一个标势来描述引力场.

(β) 谱线的红移 由于相同的理由, 我们甚至在还不曾获悉 $G-$ 场的时候也能一般地阐明引力场对时钟的影响, 因为这个影响是由 g_{44} 所决定的. 要对量杆性质作出相似的说明, 必须在其余的 g_{ik} 为已知时才可以.

让我们取一参考系 K, 它相对于伽利略参考系 K_0 以角速度 ω 转动. 由于横向的多普勒效应, 一个在 K 中静止的钟所处的位置离转动轴愈远, 这个钟就走得愈慢. 只要考虑一下系统 K_0 中所观察到的过程, 就可以立刻看到这点. 时间膨胀由下式决定

$$t = \frac{\tau}{\sqrt{1 - (v^2/c^2)}} = \frac{\tau}{\sqrt{1 - (1/c^2)\omega^2\tau^2}}.$$

随 K 转动的观察者将不会把这种时间的缩短解释为一个横向多普勒效应, 因为这个钟相对于他到底是静止的. 但是在 K 中存在一引力场 (离心力场), 具有势

$$\Phi = -\frac{1}{2}\omega^2 r^2.$$

因此在 K 中的观察者将断定: 时钟在特定地点的引力势愈小, 钟将走得愈慢. 具体地说, 时间的膨胀到一级近似为止是由下式给定的:

$$t = \frac{\tau}{\sqrt{1 + (2\Phi/c^2)}} \simeq \tau\left(1 - \frac{\Phi}{c^2}\right), \quad \frac{\Delta t}{\tau} = -\frac{\Phi}{c^2}.$$

爱因斯坦[293] 对于匀加速的系统作了类似的论证. 因此我们知道, 横向多普勒效应和引力所产生的时间膨胀是表示同一事实的两种不同的方式, 即一个时钟将永远指示固有时

[152]

$$\tau = \frac{1}{\mathrm{i}c}\int \mathrm{d}s.$$

一般说来, 时间 $t = x^4/c$ 将与一个静止的钟的正常固有时有所不同. 因为一个静止的钟的世界线元为

$$(\mathrm{d}s)^2 = g_{44}(\mathrm{d}x^4)^2,$$

293) 参阅注 270).

即按照 (157) 式,

$$
\left.
\begin{aligned}
t &= \frac{\tau}{\sqrt{-g_{44}}} = \frac{\tau}{\sqrt{1 + (2\Phi/c^2)}} \simeq \tau\left(1 - \frac{\Phi}{c^2}\right), \\
\frac{\Delta t}{\tau} &= -\frac{\Phi}{c^2}.
\end{aligned}
\right\}
\tag{392}
$$

方程 (392) 具有如下的物理意义: 设有两个等同的, 原来同步的, 静止的钟, 把其中的一个在引力场中放上一段时间. 以后它们就不再是同步的了, 放在引力场中的那个钟将会走慢. 爱因斯坦曾说过[294), 这正是解释 §5 [引注] 中所描述的时钟佯谬的根据. 在时钟 C_2 永远是静止的坐标系 K^* 中, 当它的运动被减速时, 存在一引力场, 而在 K^* 中的观察者可以认为是这引力场使时钟 C_2 变慢的.

关系式 (392) 有一个可以为实验所验证的重要的结果: 假使把光的振动过程看作一个时钟, 转移时钟的工作也可以借助于光线来实现. 因为, 如果引力场是静止的, 则时间坐标总可以这样来确定: 使得 g_{ik} 不依赖于它. 因此, P_1 及 P_2 两点之间所包含的光线的波长的数目也将与时间无关. 所以在 P_1 和 P_2 以一定的时间标度测得的光线的频率是相同的, 因而与位置无关[295). 另一方面, 以固有时测得的频率与位置有关. 所以假使在太阳中产生的一条谱线在地球上观察时, 按照 (392) 式, 它的频率与相应的地面上的频率比较时, 将向红端移动. 这种移动的数量为

$$
\frac{\Delta\nu}{\nu} = \frac{\Phi_E - \Phi_S}{c},
\tag{393}
$$

式中 Φ_E 是在地球上的引力势的值, 而 Φ_S 是在太阳表面上的引力势之值. 进行数值计算得

$$
\frac{\Delta\nu}{\nu} = 2.12 \times 10^{-6},
\tag{393a}
$$

相应于 0.63 km/s 的一个多普勒效应.

曾经作过许多次努力去从实验上考察这个关系 Jewell[296) 已经发现了太阳谱线的红移, 但是他把它解释为一种压强效应. 后一些日子, 当 Evershed[297) 确定了这种移动并未与实验中所测得的压致频移相符以后, 自然要用爱因斯坦效应来解释红移了[298). 但是一种更精密的验证表明: 不同的谱线移动的数量也各不相同, 因此单独用爱因斯坦效应无论如何

[153]

---

294) A. Einstein, *Naturwissenschaften*, **6** (1918) 697.

295) M. v. Laue, *Phys. Z.*, **21** (1920) 659, 通过基于光的波动方程的一次直接计算, 已经证实了这个结果.

296) L. E. Jewell, *Astroph. J.*, **3** (1896) 89.

297) J. Evershed, *Bull. Kodaikanal Obs.*, **36** (1914).

298) 参阅注 270); E. Freundlich, *Phys. Z.*, **15** (1914) 369.

不能解释这个现象的全部细节. 更适当的对爱因斯坦理论的验证是最近关于氮谱带 $\lambda = 3\,883$ Å (所谓氰谱带) 的观察. 因为这一观察有下列特点: 它并不显示任何可觉察的压强效应. 把太阳光谱中这一谱带的吸收谱线与相应的地面上的发射谱线相比较是 Schwarzschild[299] 首先完成的, 后来 St. John[300] (在威尔逊山天文台) 以及 Evershed 与 Royds[301] 都相继作了更精密的比较. 这些作者都发现了一个比理论所要求的小得多的谱线移动; 其实, St. John 实际上并未发现任何移动. 因此在一段时期内, 理论似乎已被实验所推翻[302]. 但是在一系列最近的观察中, Grebe 和 Bachem[303] 指出: 测得的移动对于不同的谱线具有完全不同的值. 后来他们用一个 Koch 测微光度计测量谱线的强度证明了太阳光谱中不同谱线的叠加是这个起初认为十分奇异的现象的起因. 对于未受扰动的谱线, 现在已测得在实验误差范围内与理论值 (393a) 一致的移动值. 确实只有很少几条谱线未受扰动. 然而近来 Grebe[304] 发现, 上述的氮谱带中 100 条受扰动的与未受扰动的谱线的移动的平均值也与理论一致. Perot[304a] 也考察了这条谱带的红向移动, 得到了肯定的结果. 他的结果仍然很难认为是决定性的, 因为他未计及谱线的可能的叠加.

　　Freundlich[305] 企图也在恒星的情形中证实谱线的引力移动. 但是就恒星而言, 如果用上不肯定的假设, 只可能从多普勒效应中去分出引力移动. 而且, Freundlich 的第一个结果已经为 Seeliger[306] 所否认.

[154]

　　因此, 总结起来, 我们可以说, 目前关于红移的实验结果似乎是支持理论的, 但是它还没有得到最后的证实[†].

　　(γ) 在静止引力场中的费马最小时间原理　我们假定: 我们是在讨论一静止的引力场, 即坐标系可以这样选择, 使得所有的 g_{ik} 是与时间无

---

299) K. Schwarzschild, *S. B. preuss. Akad. Wiss.*, (1914) 120.

300) C. E. St. John, *Astroph. J.*, **46** (1917) 249.

301) J. Evershed 及 Royds, *Bull. Kodaikanal Obs.*, **39**.

302) 爱因斯坦的理论与上述实验结果之间的分歧导致 Wiechert 建立了一引力理论, 它包含很多未定常数, 因而对于红移、光线的弯曲及水星的近日点进动的任何经验值都能够适合, E. Wiechert, *Nachr., Ges. Wiss. Göttingen*, (1910) 101; *Astr. Nachr.*, No. 5054, 211 页, col. 275; *Ann. Phys., Lpz.*, **63** (1920) 301.

303) L. Grebe 及 A. Bachem, *Verh. dtsch. phys. Ges.*, **21** (1919) 454; *Z. Phys.*, **1** (1920) 51 及 **2** (1920) 415.

304) L. Grebe, *Phys. Z.*, **21** (1920) 662 及 *Z. Phys.*, **4** (1921) 105.

304a) A. Perot, *C. R. Acad. Sci. Paris*, **171** (1920) 229.

305) E. Freundlich, *Phys. Z.*, **16** (1915) 115; **20** (1919) 561.

306) H. v. Seeliger, *Astr. Nachr.*, **202** (1916) col. 83; 参阅 E. Freundlich, 同前, col. 147.

† 见补注 14.

关的, 而且使四维线元具有下列形式:

$$ds^2 = d\sigma^2 - f^2 dt^2, \tag{394}$$

式中 $d\sigma^2$ 是三个空间坐标微分的一个正定的二次型, 而 f 是与位置有关的光速. 因此我们有

$$g_{14} = g_{24} = g_{34} = 0, \quad g_{44} = -\frac{f^2}{c^2}. \tag{394a}$$

在所有静止的 $G-$ 场中存在前三个关系是一个独立的假设, 它只能借助于 $G-$ 场本身的微分方程加以证明. 对于球对称的静止场的特殊情形, 显然, 这可以先验地看出, 只要适当地使时间归一化[306a], 总可以使分量 $g_{i4}(i = 1, 2, 3)$ 为零.

让我们详细地来考察在这样一个场中的一条光线的路径. 按照 §51, 它是由这样一个条件来决定的, 即它应为一条短程零线. 对这个特殊情况, 这个条件可以写成费马原理的形式, 这是 Levi-Civita[307] 和 Weyl[308] 证明的. 为了表明这一点, 让我们从 §15 的变分原理 (83) 开始:

$$L = \frac{1}{2} g_{ik} \frac{dx^i}{d\lambda} \frac{dx^k}{d\lambda}, \quad \delta \int L d\lambda = 0.$$

这里在积分路线的端点, 坐标是不变的. 假使现在我们把 (394) 式得到的值代换 g_{ik}, 我们有

$$L = \frac{1}{2} \left(\frac{d\sigma}{d\lambda}\right)^2 - f^2 \left(\frac{dt}{d\lambda}\right)^2.$$

单独对 t 变分, 变分原理得出方程:

[155]

$$\frac{d}{d\lambda}\left(f^2 \frac{dt}{d\lambda}\right) = 0, \quad f^2 \frac{dt}{d\lambda} = 常量,$$

而且通过参数 λ 的适当归一化, 可令

$$f^2 \frac{dt}{d\lambda} = 1. \tag{395}$$

306a) 意大利的数学家划分为静止情况 ($g_{i4} = 0$, 当 $i = 1, 2, 3$) 和更普遍的静止情况 (g_{ik} 只是与时间无关, 但 $g_{i4} \neq 0$). 例如, 参阅, A. Palatini, *Atti. Ist. veneto.* **78** (2) (1919) 589, 那里对点质量和光线的路线是以静止情况的一般方式来讨论的; 还可参见 A. De-Zuani, *Nuovo Cim.,* (6) **18** (1919) 5.

307) T. Levi-Civita, "Statica Einsteiniana", *R. C. Accad. Lincei,* (5) **26** (1917) 458; *Nuovo Cim.,* (6) **16** (1918) 105.

308) H. Weyl, *Ann. Phys., Lpz.,* **54** (1917) 117; *Raum-Zeit-Materie* (1918 年第一版) 195 页, 196 页; (1920 年第三版) 209 页, 210 页.

其次, 让我们改变变分的条件如下:

(i) 只有路线的空间端点是保持不变的, 而时间坐标在起点和终点是可以变化的.

(ii) 取变分的路线也应当是一零线 (但不必一定是短程的). 由于这后一条件, 沿路线的所有点上, 自然有

$$L \equiv 0, \quad \delta L \equiv 0.$$

另一方面, 对于时间坐标的变分, 有

$$\delta \int L d\lambda = -f^2 \frac{dt}{d\lambda} \delta t \Big|_{t_1}^{t_2} + \int \frac{d}{d\lambda} \left(f^2 \frac{dt}{d\lambda} \right) \delta t d\lambda.$$

所以, 假使这条路线是一条零线, 这个表达式必须同样等于零. 如果这条零线是短程的, 条件 (395) 就可以代之以

$$\delta t \Big|_{t_1}^{t_2} = \delta \int_{t_1}^{t_2} dt = 0,$$

或者借助于关系 $L = 0$ 消去时间, 代之以

$$\delta \int \frac{d\sigma}{f} = 0. \tag{396}$$

这正是费马的最小时间原理. 由此可知, 即使引力场是静止的, 光线在三维空间中不是一条短程线. 这样的一条短程线毕竟可以由下式表征:

$$\delta \int d\sigma = 0.$$

只有在四维空间中, 光线的世界线才是短程的. 因此一条光线在引力场中将是弯曲的. 曲率的数值还得依赖于 $d\sigma$ 的形式, 且不同于红移的求值, 它只当 $G-$ 场的场方程已知时 [§58(γ)] 才能确定.

[156]   对于一个粒子在一个不再包含时间坐标的静止引力场中的路线, 也能够以相似的方式找到一变分原理[309]. 但是它缺少前面那种变分原理的直观意义.

54. 引力场对物质现象的影响[310]

按照爱因斯坦的说法, 把除了 $G-$ 场以外的一切事物描述为物质是方便的. 这样问题就在于把支配着物质过程的物理定律表示成普遍协变

309) 参阅在注 307) 及 308) 中所引的论文.

310) 参阅注 274), A. Einstein, and M. Geossmann, 同前, 第 I 编, §6; 注 276), C 部分; 注 279), D 部分.

的形式. 原则上它可以用下面的论证来求解. 设有一坐标系统 K_0 已给定, 在此坐标系统中, g_{ik} 在一有限的世界区域中取其正常值. 此时的物理定律的形式可假定为在狭义相对论中是适用的. 其次, 我们引入另一作任意运动的高斯坐标系统 K, 并且通过直接的计算, 确定物理定律在 K 中的形式. 显然, 由于我们依靠了等效原理, 我们就这样同时证明了引力场对物质过程的影响. 而且这个结果还可以推广到不可能得到这样一个坐标系的情形: 在这种坐标系中引力场可以在一有限的区域中被变换掉. 但是这样的推广只有在利用明显而稍带任意性的假设使 g_{ik} 的二阶导数不致在有关的物理定律中出现时才有可能.

从数学上来看, 这一情况正相当于从欧几里得几何学中的张量分析过渡到黎曼几何学中的张量分析 (§13 和 §20). 所以我们应用第 II 编中所介绍的方法, 把狭义相对论中的每个定律中所出现的张量运算代之以相应的推广了的黎曼几何学中的张量运算, 就可以直接写出它们的普遍协变的形式. 自然人们必须小心地去辨别一个张量中的逆变分量和协变分量, 以及辨别张量和张量密度.

这些普遍的法则现在可以取真空中的麦克斯韦方程组作为例子加以说明. 让我们再用 (202) 式来规定场矢量 F_{ik}. 按照 §19 (140b) 式, 方程组 (203) 在此情形中仍然有效

$$\frac{\partial F_{ik}}{\partial x^l} + \frac{\partial F_{li}}{\partial x^k} + \frac{\partial F_{kl}}{\partial x^i} = 0. \tag{203}$$

但是由于 (141b) 式, 第二组麦克斯韦方程 (208) 必须写成稍为不同的方式. 我们引入对应于 F_{ik} 的张量密度的逆变分量

$$\mathfrak{F}^{ik} = \sqrt{-g}\, g^{\alpha i} g^{\beta k} F_{\alpha\beta}, \tag{397}$$

并引入对应于电流矢量的张量密度

$$\mathfrak{S}^i = \sqrt{-g}\, s^i. \tag{398}$$

则

$$\frac{\partial \mathfrak{F}}{\partial x^k} = \mathfrak{s}^i, \tag{208a}$$

[157]

由此还可以得到连续性方程 (197) 的推广[310a],

$$\frac{\partial \mathfrak{s}^i}{\partial x^i} = 0, \tag{197a}$$

310a) 这些方程的一个应用由 M. v. Laue 提出, *Phys, Z.*, **21** (1920) 659. 他证明, 对于真空中的光线的世界线 (在几何光学适用的范围内), 短程零线的方程 (80) 及 (81) 事实上可由它们得出.

和前面一样, 由 (216) 式, 有质动力为

$$f_i = F_{ik} s^k$$

而相应的张量密度为

$$\mathfrak{f}_i = \sqrt{-g} f_i = F_{ik} \mathfrak{s}^k. \tag{216a}$$

能量 – 动量张量密度的混合分量可从 (222) 式得出如下:

$$\mathfrak{S}_i^k = F_{ir} \mathfrak{F}^{kr} - \frac{1}{4} F_{rs} \mathfrak{F}^{rs} \delta_i{}^k. \tag{222a}$$

(225) 式的推广是重要的. 从普遍张量分析的法则 (150a) 我们可得:

$$\frac{\partial \mathfrak{S}_i{}^k}{\partial x^k} - \mathfrak{S}_r^s \Gamma^r_{is} = -\mathfrak{f}_i$$

$$\tag{225a}$$

或
$$\frac{\partial \mathfrak{S}_i{}^k}{\partial x^k} - \frac{1}{2} \mathfrak{S}^{rs} \frac{\partial g_{rs}}{\partial x^i} = -\mathfrak{f}_i.$$

左边的第二项是标志引力场的影响. 从 §23(α) 中进行的计算可以看到, 在一般情形中, (225a) 式实际上也可以从 (203) 式, (208a) 式和 (216) 式得出.

液体的运动方程也同样能够写成普遍协变的形式[311]. G. Nordström[312] 考察了 Herglotz 的弹性介质的普遍方程组. 正如 (225a) 式从有质动力的表达式 (225) 导出一样, 我们可从普遍的能量 – 动量定律 (341) 得到在引力场中的物质的能量 – 动量定律,

$$\frac{\partial \mathfrak{T}_i{}^k}{\partial x^k} - \frac{1}{2} \mathfrak{T}^{rs} \frac{\partial g_{rs}}{\partial x^i} = 0. \tag{341a}$$

从它的物理意义上来看, 它大大不同于先前的能量 – 动量定律的形式. 在先前的形式中, 总能量和总动量的守恒定律可以通过积分而导出, 由于新的表达式 (341a) 有了左边的第二项, 上述的推导已不再可能. 它只意味着: 能量和动量可以由物质传递给引力场, 反之亦然 (详见 §61). 假使没有外力作用, 我们能够具体地用能量 – 动量张量 Θ_{ik} [由 (222) 式给定] 求 T_{ik}, 而且以表达式

$$\mu_0 \sqrt{-g} g_{i\alpha} \frac{\mathrm{d}x^\alpha}{\mathrm{d}\tau} \frac{\mathrm{d}x^k}{\mathrm{d}\tau}$$

[158]

代替 $\mathfrak{T}_i{}^k$. 于是方程 (341a) 就化成短程线的方程†.

---

311) 参阅注 276) 及 279), A. Einstein.

312) G. Nordström, *Versl. gewone Vergad. Akad. Amst.* **25** (1916) 836.

† 见补注 15.

55. 引力场中物质过程的作用原理

Hilbert[313) 曾首先证明: 能量 – 动量张量是以一简单的方式与作用函数相联系. 这只在广义相对论中才变得显而易见. 我们将以 §31 中的力学 – 电动力学的作用原理作为一个例子来加以说明, 这个作用原理将按照 Weyl 的形式 (231a) 写出:

$$
\left.\begin{aligned}
W_1 &= \int \left\{ \frac{1}{2} F_{ik} F^{ik} - 2\phi_i s^i + 2\mu_0 c^2 \right\} \mathrm{d}\Sigma \\
&= \int \frac{1}{2} F_{ik} F^{ik} \mathrm{d}\Sigma - \int \mathrm{d}e \int 2\phi_i \mathrm{d}x^4 \\
&\quad + 2\mu_0 c \int \sqrt{-g_{ik} u^i u^k} \mathrm{d}\Sigma; \\
\delta W_1 &= 0
\end{aligned}\right\}
\tag{231b}
$$

只要 g_{ik} 不变, 这个作用原理在引力场中也仍然适用 [313). (必须独立地变化的是粒子的世界线和场的势 ϕ_i.)

但是如果对 g_{ik} 变分, 就会得出某些新的东西. 现在物质的世界线和势 ϕ_i 可以保持不变. 于是按照 §23(a), 第一个积分将为

$$
- \int \mathfrak{S}^{ik} \delta g_{ik} \mathrm{d}x = - \int S^{ik} \delta g_{ik} \mathrm{d}\Sigma,
$$

第二个积分将为零, 而第三个积分将为

$$
- \int \mu_0 u^i u^k \delta g_{ik} \mathrm{d}\Sigma = - \int \Theta^{ik} \delta g_{ik} \mathrm{d}\Sigma.
$$

并在一起, 得

$$
\delta W = - \int \mathfrak{T}^{ik} \delta g_{ik} \mathrm{d}x = + \int \mathfrak{T}_{ik} \delta g^{ik} \mathrm{d}x.
\tag{399}
$$

这样, 我们在作用积分中对 $G-$ 场变分 [313), 就可求得物质的能量张量. 这个法则不仅在这个特例中适用, 而是普遍适用的. Nordström[314) 曾证明了这个法则适用于弹性能量张量的问题. 见第 V 编, §64, 关于 Mie 的理论. [159]

物质的能量 – 动量张量与作用函数之间的这一关系使我们知道哈密顿原理在广义相对论中的应用 (见 §57) 是非常重要的. 而且, 假使取只由于改变坐标系而产生的变分 $\delta^* g_{ik}$ 代替 δg_{ik}, 此时 δW 恒等地为零 (§23); 那

---

313) 参阅注 101), 也可参阅注 100), H. A. Lorentz; 注 308), H. Weyl, *Ann. Phys., Lpz.*; 及 H. Weyl., *Raum-Zeit-Materie* (1918 年第一版) 215 页以下, §32; (1920 年第三版) 197 页.

314) 参阅注 312).

么我们可根据 (169) 式作如下的陈述: 如果在某些情形中物质过程的场定律可以从一个作用原理导出, 而且能量张量也同时可以按上述方式从作用积分对 $G-$ 场取变分而得, 则所有这些情形中的能量 – 动量定律 (341a) 是这些场定律的一个结果. 作此推论时, 重要的一点是态的物质量的变分 δ^* 的贡献必须为零, 使之与哈密顿原理一致.

56. 引力的场方程组

广义相对论必须解决的最重要的本质问题在于建立 $G-$ 场本身的定律. 这自然必须要求这些定律是普遍协变的. 但是为了对这些定律作出唯一的决定, 还必须表述某些条件. 其指导原则如下:

(i) 按照等效原理, 引力质量等于惯性质量, 即它是与总能量成正比的. 所以这对于在引力场中作用于一个物质系统的力也是正确的. 因此, 自然还可以反转来假定: 只有总能量才能决定一个物质系统所产生的引力场. 然而根据狭义相对论, 能量密度并不是用一个标量来表示的, 而只能用一个张量 T_{ik} 的 44- 分量来表示. 同时, 动量和应力是与能量处于对等的地位. 所以我们可以用下述的方式把上述假定表述出来:

在引力的场方程中, 除了总能量 – 动量张量应当出现外, 无其他的物质量出现.

(ii) 除此以外, 爱因斯坦从相似于泊松方程

$$\Delta\Phi = 4\pi k\mu_0$$

的一个假设出发, 认为能量张量 T_{ik} 应当是正比于一个只由 g_{ik} 构成的二阶的微分表达式. 由于普遍协变性的要求, 这样一个表达式显然必须是一个张量, 因而由 §17, 方程 (113) 可知, $G-$ 场的微分方程必须具有形式

$$c_1 R_{ik} + c_2 R g_{ik} + c_3 g_{ik} = kT_{ik}. \tag{400}$$

这里 R_{ik} 是由 (94) 式确定的收缩的曲率张量, 而 R 是相应的不变量 (95). 至于它们的几何意义可参阅 §17.

[160]　　　这些假定, 如果与 Nordström 的理论作一比较, 它的主要特性就会显示出来, 按照爱因斯坦和福克尔[314a] 的说法, Nordström 的理论也可以表示成一普遍协变的形式. 在这个理论中, 只有标量 $T = T_i{}^i$ 出现于引力方程中, 而且与曲率不变量 R 成正比. 到此时为止尚未明显地建立起来的其余方程, 必须包含这样一个声明: 对于一适当选择的坐标, 总可能把线

314a) 参阅注 272).

元写成形式

$$ds^2 = \Phi \sum (dx^i)^2,$$

因此意味着光速是常量. 人们从绝对微分学的观点上可以看出, 这些场方程与爱因斯坦理论中的方程比较起来是很不自然并且是很复杂的, 在爱因斯坦理论中, 所有 T_{ik} 的分量是处于对等地位的.

(iii) 为了确定在 (400) 式中的 (作为待定的) 常数 c_1, c_2, c_3, 我们必须考察普遍的相对论理论与因果律之间的关系. 一旦我们得出普遍协变场方程的任何一种解, 借助于选择不同的坐标, 我们可以从这些解导出任意数目的别的解. 所以场方程的通解必须包含四个任意的函数. 因而, 在 10 个未知量 g_{ik} 的 10 个场方程之间必须存在 4 个恒等式. 总之, 在相对论理论中, 对于 m 个未知量, 必须存在不多于 $m - 4$ 个独立方程. 相对论理论与因果性原理的矛盾只是表面上的, 因为场方程的许多可能的解只在形式上不同而已. 从物理意义上来看, 它们是完全等效的. 这里所叙述的情况是 Hilbert[315] 首先看出来的.

这样, 我们已经达成了这个假设, 即在 (400) 式的十个方程之间必须存在四个恒等式. 于是我们也知道, 张量 T_{ik} 满足 §54 的能量 – 动量定律 (341a). 这正好包含四个方程. 所以我们似乎可以很巧合地对 4 个规定的恒等式的内容作如下的假定: 能量 – 动量定律 (341a) 作为引力场方程的结果, 同样必须被满足. 因此它同时是引力场方程和物质场定律的一个结果[†]. 显然这个假设相当于这样一个要求: (400) 式左边的散度如果按照黎曼空间的张量分析 [见方程 (150)] 推广, 应当恒等于零. 假使进行这种运算, 可从 (182) 式, (109) 式和 (75) 式得到: [161]

$$\left(\frac{1}{2} c_1 + c_2 \right) \sqrt{-g} \frac{\partial R}{\partial x^i}.$$

因此我们一定得到 $c_2 = -\frac{1}{2} c_1$, 这样, (400) 式中除了项 $c_3 g_{ik}$ 以外, 只出现 (124) 式所确定的张量

$$G_{ik} = R_{ik} - \frac{1}{2} g_{ik} R. \tag{124}$$

---

315) D. Hilbert, "Grundlagen der Physik I", *Nachr. Ges. Wiss. Göttingen.* (1915) 395. 从历史观点上看来, 应当提及, 马赫基于相对性的考虑, 早已得到结论: 表述物理定律的方程的数目实际上应少于未知数的数目 [*Die Geschichte und die Wurzel des Satzes von der Erhaltung der Arbeit*, (Prague 1877) 36 页及 37 页; *Mechanik*, (Leipzig 1883)].

还应提及, 在一段时间内, 爱因斯坦有过这样的错误见解, 认为可以从解的非唯一性导出, 引力方程不可能是普遍地协变的 [见注 276)].

† 见补注 15.

我们将在 §62 中讨论 (400) 式中的最后一项的物理意义; 此刻我们暂且把它略去. 它的效应对于我们目前即将讨论的情形是非常小的, 这就是把它略去的一个理由. 有了这个附加条件, 引力方程就可写成:

$$G_{ik} = -\varkappa T_{ik}. \tag{401}$$

右边有一个负号的理由参见 §58(α). 经过收缩, 进一步得到

$$R = +\varkappa T \tag{402}$$

以及

$$R_{ik} = -\varkappa \left(T_{ik} - \frac{1}{2} g_{ik} T \right). \tag{401a}$$

这就是引力场方程组的普遍协变的形式, 它是爱因斯坦经过许多次错误的出发点[316] 以后, 在 1915 年最后得出的.

前面已经提及 [在 §50 中, 注 277)], 这个方程也曾为 Hilbert 在同一年中导出. 其实, 那里是以变分原理作为出发点的, 但它在爱因斯坦的论文中和我们的论述中 (将在下一节中表出) 却作为一个数学结果而出现.

57. 由变分原理导出引力方程[317]

按照 §23, 张量 G_{ik} 满足散度方程 (182), 这一事实是与它当场量的变分在边界上为零的条件下可以从一个对 $G-$ 场变分的不变积分

$$\delta \int \mathfrak{R} \mathrm{d}x = \int \mathfrak{G}_{ik} \delta g^{ik} \mathrm{d}x \tag{180}$$

导出相联系的. 在 §55 中, 我们也已经看到, 对物质场量变分时可以产生机械 (弹性) 场和电磁场的微分方程的不变积分 $\int \mathfrak{M} \mathrm{d}x$, 若对 $G-$ 场变分可导致物质的能量 – 动量张量:

$$\delta \int \mathfrak{M} \mathrm{d}x = \int \mathfrak{T}_{ik} \delta g^{ik} \mathrm{d}x. \tag{399a}$$

[162] 这两个关系指示我们可把所有的物理定律统一于一个单独的作用原理中:

$$\delta \int \mathfrak{M} \mathrm{d}x = 0, \tag{403}$$

$$\mathfrak{M} = \mathfrak{R} + \varkappa \mathfrak{M}, \tag{404}$$

---

316) A. Einstein, *S. B. preuss. Akad. Wiss.* (1915) 844. 在此以前, 爱因斯坦还假定过 $R_{ik} = \varkappa T_{ik}$: 同前, (1915) 778.

317) 参阅 §23, 注 100) 至注 104) 中所引的论文.

这里场量的变分在积分区域的边界上必须为零. 这个作用函数具有明显的性质: 它可以分解为两部分, 其中一部分是与状态的物质量无关的, 而另一部分是与 g_{ik} 的导数无关的. (参见第 V 编中关于更普遍的不具有这种性质的作用函数.)†

按照 §55, §56, 作用原理 (403) 还简要地概括了物质过程的场方程与引力之间的关系: 由两者之一可得出能量 – 动量定律 (341a) (§54). 另一方面, §23 中的方程 (184) 还可以得出能量 – 动量定律的另一种形式. 假使我们令

$$t_i{}^k = -\frac{1}{\varkappa}U_i{}^k, \tag{405}$$

其中 U_i^k 是由 (183) 式和 (185) 式所定出的, 从 (184) 式和 (401) 式我们可得

$$\frac{\partial(\mathfrak{T}_i{}^k + t_i{}^k)}{\partial x^k} = 0. \tag{406}$$

借助于它们的推导, 虽然量 $t_i{}^k$ 在线性变换下只像张量分量那样变换, 这些方程还是普遍协变的. 能量和动量的守恒定律, 不同于能量 – 动量定律 (341a), 它可以从 (406) 式推导成为积分形式. 因此爱因斯坦[318] 称量 $t_i{}^k$ 为引力场的能量 – 动量分量, 并且认为它们在某些方面相当于物质的能量 – 动量分量 T_i^k. 参见 §61 关于这个观点的其他物理结论.

最后指出, 作用原理 (403) 还对于场方程在特殊情形中的积分具有实用价值. 有了这个式子, 人们有时可以不必再去引用普遍的微分方程. 这样可使计算大大简短. 详情见 §58(β).

58. 与实验的比较

(α) 作为一级近似的牛顿理论[319] 在 §53(α) 中, 我们已经看到, 对于弱的似静引力场, 运动方程就化为牛顿运动方程. 要证明牛顿理论是相对论理论中的一个极限情形, 还得先去证明, 在上述的特殊情形中, 标势 (391) 满足泊松方程 [163]

$$\Delta\Phi = 4\pi k\mu_0. \tag{407a}$$

为此目的, 我们作方程 (401a) 的 44– 分量. 对于 T_{ik}, 我们可以引入动能 – 动量张量 $\mu_0 u_i u_k$. 假使略去阶为 u/c 的量, 则显然可以令除 T_{44} 以外的所有 T_{ik} 的分量等于零. T_{44} 变成

$$T_{44} = \mu_0 c^2,$$

---

† 见补注 8.

318) 参阅注 277), 778 页; 注 279), C 部分, §15 以下; 注 102), §3.

319) 见 A. Einstein (参阅注 278) 及注 279), E 部分, §21).

且由此我们可得

$$T = g^{ik}T_{ik} = g^{44}T_{44} = -\mu_0 c^2.$$

首先, 方程 (401a) 就变成

$$R_{44} = -\frac{1}{2}\varkappa\mu_0 c^2. \tag{408a}$$

R_{44} 的值必须从 (94) 式求得. 由于时间导数及 Γ_{rs}^i 之积可略去, 上式简单地变成

$$R_{44} = -\frac{\partial \Gamma_{44}^{\alpha}}{\partial x^{\alpha}},$$

又由于

$$\Gamma_{44}^{\alpha} \simeq \Gamma_{\alpha,44} \simeq -\frac{1}{2}\frac{\partial g_{44}}{\partial x^{\alpha}},$$

$$R_{44} = +\frac{1}{2}\sum_{\alpha}\frac{\partial^2 g_{44}}{\partial x_{\alpha}^2} = \frac{1}{2}\Delta g_{44} = -\frac{\Delta\Phi}{c^2}. \tag{408b}$$

最后的方程可从 (391) 式得出. 假使现在我们将此式代入 (408a) 式中, 则可得

$$\Delta\Phi = \frac{1}{2}\varkappa c^4 \cdot \mu_0. \tag{407b}$$

因此泊松方程实际上是成立的. 这是广义相对论原理的一个巨大的成就, 即单纯地根据 §56 的十分普遍的假设导出了牛顿的引力定律, 而不必作另外的假设. 现在我们还应该对常量 $\varkappa$ 的意义和数值作一些论述. 把 (407a) 式与 (407b) 式的作一比较, 即得

$$\varkappa c^2 = \frac{8\pi k}{c^2} = \frac{8\pi}{c^2}6.7 \times 10^{-8} = 1.87 \times 10^{-27} \text{ cm} \cdot \text{g}^{-1}. \tag{409}$$

同时可以看出, $\varkappa$ 是正的, 这证明了在 (401) 式的右边要用一个负号. 因此广义相对论并未对引力常量的符号 (引力的而非斥力的) 和数值提供物理上的解释, 而是从实验中取用这些数据的[320].

[164]   (β) 一个点质量的引力场的严格解   为了决定水星近日点的进动和光线的弯曲, 人们不仅必须对一个点质量的场计算 g_{44}, 而且还要计算其他的 g_{ik}, 并且 g_{44} 须计算到次高阶的精密度为止. 早在 1915 年, 爱因斯坦[321] 曾用逐级近似的方法解出了这个问题. Schwarzschild[322] 最先对一个粒子的 $G-$ 场得出一个严格的解, 此后 Droste[323] 又独立地求出此解.

---

320) 在 (409) 式中把 $\varkappa$ 写成 $\varkappa c^2$ (如大多数别的作者所做的那样) 的理由是, 按定义, T_{44} 在我们的符号中具有能量密度的量纲, 而他们的符号中却具有物质密度的量纲.

321) 参阅注 278).

322) K. Schwarzschild, *S. B. preuss. Akad. Wiss.* (1916) 189.

323) J. Droste, *Versl. gewone. Vergad. Akad. Amst.*, **25** (1916) 163.

求近日点进动和光线弯曲的方法实际上跟爱因斯坦所用的方法相同. 数学方法在 Weyl[324] 的一篇论文中已获得相当大的简化, 他引入笛卡儿坐标来代替极坐标, 并恢复引用作用原理而不用 $G-$ 场的普遍微分方程.

由于一个粒子的场是静止的和球对称的, 线元的平方可以写成形式:

$$\mathrm{d}s^2 = \gamma[(\mathrm{d}x^1)^2 + (\mathrm{d}x^2)^2 + (\mathrm{d}x^3)^2]$$
$$+ l(x^1\mathrm{d}x^1 + x^2\mathrm{d}x^2 + x^3\mathrm{d}x^3)^2 + g_{44}(\mathrm{d}x^4)^2, \tag{410}$$

式中 γ, l 和 g_{44} 只是 $r = \sqrt{(x^1)^2 + (x^2)^2 + (x^3)^2}$ 的函数. 但是, 这个式子尚未唯一地指定坐标系. 因为在一个含有任意函数 $f(r)$ 的变换

$$x'^i = \frac{f(r)}{r}x^i \tag{411}$$
$$[因而 \ r' = \sqrt{(x'^1)^2 + (x'^2)^2 + (x'^3)^2} = f(r)]$$

中, 线元的平方仍然具有 (410) 的形式. 这使我们还要将坐标归一化. 具体说来, 下面两种归一化的方法是很方便的:

(a) $\gamma = 1$:

$$\mathrm{d}s^2 = (\mathrm{d}x^1)^2 + (\mathrm{d}x^2)^2 + (\mathrm{d}x^3)^2 + l(x^1\mathrm{d}x^1$$
$$+ x^2\mathrm{d}x^2 + x^3\mathrm{d}x^3)^2 + g_{44}(\mathrm{d}x^4)^2; \tag{410a}$$

(b) $l = 0$:

$$\mathrm{d}s^2 = \gamma[(\mathrm{d}x^1)^2 + (\mathrm{d}x^2)^2 + (\mathrm{d}x^3)^2] + g_{44}(\mathrm{d}x^4)^2. \tag{410b}$$

让我们在线元的平方为 (410a) 式的坐标系中对场方程组进行积分. 在质量以外的空间 (只有在这里需要考虑质量), 由 (401a) 式, 场方程简化为

$$R_{ik} = 0, \tag{412}$$

根据 (401a) 式进行计算, 并引入缩写

$$h^2 = 1 + lr^2, \quad \Delta = \sqrt{-g} = h\sqrt{-g_{44}}, \tag{413}$$

曲率张量的分量 R_{ik} 在这里就可表示如下: [165]

$$R_{ik} = [R_{22}]\delta_i{}^k + ([R_{11}] - [R_{22}])\frac{x^i x^k}{r^2}, \quad 对 \ i, k = 1, 2, 3, \tag{414}$$

324) H. Weyl, *Ann. Phys., Lpz.,* **54** (1917) 117; *Raum-Zeit-Materie* (1918 年第一版) 199 页以下; (1920 年第三版) 217 页以下.

$$
\left.\begin{array}{l}
[R_{11}] = \dfrac{\Delta}{r^2 g_{44}} \dfrac{1}{2} \dfrac{\mathrm{d}}{\mathrm{d}r} \left(\dfrac{r^2 g_{44}'}{\Delta} \right) - \dfrac{2}{r} \dfrac{\Delta'}{\Delta}, \\[3mm]
[R_{22}] = -\dfrac{1}{r^2 \Delta} \dfrac{\mathrm{d}}{\mathrm{d}r} \left(\dfrac{r g_{44}}{\Delta} \right) - \dfrac{1}{r^2}, \\[3mm]
R_{44} = -\dfrac{g_{44}}{r^2 \Delta} \dfrac{1}{2} \left(\dfrac{r^2 g_{44}'}{\Delta} \right).
\end{array}\right\} \tag{415}
$$

可以看出, $[R_{11}]$ 和 $[R_{22}]$ 分别是 R_{11} 以及 R_{22} 和 R_{33} 在点 $x^1 = r, x^2 = x^3 = 0$ 处的值. 现在已经可以把 R_{ik} 的这些值代入 (412) 式. 因此从 (415) 式的第一个方程和第三个方程我们可求得

$$
\Delta' = 0, \quad \Delta = 常量.
$$

其次我们加上一个条件, 即在无穷远处, g_{ik} 具有正常值. 其实, 正是这个条件首先给这个问题作了规定 (参阅 §62). 因此可得

$$
\Delta = 1 \tag{416}
$$

而由 (415) 式的第二个方程, 得

$$
g_{44} = -1 + \frac{2m}{r}, \tag{417}
$$

式中 m 是一个积分常数. 与 (391) 式的牛顿势 Φ 作一比较后, 可以看出, 这个常数 m 是由公式

$$
m = \frac{kM}{c^2} \tag{418}
$$

与产生场的点质量的质量 M 相联系的. 由于 m 具有长度的量纲, 我们称这个量为质量的引力半径. 容易查明, 所有的场方程实际上是满足 (416) 式和 (417) 式的.

　　按照 Weyl 的意见, 用上变分原理 (403) 就可以不必计算曲率分量 (415). 由于 (177) 式, 对于无物质的空间, 变分原理 (403) 也可以写成形式:

$$
\delta \int \mathfrak{G} \mathrm{d}x = 0. \tag{419}
$$

在我们所讨论的情形中, 我们既不需要引入时间也不需要分别地引入坐标 x^1, x^2, x^3, 而可以把 $\mathfrak{G}$ 认为只是 r 的一个函数. 进行计算后,

$$
\mathfrak{G} = -\frac{2lr}{h^2} \Delta' = \left(\frac{1}{h^2} - 1 \right) \frac{2\Delta'}{r},
$$

[166]　　因此 (419) 式的形式为

$$\delta \int \left(\frac{1}{h^2} - 1 \right) r \Delta' \mathrm{d}r = 0, \tag{420}$$

因为

$$\mathrm{d}x = 4\pi r^2 \mathrm{d}r$$

变分 h, 我们得到: $\Delta' = 0, \Delta = $ 常量; 变分 Δ,

$$\frac{\mathrm{d}}{\mathrm{d}r} \left(\frac{1}{h^2} - 1 \right) r = 0, \quad \left(\frac{1}{h^2} - 1 \right) r = \text{常量},$$

由于 Δ 的定义 (413), 它又归结为 (416) 式和 (417) 式所确定的场.

从 (413) 式可以得出, 线元的平方的形式为

$$\begin{aligned}
\mathrm{d}s^2 &= (\mathrm{d}x^1)^2 + (\mathrm{d}x^2)^2 + (\mathrm{d}x^3)^2 \\
&\quad + \frac{2m}{r^2(r - 2m)} (x^1 \mathrm{d}x^1 + x^2 \mathrm{d}x^2 + x^3 \mathrm{d}x^3)^2 \\
&\quad - \left(1 - \frac{2m}{r} \right) (\mathrm{d}x^4)^2.
\end{aligned} \tag{421a}$$

这个表达式的第一部分属于三维空间, 按照 Flamm[325] 的说法, 可以作如下的设想. 在任一通过原点 (即 $x^3 = 0$) 的平面上的几何学是与四次曲面

$$z = \sqrt{8m(r - 2m)}$$

上的欧几里得空间中的几何学相同的, 这个曲面是由抛物线

$$z^2 = 8m(x^1 - 2m), \quad x^{(2)} = 0$$

绕 z 轴转动而产生. 事实上, 在这个面上有

$$\begin{aligned}
\mathrm{d}s^2 &= (\mathrm{d}x^1)^2 + (\mathrm{d}x^2)^2 + \frac{2m}{r^2(r - 2m)} (x^1 \mathrm{d}x^1 + x^2 \mathrm{d}x^2)^2 \\
&= (\mathrm{d}x^1)^2 + (\mathrm{d}x^2)^2 + (\mathrm{d}z)^2.
\end{aligned}$$

对于 $r = 2m$, 这个坐标系变成奇异的.

第二种归一化的形式 (410b) 可以利用变换

$$r = \left(1 + \frac{m}{2r'} \right)^2 r', \quad x'^i = \frac{r'}{r} x^i \quad (i = 1, 2, 3), \tag{422}$$

从 (411) 式得到. 因而

$$\mathrm{d}s^2 = \left(1 + \frac{m}{2r} \right)^4 [(\mathrm{d}x^1)^2 + (\mathrm{d}x^2)^2 + (\mathrm{d}x^3)^2] - \left[\frac{1 - (m/2r)}{1 + (m/2r)} \right]^2 (\mathrm{d}x^4)^2. \tag{421b}$$

这个坐标系统可以引申至 $r = m/2$.

(γ) 水星近日点的进动和光线的弯曲　现在我们就要计算点质量和光线在引力场 (421) 中的路线. 在四维世界中, 它们是短程线, 由变分原理 [167]

325) L. Flamm, *Phys. Z.*, **17** (1916) 448.

$$\delta \int \mathrm{d}s = 0 \tag{81}$$

决定, 或者由微分方程 (80) 决定. 从后者通过一简单的计算, 我们求得

$$\frac{\mathrm{d}^2 x^1}{\mathrm{d}\tau^2} : \frac{\mathrm{d}^2 x^2}{\mathrm{d}\tau^2} : \frac{\mathrm{d}^2 x^3}{\mathrm{d}\tau^2} = x^1 : x^2 : x^3. \tag{423}$$

就点质量的路线而言, τ 表示固有时; 就光线的路径而言, τ 是满足微分方程 (395) 的一个任意的参数. 首先我们可以导出点质量和光线的路线都处于一个平面内; 其次, 取 x^3 垂直于这个平面, 并引入极坐标

$$x^1 = r\cos\varphi, \quad x^2 = r\sin\varphi, \tag{424}$$

可以看出, 面积定律

$$r^2 \frac{\mathrm{d}\varphi}{\mathrm{d}\tau} = 常量 = B \tag{425}$$

是成立的. 另一方面, 和 §53 (γ) 中一样, 时间变分的涵义, 可从 (81) 式得出

$$g_{44} \frac{\mathrm{d}x^4}{\mathrm{d}\tau} = 常量.$$

假使我们把这个方程平方并消去 $\mathrm{d}x^4/\mathrm{d}\tau$, 对点质量的情形, 用关系式

$$g_{ik} \frac{\mathrm{d}x^i}{\mathrm{d}\tau} \frac{\mathrm{d}x^k}{\mathrm{d}\tau} = -c^2,$$

对光线的情形, 用关系

$$g_{ik} \frac{\mathrm{d}x^i}{\mathrm{d}\tau} \frac{\mathrm{d}x^k}{\mathrm{d}\tau} = 0,$$

则对于第一种情形, 我们得到

$$\left(\frac{\mathrm{d}r}{\mathrm{d}\tau}\right)^2 + r^2 \left(\frac{\mathrm{d}\varphi}{\mathrm{d}\tau}\right)^2 - \frac{2mc^2}{r} - 2mr\left(\frac{\mathrm{d}\varphi}{\mathrm{d}r}\right)^2 = 常量 = 2E, \tag{426a}$$

而对于第二种情形有

$$\left(\frac{\mathrm{d}r}{\mathrm{d}\tau}\right)^2 + r^2 \left(\frac{\mathrm{d}\varphi}{\mathrm{d}\tau}\right)^2 - 2mr\left(\frac{\mathrm{d}\varphi}{\mathrm{d}\tau}\right)^2 = 常量. \tag{426b}$$

显然 (426a) 式包含了能量守恒定律. 这两个方程只是它们的最后一项与牛顿方程不同. 其次, 假使我们引入 φ 作为自变量来代替 τ, 借助于 (425) 式, 我们得到

$$B^2 \left[\frac{1}{r^4}\left(\frac{\mathrm{d}r}{\mathrm{d}\varphi}\right)^2 + \frac{1}{r^2}\right] - \frac{2mc^2}{r} - \frac{2mB^2}{r^3} = 2E, \tag{427a}$$

$$\frac{1}{r^4}\left(\frac{\mathrm{d}r}{\mathrm{d}\varphi}\right)^2 + \frac{1}{r^2} - \frac{2m}{r^3} = 常量 = \frac{1}{\Delta^2}. \tag{427b}$$

这些方程完全地确定了所求的路线. (427a) 式左边的最后一项引起行星的近日点沿行星轨道运动方向的一个位移, 其大小为

$$\Delta\pi = \frac{6\pi m}{a(1-e^2)} \quad (每转) \tag{428a}$$

$$(a = 半长轴, e = 离心率),$$

由于 (418) 式和开普勒第三定律,

$$\frac{4\pi^2 a^3}{T^2} = kM = mc^2 \quad (T = 周期),$$

这也可以写成

$$\Delta\pi = \frac{24\pi^3 a^2}{c^2 T^2 (1-e^2)}. \tag{428b}$$

还得讨论针对光线的方程 (427b). 假使左边的最后一项不出现, 则光线是离开原点的距离为 Δ 的一条直线. 微扰项使光线产生一凹向质量中心的曲率, 它导致一个总的偏转角

$$\varepsilon = \frac{4m}{\Delta}, \tag{429}$$

式中的 Δ 现在表示原点离开路线的渐近方向的距离. 这个计算光线弯曲的方法是由 Flamm[326] 提出的. 爱因斯坦[327] 则根据惠更斯原理算出相同的结果, 按照 §53 (γ) 所述, 这是必然的.

这里所推出的爱因斯坦的引力理论的两个结论都可以作实验验证. 至于由 (428) 式所表出的近日点进动的量值, 则只能在水星的情形中才能测量到, 由于水星与太阳的距离小, 而它的轨道偏心率又很大, 所以条件特别有利. 这种进动的理论值为

$$\Delta\pi = 42.89'', \quad e\Delta\pi = 8.82'' 每世纪[328].$$

自从 Leverrier[329] 的时期起, 天文学家们已经知道, 水星的进动有一个余留项, 它不可能由其他行星的微扰所引起. 根据 Newcomb[330] 的重新计算,

326) 参阅注 325).

327) 参阅注 278), 及注 279), §22.

328) 参阅在数学百科全书 VI 2, 17 (J. Bauschinger) 887 页中的数值表.

329) U. J. Leverrier, *Ann. Obs. Paris*, **5** (1859).

330) S. Newcomb, *Astr. pap. Washington*, **6** (1898) 108.

它的量值是

$$\Delta\pi = 41.24'' \pm 2.09'', \quad e\Delta\pi = 8.48'' \pm 0.43''.$$

[169]　　因此理论值在 Newcomb 计算值的精密度范围之内. Newcomb 数值本身可靠到怎样的程度 (或者说, 被计算中所取的误差掩饰到怎样的程度 —— 天文学家曾这样提过), 将由 F. Kottler 在数学百科全书中的文章 VI2, 22 中讨论. 那篇文章中将要详尽地讨论作用于水星近日点上的一种非相对论性质的效应, 例如太阳的球体形状, 经验系统相对于惯性系统的转动, 非行星的微扰质量, 例如黄道光 (Seeliger[330a]) 的微扰质量. 与 Seeliger 的解释相比较, 爱因斯坦的解释至少有这样的优点, 即不需要任意的参量. 因此, 即使数值一致的程度目前还不能肯定地估计出来. 爱因斯坦值与 Newcomb 值的一致无论如何总是一大成功.

　　近来, Gerber[331] 的早期尝试已经加以讨论, 他企图借助于引力传播的有限速度来解释水星近日点的前移, 但是从理论的观点看来, 这必须认为是完全不能成功的. 虽然它似乎已明白地得出正确的 (428) 式 —— 然而却根据错误的推导 ——, 必须着重指出, 即使如此, 也只有数值因子是新的.

　　相对论对于光线的弯曲比起对于水星的近日点进动来, 已经获得了更明确的认证. 因为, 按照 (429) 式, 光线通过太阳的边缘时, 会偏转

$$\varepsilon = 1.75''.$$

这可以通过在太阳全食时对太阳附近的恒星的观察加以验证. 被派往 Brazil 和 Principe 岛的两个考察队在 1919 年 5 月 29 日太阳全食的期间发现, 这个曾为爱因斯坦所预言的效应确实是存在的[332]. 从定量上来看也符合得很好. 上述第一个考察队得出, 星体的平均偏转角当外推至太阳表面时为 $1.98'' \pm 0.12''$. 第二个考察队得出的是 $1.61'' \pm 0.30''$. 参阅数学百科全书中 Kottler 的文章, VI 2, 22, 关于得到这些数值结果所用的外推法.

　　爱因斯坦 (参阅 §50) 最初根据牛顿理论, 对于一个以光速运动的粒

　　330a) H. v. Seeliger, *S. B. bayer. Akad. Wiss.*, **36** (1906) 595.

　　331) P. Gerber, *Z. Math. Phys.*, **43** (1898) 93; *Jber. Real-Progymnasium Stargard* (1902). 在 *Ann. Phys., Lpz.*, **52** (1917) 415 中重印; 讨论: H. v. Seeliger, *Ann. Phys., Lpz.*, **53** (1917) 31; **54** (1917) 38; S. Oppenheim, 同前, **53** (1917) 163; M. v. Laue, 同前, **53** (1917) 214; *Naturwissenschaften*, **8** (1920) 735, 也可参阅 J. Zenneck, 数学百科全书 V2, §24, 及 S. Oppenheim, 同前, VI 2, 22, §31(b).

　　332) F. W. Dyson, A. S. Eddington 及 C. Davidson, "根据 1919 年 5 月 29 日观察全食的结果确定, 太阳引力场对光线的弯曲", *Phil. Trans.* A, 220 (1920) 291.

子所算得的数值已证明与观测值不符†.

59. 对于静止情况的其他特殊的严格解

[170]

一个点质量的场 (421) 式当 $r = 2m$ 及 $r = m/2$ 时都将变成奇异场, 因而考察一下 $G-$ 场如何延续至质量的内部具有理论上的价值. 对此, 必须对产生场的质量的物理性质作某些假定, 否则能量张量 T_{ik} 是一个未定量. 最简单的假定是把它假定为一个不可压缩的液体球. Schwarzschild[333] 对此一情形进行了场方程的积分, Weyl[334] 又对这一计算作了简化. 按照 (362) 式, 能量张量由下式给定:

$$T_{ik} = \left(\mu_0 + \frac{p}{c^2}\right) u_i u_k + p g_{ik},$$

由于 $\mu_0 =$ 常量, 故 $P = p/\mu_0$. 弹性理论的边界条件要求所有的 g_{ik} 是连续的, 并且要求对球面的压强 p 为零. 当这点被考虑以后, 场就被唯一地决定. 对于外部区域 (那里 $r > r_0, r_0 =$ 球的半径), 我们得到的场和一个点质量的场相同. 故引力半径 m 为

$$m = \frac{k\mu_0}{c^2} \frac{4\pi r_0{}^3}{3}. \tag{430}$$

但是对于球的内部, 我们得到下面的关系, 假使我们把线元的平方写成归一化的形式 (410a), 而取 h 的意义与 (413) 式的意义相同,

$$\frac{1}{h^2} = 1 - \frac{2m}{r_0{}^3}r^2, \quad \sqrt{-g_{44}} = \frac{3h - h_0}{2h h_0}$$

$$p = \mu_0 c^2 \frac{h_0 - h}{3h - h_0} \quad (h_0 = 球面上的 \ h \ 值). \tag{431}$$

因此在球的内部, 线元的平方变成

$$ds^2 = (dx^1)^2 + (dx^2)^2 + (dx^3)^2$$
$$+ \frac{(x^1 dx^1 + x^2 dx^2 + x^3 dx^3)^2}{a^2 - r^2} - \left(\frac{3h - h_0}{2h h_0}\right)^2 (dx^4)^2, \tag{432}$$

式中

$$a = r_0 \sqrt{\frac{r_0}{2m}}. \tag{433}$$

为了使线元在球的外面必须保持正则, r_0 必须 $> 2m$. 当与 (122) 式作一比较后, 即可指出, 在液体球内的三维空间几何学具有一正的恒定的曲率 (球的或椭球的); a 具有曲率半径的意义. Bauer[334a] 已经对可压缩的液

† 见补注 16.

333) K. Schwarzschild, *S. B. preuss. Akad. Wiss.* (1916) 424.

334) H. Weyl, *Raum-Zeit-Materie* (1918 年第一版), 208 页; (1920 年第三版), 225 页.

334a) H. Bauer, *S. B. Akad. Wiss. Wien, Abt. IIa.* **127** (1918) 2141.

体球的 $G-$ 场作了计算.

[171]　　另一个可得出严格解的问题是一个带电球的场. 就探究电子的性质而言, 也值得考察一下一个带电球的静电场受到它的引力场的影响有多大, 反转来说, 带电球的静电能可以产生多大的引力场. Reissner[335] 首先解出这个问题, 后来 Weyl[336] 也从作用原理出发解出了这问题. 可以看出, 假使我们用通常的厘米·克·秒制单位而不用赫维赛德单位, 则静电势 φ 正是等于库仑势

$$\varphi = \frac{e}{r}. \tag{434}$$

但是以归一化形式 (410a) 表示的 $G-$ 场不再是由 (416) 式, (417) 式所决定, 而是由

$$\Delta = 1, \quad -g_{44} = \frac{1}{h^2} = 1 - \frac{2m}{r} + \varkappa \frac{e^2}{r^2} \tag{435}$$

所决定. 最后一项是由静电能所产生的引力场. 只在距离的数量级为 $a = \varkappa e^2/m = e^2/Mc^2$ 时, 这项才可与牛顿项 $2m/r$ 相比拟. 对于电子, $a \sim 10^{-13}$cm, a 在早期的理论中称为 "电子半径". 但是, 一个电子作用于另一个电子或作用于它本身的一个电荷元的引力比之静电库仑斥力总是很小的 —— 它们的比为

$$\frac{kM^2}{e^2} \sim 10^{-40},$$

因此在任何情况下电子决不可能由引力场 (435) 去平衡它本身的斥力而保持平衡.

Levi-Civita[337] 还研究了由一均匀电场或磁场所产生的引力场. 假使 x^3 的方向取为磁场的方向, 而磁场的强度为 F, 则线元的平方的形式为

$$ds^2 = (dx^1)^2 + (dx^2)^2 + (dx^3)^2 + \frac{(x^1 dx^1 + x^2 dx^2)^2}{a^2 - r^2}$$
$$- \left[c_1 \exp\left(\frac{x^{(3)}}{a}\right) + c_2 \exp\left(-\frac{x^{(3)}}{a}\right) \right]^2 (dx^4)^2, \tag{436}$$

式中 $r = \sqrt{(x^1)^2 + (x^2)^2}, c_1, c_2$ 是常量, $a = c^2/\sqrt{kF}$. 空间是绕场的方向成圆柱对称的, 而在与场的方向相垂直的任一平面上, 它的几何和欧几里得空间中的半径为 a 的球面上的几何是一样的. 对于一般强度的场, 曲率半径 a 是非常大的, 例如对于 $F = 25\,000$ Gs, $a = 1.5 \times 10^{15}$ km.

[172]

335) H. Reissner, *Ann. Phys., Lpz.,* **50** (1916) 106.

336) 参阅注 324), *Ann. Phys., Lpz.,* 同前; 及 *Raum-Zeit-Materie* (1918 年第一版) 207 页; (1920 年第三版) 223 页.

337) T. Levi-Civita, "Realtà fisica di alcuni spazi normali del Bianchi". *R. C. Accad. Lincei* (5), **26** (1917), 519 页.

Weyl[338] 以及 Levi-Civita[339] 在一系列的论文中还对任意圆柱对称的带电的和未带电的质量分布导出了一般解. 所以 $G-$ 场本身是圆柱对称的而且是静止的. 相应于微分方程的非线性特性, 在诸质量之间, g_{44} 是不可叠加的.

60. 爱因斯坦的普遍的近似解及其应用

到目前为止, 只可能对于静止的情形导出引力场方程的严格的解. 爱因斯坦[340] 已经指出一个方法, 只要质量相当小, 用这个方法可以近似地决定以任意速度运动着的质量的 $G-$ 场. 因而这个方法显得非常重要. 在此情形中: g_{ik} 与它们的正常值相差极微, 这些偏差的平方可以被忽略; 而且, 引力场的微分方程 (401) 只有线性部分需要保留下来, 因此它们很容易积分.

让我们再引入虚时间坐标 $x^4 = \mathrm{i}ct$, 可以令

$$g_{ik} = \delta_i{}^k + \gamma_{ik}. \tag{437}$$

由于 $g_{i\alpha}g^{k\alpha} = \delta_i{}^k$, 因此除了高阶项以外可得

$$g^{ik} = \delta_i{}^k - \gamma_{ik}, \tag{437a}$$

这里可以注意到, 量 γ_{ik} 只对洛伦兹变换才具有张量的性质. 对应于收缩的曲率张量的表达式 (94), 场方程组 (401) 到所要求的近似为止, 具有形式

$$\frac{\partial^2 \gamma}{\partial x^i \partial x^k} + \sum_\alpha \left[\frac{\partial^2 \gamma_{ik}}{(\partial x^\alpha)^2} - \frac{\partial^2 \gamma_{i\alpha}}{\partial x^k \partial x^\alpha} - \frac{\partial^2 \gamma_{k\alpha}}{\partial x^i \partial x^\alpha} \right.$$
$$\left. - \left(\frac{\partial^2 \gamma}{(\partial x^\alpha)^2} - \sum_\beta \frac{\partial^2 \gamma_{\alpha\beta}}{\partial x^\alpha \partial x^\beta} \right) \delta_i{}^k \right] = -2\varkappa T_{ik}, \tag{438}$$

式中用了缩写

$$\gamma = \sum_\alpha \gamma_{\alpha\alpha}. \tag{439}$$

为了简单起见, 让我们下一步引入量

$$\gamma'_{ik} = \gamma_{ik} - \frac{1}{2}\delta_i{}^k \gamma, \tag{440}$$

---

338) 参阅注 324), *Ann. Phys., Lpz.*, 同前; 补充论文, 同前, **59** (1919) 185.

339) T. Levi-Civita, "ds^2 einsteiniani in campi newtoniani I-IX", *R. C. Accad. Lincei* (5), **26** (1917); **27** (1918); **28** (1919). 静止情况下的 $G-$ 场的微分方程的普遍形式见 Levi-Givita 的 "Statica Einsteiniana" [参阅注 307)] 一文.

340) A. Einstein, *S. B. preuss. Akad. Wiss.* (1916) 688.

[173] 其中关于未带撇量的相应的两个逆方程是

$$\gamma_{ik} = \gamma'_{ik} - \frac{1}{2}\delta_i{}^k \gamma', \tag{440a}$$

$$\gamma' = \sum_\alpha \gamma'_{\alpha\alpha} = -\gamma. \tag{439a}$$

因而我们可从 (438) 式得到

$$\sum_\alpha \left[\frac{\partial^2 \gamma'_{ik}}{(\partial x^\alpha)^2} - \frac{\partial^2 \gamma'_{i\alpha}}{\partial x^k \partial x^\alpha} - \frac{\partial^2 \gamma'_{k\alpha}}{\partial x^i \partial x^\alpha} + \delta_i{}^k \sum_\beta \frac{\partial^2 \gamma'_{\alpha\beta}}{\partial x^\alpha \partial x^\beta} \right] = -2\varkappa T_{ik}. \tag{438a}$$

若以适当的方式归一化坐标系, 这些方程还可以大大地简化. 至于坐标系本身只在阶为 γ_{ik} 的这些量之内由这样的条件所决定, 即 g_{ik} 应当只与它们的正常值稍有不同. 因此, 我们可以按这样方式选择坐标, 使得下列方程在归一化的坐标系中可以适用:

$$\sum_\alpha \frac{\partial \gamma'_{i\alpha}}{\partial x^\alpha} = 0. \tag{441}$$

Hilbert[341] 已经在数学上作出证明, 即对于在原来系统中任意指定的 γ'_{ik} 值, 总可以找到一个坐标系, 使得新坐标之值与旧坐标只相差阶为 γ'_{ik} 的量, 而且使得条件 (441) 被满足. 正好有四个函数可用来满足 (441) 式的四个方程.

显然, 微分方程 (438a) 将简单地化为

$$\Box \gamma'_{ik} = -2\varkappa T_{ik}, \tag{442}$$

式中, 和在狭义相对论中一样, 我们已经把 $\sum \partial^2 \gamma'_{ik}/(\partial x^\alpha)^2$ 写成 $\Box \gamma'_{ik}$. 借助于推迟势

$$\gamma'_{ik} = \frac{\varkappa}{2\pi} \int \frac{T_{ik}[\overline{x}, \overline{y}, \overline{z}, t - (r/c)]}{r} \mathrm{d}\overline{x}\mathrm{d}\overline{y}\mathrm{d}\overline{z}, \tag{443}$$

积分可以按熟知的方式进行. 由于能量守恒定律 (341a), 方程 (441) 仍被满足至所要求的精密度.

从 (443) 可以看出, 引力效应是以光速传播的, 正同电磁扰动一样. 假使我们令 $T_{ik} = 0$, 真空中引力波的形状可从 (441) 式, (442) 式得出. 例如, 对于沿 x^1 轴传播的平面波

$$\gamma_{ik} = a_{ik} \exp\left[\mathrm{i}v\left(t - \frac{x}{c}\right)\right] \tag{444}$$

[174] · 可从 (444) 式得出

---

341) 参阅注 99.

$$a_{k4} = -ia_{k1}, \qquad (445)$$

因此 (442) 式同样被满足. 爱因斯坦[342] 还指出, 对于一适当选择的坐标, 还有

$$a_{11} = a_{12} = a_{13} = 0, \quad a_{22} = -a_{33}. \qquad (446)$$

(参见下节中关于引力波的发射和吸收.)[†]

对于一个静点质量的场, (443) 式成为

$$\gamma'_{44} = -\frac{4m}{r}, \quad \text{所有其他的 } \gamma'_{ik} = 0,$$

因此

$$\gamma_{44} = -\frac{2m}{r}, \quad \gamma_{11} = \gamma_{22} = \gamma_{33} = +\frac{2m}{r}.$$

这些正是场 (421b) 的一阶量. 此外, 对于 n 个运动粒子的场也可以毫无困难地进行计算[343]. 主要的结果是它们的运动与牛顿力学的定律的偏差只是 v/c 的二阶量, 这与实验的要求相符.

与牛顿力学的偏差在下述情形中也可以产生. 引力的相对论理论与牛顿理论的一致在于一个静止球的引力场与一个点质量的场相同. 然而这对于一个转动球是不正确的. Thirring 和 Lense[344] 把爱因斯坦的公式应用在这个情形中, 并计算了由中心物体的自旋所引起的行星轨道和月球轨道的微扰. 所有这些微扰都很小, 无法观察. de Sitter[345] 在行星轨道和月球轨道的微扰方面, 根据爱因斯坦理论的预计, 对它们与经典力学的偏差作了一般的讨论. 除了水星近日点的前移, 不存在任何可在实验中观察到的偏差.

爱因斯坦的近似解 (443) 的最重要应用在于 Thirring[346] 对离心力的相对性的研究. 在广义相对论中, 过程也可以归属于一个相对于一伽利略参考系转动的系统, 因而人们可以把离心力也认为是由于恒星质量之间的相对转动所引起的一个引力效应. 可以想象, 在广义相对论中存在这个观点的可能性已被场方程组的普遍协变性所保证. 这将在 §62 中详尽

[175]

---

342) A. Einstein, "Über die Gravitationswellen", *S. B. preuss. Akad. Wiss.* (1918) 154. † 见补注 17.

343) 这是 J. Droste 提出的, *Proc. Acad. Sci. Amst.*, **19** (1916) 447, 他所用的积分法与爱因斯坦的稍微不同.

344) H. Thirring 及 J. Lense, *Phys. Z.*, **19** (1918) 156.

345) W. de Sitter, *Mon. Not. R. Astr. Soc.*, **76** (1916) 699 及 **77** (1916) 155. 也可参阅 de Sitter 的论文 "按照爱因斯坦理论的行星运动及月球的运动", *Proc. Acad. Sci. Amst.*, **19** (1916) 367.

346) H. Thirring, *Phys. Z.*, **19** (1918) 33. 也可参阅补充的论文, *Phys. Z.*, **22** (1921) 29.

地讨论, 结果并非如此, 因为在无穷远处的边界条件在此情形中起着主要的作用. 所以 Thirring 自己并不想证明所有恒星的相对转动与一参考系相对于一伽利略系统的转动是完全等效的. 另一方面他把这问题作这样的修改, 使固定边界条件的困难消除掉.

除了很远的静止的 (或者以很小的速度作直线匀速运动的) 恒星以外, 让我们考虑一个在牛顿的引力理论的惯性系中所出现的转动的球壳. 根据相对论的观点看来, 当球壳的质量与恒星的质量可以比拟时, 在球壳中显然会出现离心力和科里奥利力. 根据连续性原理, 当球壳的质量很小时, 这些力虽然很小, 我们也必须假定这些力仍然存在. 但是在这后一情况中, 我们直接应用公式 (443) 是合理的, 因为 g_{ik} 显然与它们的正常值相差极微. 这种计算已表明, 在球壳中的一个点质量的确经受着与经典力学中的科里奥利加速度和离心加速度完全相似的加速度. 假使 $\boldsymbol{\omega}$ 是角速度矢量, r 是从转动轴至质点的垂直距离, $\boldsymbol{v}$ 是它的速度, 则这些加速度自然不是和经典力学中对于一个参考系以角速度 $\boldsymbol{\omega}$ 相对于惯性系转动的情形那样会正好等于

$$2\boldsymbol{\omega} \wedge \boldsymbol{v} + \boldsymbol{\omega}^2 \boldsymbol{r};$$

而是这两项必须乘以数量级为球壳的引力半径 $m = kM/c^2$ 与它的半径 a 之比的系数. 由于这个比对于在实践中可获得的所有质量是十分微小的, 所以要在实验上去验证这个有决定性的重要结果是没有希望的; 因而我们对于牛顿的原始的转桶实验, 以及 B. 和 T. Friedländer[347] 所改进的、企图证明在一个重的转动着的飞轮内部出现离心力的实验都得到负结果的原因就能够理解了!

61. 引力场的能量

我们已经在 §54 中看到, 当存在引力场时, 物质能量张量的微分方程不是像狭义相对论中那样的

$$\frac{\partial \mathfrak{T}_i{}^k}{\partial x^k} = 0, \tag{341}$$

而是具有形式

$$\frac{\partial \mathfrak{T}_i{}^k}{\partial x^k} - \frac{1}{2} \mathfrak{T}^{rs} \frac{\partial g_{rs}}{\partial x^i} = 0, \tag{341a}$$

[176]　因此我们不能从它们导出一个封闭系统的守恒定律

---

347) B. 及 T. Friedländer, *Absolute und relative Bewegung* (Berlin 1896).

$$\int \mathfrak{T}_i{}^4 \mathrm{d}x^1 \mathrm{d}x^2 \mathrm{d}x^3 = 常量.$$

但是在 §57 中我们曾证明, 借助于引力场方程 (401), 能量 – 动量定律 (341a) 导致一组方程:

$$\frac{\partial(\mathfrak{T}_i{}^k + t_i{}^k)}{\partial x^k} = 0, \tag{406}$$

式中 t_i^k 是由 (405) 式, (183) 式及 (185) 式所规定的量. 从这些方程, 我们可以再一次求得一个封闭系统的守恒定律

$$J_i = \int (\mathfrak{T}_i{}^4 + t_i{}^4)\mathrm{d}x^1 \mathrm{d}x^2 \mathrm{d}x^3 = 常量. \tag{447}$$

由于这个理由, 爱因斯坦称 $t_i{}^k$ 为引力场的能量分量, 而称 J_i 为封闭系统的总动量和总能量 (参阅 §57).

但是经比较严格的考察之后, 更显出了重大的困难, 乍一看来, 它是反对这一观点的. 在最后的分析中, 才知道这些困难是由于 t_{ik} 未形成一张量所致. 这些量并不依赖于 g_{ik} 的高于一阶的导数, 因此我们可以立刻断定: 对于一个适当选择的坐标系 (短程的参考系), 可以使它们在一任意指定的世界点上等于零.

但是我们还可以讨论得深入一些: 薛定谔[348] 发现, 所有的能量分量对于一点质量的场 (421a) 都一律等于零, 此场还同时代表一个液体球外面的场. 这一结果还可以推广到带电球的场 (435) 式的情形. 另一方面, Bauer[349] 曾证明, 若简单地在狭义相对论的欧几里得线元中引入极坐标, 可发现能量分量具有不为零的值, 实际上, 总能量却变成无穷大! 还有, t_{ik} 肯定是不对称的, 而且能量密度 $-t_4{}^4$ 不是处处为正的. 在引力场的早期理论中, 引力场能量密度的符号早已成为经常导致困难[349a]的起因了.

不管这些困难, 由于物理学上的理由, 难以放弃应当存在一相似于牛顿理论中的能量积分和动量积分这一要求. 洛伦兹[350] 和 Levi-Civita[351] 曾建议不用 t_{ik} 而用 $(1/\varkappa)G_{ik}$ 表示引力场的能量分量. 因为从 (401) 式,

$$T_{ik} + \frac{1}{\varkappa}G_{ik} = 0, \qquad\qquad [177]$$

因此

$$\frac{\partial}{\partial x^k}\left(\mathfrak{T}_i{}^k + \frac{1}{\varkappa}\mathfrak{G}_i{}^k\right) = 0.$$

348) E. Schrödinger, *Phys. Z.*, **19** (1918) 4.

349) H. Bauer, *Phys. Z.*, **19** (1918) 163.

349a) 参阅, 例如注 272), Abraham, 570 页.

350) 参阅注 100).

351) T. Levi-Civita, *R. C. Accad. Lincei* (5) **26** (1917) 第一部分, 381 页.

但是爱因斯坦[352] 十分合理地提出了反对意见, 他认为用了这样的引力能量的定义以后, 一个封闭系统的总能量就必须为零, 而且认为要维持这个能量值并不要求以某种形式或其他形式连续地存在这个系统. 因此, 不可能从守恒定律推得通常的结论. 爱因斯坦[353] 在一篇答辩薛定谔的论文中, 进一步证明, 对于几个质量之间的相互作用, t_{ik} 肯定地不能处处为零.

爱因斯坦在他的论文《广义相对论中的能量定律》[354] 中终于作了最后的澄清. 在这篇论文中, 他证明一个封闭系统的总能量和总动量的表达式 (447), 在很大程度上是与坐标系无关, 虽然能量的定域化对于不同的坐标系一般是完全不同的. 这个证明后来为 Klein[354] 所继续完成 (参阅 §21). 按照这个证明, 人们不能对 $t_i{}^k$ 本身的值给以任何的物理意义, 即在引力场中要以一普遍协变而又在物理上满足的方式来实现能量的定域化是不可能的. 但是积分表达式 (447) 具有一确定的物理意义. 方程 (406) 的物理意义只依靠这一事实, 即它使我们可用简单的方式去计算一个封闭系统的物质能量的改变.

要证明 (447) 式所定的量 J_k 对于某些坐标变换的不变性是很简单的, 这将在下面讨论. 设已知一有限的封闭系统. 在它的某一区域 B 的外部, 线元是具有狭义相对论中的形式 (伽利略坐标系). 让我们首先只考虑在 B 的外部与一伽利略坐标系统相重合的坐标系统 K. 因此像极坐标就不包括在内. 所以 (447) 式中的被积函数将在世界管 B 的外部为零, 而 §21 中所有的假定就被满足. 根据 §21 所述, 我们知道: 首先, 只要坐标仅以一连续的方式过渡到在 B 外部的伽利略坐标系, 则能量积分和动量积分之值是与 B 内部的坐标选择无关. 其次, 量 J_i 在线性坐标变换之下 —— 因此也意味着在 B 外部的坐标值的改变 —— 的性质如一个矢量的协变分量. (参见下一节关于空间为有限的世界的一个相类似的不变性定理.)

[178]　　　我们还必须去讨论这样的问题, 即量 $t_i{}^k$ 是否唯一地由方程组 (406) 所决定, 也即除了由 (405) 式, (183) 式, 和 (185) 式所定出的 $t_i{}^k$ 外, 我们是否可以找到量 $w_i{}^k$, 它作为场方程组 (401) 的结果, 可以恒等地满足 (406) 式的一组方程. 洛伦兹[350] 首先证明, 也为 Klein[355] 所强调, 只要 $w_i{}^k$ 也可以包含 g_{ik} 的二阶导数, 确实是这种情形. 没有任何物理论据可以用来反对这一可能性. 自然, 总能量将得出不同的值, 视它们是根据爱因斯坦的 $t_i{}^k$, 还是根据洛伦兹的 $w_i{}^k$ 而定.

352) 参阅注 342).

353) A. Einstein, *Phys. Z.*, **19** (1918) 115.

354) A. Einstein, *S. B. preuss. Akad. Wiss.* (1918) 448; 也可见注 94), F. Klein.

355) 参阅注 104).

爱因斯坦[356]把方程 (406) 作为对引力波的发射和吸收的情形的一个重要的应用, 引力波的场已在 §60 中讨论过了. 假使在一个物质系统中发生振动或者其他的运动, 从理论可知, 这个系统将辐射出波来: 这种辐射是由它的惯量矩

$$D_{ik} = \int \mu_0 x^i x^k \mathrm{d}x^1 \mathrm{d}x^2 \mathrm{d}x^3 \quad (i, k = 1, 2, 3) \tag{448}$$

的三阶时间导数所决定. 辐射出来的波沿 x^1- 轴的能流由下式决定:

$$S_1 = \frac{k}{8\pi c^5 r^2} \left[\left(\frac{\dddot{D}_{22} - \dddot{D}_{33}}{2} \right)^2 + (\dddot{D}_{23})^2 \right] \tag{449}$$

$$(k = \text{通常的引力常量})$$

而在单位时间中向各方向辐射的总能量为

$$-\frac{\mathrm{d}E}{\mathrm{d}t} = \frac{k}{10c^5} \left[\sum_{i,k} \dddot{D}_{ik}^2 - \frac{1}{3} \left(\sum_i \dddot{D}_{ii} \right)^2 \right]. \tag{450}$$

由于 (449) 式, 后者总是正的. 辐射出来的能量是这样小, 以致不会引起任何天文学效应, 这种效应在一适当的时间间隔内本来是显著的. 然而, 它的原理在原子物理学中是重要的. 爱因斯坦的意见是, 量子论也必须会引起引力理论的某种修正.

被吸收的能量可以用相似的方式进行计算. 设有一沿 x^1 方向的具有形式 (444), (445) 和 (446) 的引力波投射于一物质系统上, 物质系统的线度比入射波的波长小. 故单位时间内所吸收的能量由下式决定,

$$\frac{\mathrm{d}E}{\mathrm{d}t} = \frac{1}{2} \left[\frac{\partial \gamma_{23}}{\partial t} \ddot{D}_{23} + \frac{1}{2} \frac{\partial (\gamma_{22} - \gamma_{33})}{\partial t} \frac{1}{2} (\ddot{D}_{22} - \ddot{D}_{33}) \right], \tag{451}$$

式中量 $\gamma_{23}, \gamma_{22}, \gamma_{33}$ 指波场[†].

62. 场方程组的修正. 惯性的相对性和空间有界的宇宙[357]‡　　　[179]

(α) 马赫原理　在 §58 中, 我们曾经简单地讨论过水星的近日点进动, 而近日点的进动应该相对于坐标系 K_0 来测定, 那里尚未说明如何从物

---

356) 参阅注 342).

† 见补注 17.

357) 这节中所介绍的观念是爱因斯坦在他的论文 "Kosmologische Betrachtungen zur allgemeinen Relativitätstheorie" 中提出来的. [S. B. preuss. Akad. Wiss., (1917) 142] (也刊入于论文集 "Das Relativitätsprinzip" 中).

‡ 见补注 19.

理上去确定这个坐标系. 这样的一个坐标系与所有其他相对于此坐标系作匀角速转动的坐标系 K 是以 $G-$ 场的球对称性尤其是 g_{ik} 在空间无穷远处的性质来区别的; 因为在那里 g_{ik} 是取正常值的. 某些坐标系 K_0 可以空间无穷远的边界条件从其他的坐标系划分出来, 这些边界条件必须附加于 $G-$ 场的微分方程, 以便从质量的位置和速度把 g_{ik} 完全决定出来, 或者更一般地说, 从物质的能量张量 T_{ik} 把它完全决定出来. 在与离心力的相对性的问题相联系时 (§60), 这个困难变得特别显著. 虽然这样借助于边界条件划出某些坐标系的方法在逻辑上与普遍协变性的假定相容的, 但无论如何它是与相对论的精神矛盾的, 因而必须认为是认识论上的一个严重缺陷. 爱因斯坦[358]借助于有两个液体质量绕着它们的公共轴作相对转动的 "理想实验" 使这个缺陷更为明朗化. 这个缺陷不仅是经典力学和狭义相对论的一个特征, 而且还是我们在上面所推导的, 基于方程 (401) 的引力理论的一个特征. 只当边界条件可以按普遍协变的方式来规定的时候, 它才会消失.

所以我们提出假设如下; $G-$场只有通过能量张量 (T_{ik}) 之值才能以唯一而又普遍协变的方式加以决定. 马赫[359]已经清楚地认识到牛顿力学中的这个缺陷, 并且以相对于宇宙中所有其他质量的加速度来代替绝对加速度, 所以爱因斯坦[360] 称这个假设为 "马赫原理". 具体地说, 必须假定: 物质的惯性只有通过周围的质量才能加以决定. 所以当所有其他的质量被移去后, 它必须为零, 因为从相对论的观点看来, 讨论绝对加速度的阻力是没有意义的 (惯性的相对性)[†].

(β) 关于恒星系统的统计平衡的评论. λ 项 除了在空间无穷远处的边界条件上的困难以外, 如果要把先前所用的场方程应用于整个恒星系统, 人们会碰到另一个更大的困难. 这个困难一经克服, 则在 (α) 中建立的假设也可被满足.

[180]　　C. Neumann[361] 和 Seeliger[362] 早经指出, 只当宇宙的质量密度在 $r \to \infty$ 的情况下比 $1/r^2$ 更快地收敛至零时, 牛顿的引力定律才能严格地成立. 否则, 宇宙的所有质量作用于一个物质粒子上的力就成为未定量. 在其后的一篇论文中, Seeliger[363] 进一步讨论了质量密度应当在任意的距

358) 参阅注 279).

359) E. Mach, *Mechanik*, 第二章, No. 6: "Die Geschichte und die Wurzel des Satzes von der Erhaltung der Arbeit" 附录 1.

360) A. Einstein, *Ann. Phys., Lpz.*, **55** (1918) 241.

† 见补注 17.

361) C. Neumann, *Abh. sächs. Ges. Wiss.*, **26** (1874) 97.

362) H. v. Seeliger, *Astr. Nachr.*, **137** (1895) 129.

363) H. v. Seeliger, *S. B. bayer. Akad. Wiss.*, **26** (1896) 373.

离之下不为零的可能性, 只是牛顿势必须代之以势

$$\Phi = A\frac{\exp(-r\sqrt{\lambda})}{r},$$

它随距离而更快地减小. 这个势已经被 C. Neumann[364] 用数学方法在另一书中研究过. 这相当于把泊松方程

$$\Delta\Phi = 4\pi k\mu_0 \tag{A}$$

代之以

$$\Delta\Phi - \lambda\Phi = 4\pi k\mu_0. \tag{B}$$

这样一来, 牛顿理论中所出现的困难就消失了.

按照爱因斯坦的说法, 如果认为整个恒星系统必须处于统计平衡状态, 则对于第一种可能性 (牛顿定律的严格有效以及质量密度在无穷远处的相当快的减小) 可以提出某些很重要的相反的论据. 假使这个势在大距离处是有限的 (因此质量密度充分强烈地减少), 就会发生全部星球离开这个系统的情况. 因此这个系统内的星球密度日益稀少而趋于 "灭绝", 按照统计力学的定律, 只要星体系统的总能量大于把单个星体移至无穷远处所需的功, 这种过程就会继续下去. 另一种可能性 (已经为 Neumann 和 Seeliger 的考察所排斥) 是在很大的距离处有一无穷高的势的情形 (即质量密度可到达无穷大或者不是足够快地减少的); 按照爱因斯坦的说法, 这个可能性是不能容许的, 因为它与已观察到的星体的速度比较小这一事实相矛盾. 如果假定 (B) 式是有效的, 则所有这些困难就可以消除. 因为在那种情形中, 密度为 μ_0 的均匀的质量分布并具有势 (在空间为常量)

$$\Phi = -\frac{4\pi k}{\lambda}\mu_0$$

在力学上是可能的.

相对论中的情况是与牛顿理论中的情况十分相似的. 假使保留方程 (401), 按照爱因斯坦的说法, 可以证明, 要建立一个既反对 "灭绝论据" 又承认星体的速度很小的边界条件是不可能的. 但是场方程可以按某种方式修正, 这方法十分相似于从 (A) 式过渡到 (B) 式. 事实上, 当 §56 中建立起场方程时, 我们已经在 (400) 式中简单地省略了与 g_{ik} 成正比的项 $c_3 g_{ik}$. 这种省略既不是出于普遍协变性的要求, 也不是出于物质的动量定律的 [181]

---

364) C. Neumann, *Allgemeine Untersuchungen über das Newtonsche Prinzip der Fernwirkungen*, (Leipzig 1896), 特别是参阅 1 页.

要求. 所以 $c_3 g_{ik}$ 项现在可以被包含在 (401) 式的左边, 仿照爱因斯坦的记号, 我们在这一项中把 c_3 写成 $-\lambda$, 因此有

$$G_{ik} - \lambda g_{ik} = -\varkappa T_{ik}. \qquad (452)$$

进行收缩后, 结果为

$$R + 4\lambda = +\varkappa T \qquad (453)$$

以及

$$R_{ik} + \lambda g_{ik} = -\varkappa \left(T_{ik} - \frac{1}{2} g_{ik} T \right). \qquad (452a)$$

根据这些修正了的场方程立刻可以知道, 一个充满恒定的质量密度的宇宙是处于平衡状态的. 事实上, 它可以是椭球形的或球形的, 因此宇宙空间是有界的. 例如, 如果我们以下式为出发点,

$$g_{ik} = \delta_i{}^k + \frac{x^i x^k}{a^2 - [(x^1)^2 + (x^2)^2 + (x^3)^2]},$$
$$g_{i4} = 0, \quad g_{44} = -1 \quad (i, k = 1, 2, 3) \qquad (454)$$

则从 §18 (117) 式, (118) 式, (119) 式和 (130) 式, 有

$$R_{ik} = -\frac{2}{a^2} g_{ik}, \quad R = -\frac{6}{a^2}, \quad G_{ik} = \frac{1}{a^2} g_{ik}$$
$$对于 (i, k = 1, 2, 3), \quad R_{i4} = R_{44} = 0.$$

还有

$$T_{44} = \mu_0 c^2, \quad 其余的 T_{ik} = 0, \quad T = -\mu_0 c^2,$$

因此, 只要

$$\lambda = \frac{1}{a^2} = \frac{1}{2} \varkappa \mu_0 c^2 = \frac{4\pi k \mu_0}{c^2}, \qquad (455)$$

方程 (452) 是被满足的. 另一方面, 场方程 (401) 会变成 $1/a^2 = \mu_0 = 0$, 因为 $\lambda = 0$.

　　由于在这个例子中 (也可能在更一般的质量分布的情形中), 所推知的世界空间是有界的, 所以在无穷远处的边界条件就不再需要了. 因此, 场方程 (452) 不仅解决了星体的小速度与统计力学的不相一致, 而且还去除了上述的认识论上的缺陷, 这种缺陷是以前表述这个理论时的一个特征. 人们必能设想, 场方程的解 (454) 代表了世界度规的平均性质. 只是在个别质量的附近, g_{ik} 将与值 (454) 有显著的偏差. 这种恒星系统的曲率半径肯定是非常巨大的, 对于线度比它小的物质系统 (如行星系统), $\lambda-$ 项可以忽略, 而场方程 (401) 的解仍然有效. 看来场方程 (452) 也是支持马

[182]

赫原理的, 虽然尚未对这个问题提出一个普遍的证明. 以前的方程 (401) 对于无物质的空间有一个通解 $g_{ik} =$ 常量[365]†, 方程 (452) 就不是这样, 它对于无物质的空间是 $g_{ik} = 0$. 这等于说, 在完全真空中, 毫无 $G-$ 场存在; 也无光线的传播, 而量杆和时钟的存在也成为不可能. 还有与此有关的事实是惯性相对性的假设被满足. de Sitter[366] 已经得出场方程 (452) 的一个解, 这个解即使对于完全空 的空间, 也不同于 $g_{ik} = 0$, 它代表一个四维的赝球世界

$$g_{ik} = \delta_i{}^k + \frac{x^i x^k}{a^2 - \sum_{i=1}^{4}(x^i)^2} \quad (i, k = 1, 2, 3, 4; x^4 = \mathrm{i}ct), \tag{456}$$

$$T_{ik} = \mu_0 = 0, \quad \lambda = \frac{3}{a^2}, \tag{457}$$

以别于由 (454) 式所表出的爱因斯坦的 "圆柱世界". 但是, 爱因斯坦[367] 认为 de Sitter 的解并不是处处正则的, 因此它不真正代表真空世界的 $G-$ 场, 而是表面上分布有物质的世界的 $G-$ 场. Weyl[368] 也得到相同的结论. 话虽如此, 这一点到现在尚未最后肯定.

de Sitter[369] 和 Lense[370] 讨论了场方程 (452) 在天文学上的含义. (也可参阅数学百科全书 VI 2, 22 中 Kottler 的文章.)

(γ) 有限宇宙的能量 方程 (452), 正如方程 (401) 一样, 可以从变分原理导出. 这里只需要对作用函数 (404) 加上一项 $2\lambda\sqrt{-g}$,

$$\delta \int \overline{\mathfrak{H}} \mathrm{d}x = 0 \tag{458}$$

$$\overline{\mathfrak{H}} = \mathfrak{R} + 2\lambda\sqrt{-g} + \varkappa \mathfrak{M} \tag{459}$$

而且, 能量守恒定律又可以按照形式 (406) 成立,   [183]

$$\frac{\partial(\mathfrak{T}_i{}^k + \widetilde{t}_i{}^k)}{\partial x^k} = 0, \tag{460}$$

---

365) 对于完全无物质的空间, 这是前面的方程 (401) 的唯一解, 对于一般的情形, 迄未加以证明. 但 R. Serini 已对于静止的情形提出了这个定理的证明, *R. C. Accad. Lincei*, (5) **27** (1918) 第一部分, 235 页.

† 见补注 18.

366) W. de Sitter, *Proc. Acad. Sci. Amst.*, **19** (1917) 1217 及 **20** (1917) 229.

367) A. Einstein, *S. B. preuss. Akad. Wiss.*, (1918) 270; de Sitter 在 *Proc. Acad. Sci. Amst.*, **20** (1918) 1309 中的答复.

368) H. Weyl, *Phys. Z.*, **20** (1919) 31; 也可参阅注 354); F. Klein, 同前, 特别是 §9. 这问题的几何学方面在这篇文中有详尽的讨论.

369) W. de Sitter, *Mon. Not. R. Astr. Soc.*, **78** (1917) 3.

370) J. Lense, *S. B. Akad. Wiss. Wien.*, **126** (1917) 1037.

只要从先前的量 $t_i{}^k$ 中减去 $(\lambda/\varkappa)\delta_i{}^k$,

$$\widetilde{t}_i{}^k = t_i{}^k - \frac{\lambda}{\varkappa}\delta_i{}^k. \tag{461}$$

这些观念已在爱因斯坦的论文中有所暗示 [已在注 357) 中提过], 并由 Klein[371] 更详尽地加以发挥.

现在发生了这样的问题, 能量的总值对坐标系统无关的定理 (已在 §61 中证明) 是否也对有限宇宙的总能量适用. 这必须重新考虑, 因为这个定理以前是基于这样的假定加以证明的, 即在所考虑的封闭系统的外部, g_{ik} 等于 $\pm\delta_i{}^k$. 显然现在已不是这样情形. 爱因斯坦[372] 和 Klein[372] 他们自己曾考虑过这个问题, 必须去证明某些曲面积分为零. 爱因斯坦已经证出: 对于特殊的坐标系统来说, 的确是这种情况, 而 Grommer[373] 则对此问题得出了一个普遍的证明. 还可以看出, 起源于引力场的有限宇宙的总动量和总能量为零, 即

$$\int \widetilde{t}_i{}^4 \mathrm{d}x^1 \mathrm{d}x^2 \mathrm{d}x^3 = 0. \tag{462}$$

然而, 假使用包含 g_{ik} 的二阶导数的洛伦兹分量 (参考 §61) 来代替爱因斯坦的能量分量, 则引力场的总能量不再等于零. 这是 Klein 所证明的.

---

371) 参阅注 104), (1918), 235, 附录.

372) 参阅注 354), A. Einstein 及 F. Klein.

373) J. Grommer, *S. B. preuss. Akad. Wiss.* (1919) 860.

第 V 编

带电基本粒子的理论

---

63. 电子和狭义相对论

在一段很长的时期中, 曾力图从电磁学的原理导出电子的所有机械性质. 在这一情形中, 运动方程

$$\frac{\mathrm{d}\boldsymbol{G}}{\mathrm{d}t} = \boldsymbol{K} \tag{463}$$

(式中 $\boldsymbol{G}$ = 电子的动量, $\boldsymbol{K}$ = 外力). 可解释如下[374]: 首先假定作用于电子上的所有力都起源于电磁力, 即它们由洛伦兹表达式 (212a) 所给定; 其次假定作用于电子上的总的力必须永远为零,

$$\int \rho \left\{ \boldsymbol{E} + \frac{1}{c}(\boldsymbol{v} \wedge \boldsymbol{H}) \right\} \mathrm{d}V = 0, \tag{464}$$

式中积分是对电子的体积进行的. 这个总的力可以分成两部分. 一部分是由外场所引起的力

$$\int \rho \left\{ \boldsymbol{E}^{\mathrm{ext}} + \frac{1}{c}(\boldsymbol{v} \wedge \boldsymbol{H}^{\mathrm{ext}}) \right\} \mathrm{d}V = \boldsymbol{K}.$$

这就是方程 (463) 的右边部分. 另一部分是电子对它本身所作用的力, 可以令这部分力等于

$$\int \rho \left\{ \boldsymbol{E}^{\mathrm{int}} + \frac{1}{c}(\boldsymbol{v} \wedge \boldsymbol{H}^{\mathrm{int}}) \right\} \mathrm{d}V = -\frac{\mathrm{d}\boldsymbol{G}}{\mathrm{d}t}.$$

在这个表达式中, $\boldsymbol{G}$ 是电子自洽场的电磁动量. 对于加速度不太大的情况 (似稳运动), $\boldsymbol{G}$ 可以认为是电子以相应的瞬时速度作匀速运动时所具有的动量. 当然, 它与电子内部的电荷分布有关.

---

374) 参阅注 4), H. A. Lorentz, 同前引书, §21.

可以作出一个最自然的假定, 就是电子是完全刚性的. Abraham[375] 已经完整地作出了这个假定的理论. 但是在 1904 年, 洛伦兹[376] 曾经指出: 只当假定电子在运动方向上发生收缩 (按 $\sqrt{1-\beta^2} : 1$ 收缩) 时, 从电子的动量对速度的依赖关系所得到的推论才与相对论原理一致. 后来爱因斯坦[377] 曾经指出: 不必对电子的性质作任何假定 (参看 §29), 就可以从相对论原理得出质量, 能量和动量的速度依赖关系. 因此反过来说: 观察质量的变化并不能得到电子本性方面的知识.

[185]

但是容易看到, 只要麦克斯韦 – 洛伦兹的理论仍然有效, 则相对论原理必然会导致这样的结果: 电子存在着非电磁类型的能量. 这一点最先为 Abraham[378] 所指出. 首先让我们假定: 在一个静止电子中的电荷分布是球形对称的. 那么, 只要能量和动量是电磁能和电磁动量, 并由麦克斯韦 – 洛伦兹表达式所给定, 我们就可以从下式求得一个运动电子的能量和动量,

$$\boldsymbol{G} = \boldsymbol{u} \frac{\dfrac{4}{3}(E_0/c^2)}{\sqrt{1-\beta^2}}, \quad E = \frac{E_0 \left(1 + \dfrac{1}{3} u^2/c^2\right)}{\sqrt{1-\beta^2}} \tag{351}$$

假使这些表达式表示总能量和总动量, 则从 (317) 式, (318) 式, 我们应得

$$E = \int \left(\boldsymbol{u} \cdot \frac{\mathrm{d}\boldsymbol{G}}{\mathrm{d}t}\right)\mathrm{d}t = \int \left(\boldsymbol{u} \cdot \frac{\mathrm{d}\boldsymbol{G}}{\mathrm{d}\beta}\right)\mathrm{d}\beta.$$

然而情形并非如此, 右边的积分值是

$$\frac{\dfrac{4}{3}E_0}{\sqrt{1-\beta^2}} + 常量.$$

如若假定动量 (而非能量) 纯粹是电磁动量, 则静止电子和运动电子的总能量 $\overline{E}_0$ 和 $\overline{E}$ 以及电子的静止质量 m_0 变成

$$\overline{E} = \frac{\overline{E}_0}{\sqrt{1-\beta^2}}, \quad \overline{E}_0 = \frac{4}{3}E_0, \quad m_0 = \frac{\overline{E}_0}{c^2} = \frac{4}{3}\frac{E_0}{c^2} \tag{465}$$

这里的静止质量 m_0 由

$$\boldsymbol{G} = \frac{m_0 \boldsymbol{u}}{\sqrt{1-\beta^2}}$$

---

375) M. Abraham, *Ann. Phys., Lpz.,* **10** (1903) 105. 也可见注 4), H. A. Lorentz, 同前引书, §21.

376) 参阅注 10), *Versl. gewone Vergad. Akad. Amst.*

377) 参阅注 12), 同前引书, §10.

378) M. Abraham, *Phys. Z.,* **5** (1904) 576: Theorie der Elektrizität, Vol 2 (Leipzig, 1905 年第一版) 205 页.

定出. 这些关系是与能量的惯性定理相一致 ($\overline{E}$ 中的附加常量已事先定出,
以便与能量的惯性定理吻合). 静止电子的总能量是等于洛伦兹所算出的电
子的电磁能量的四分之三.

从以上的论证看来, "绝对" 理论中的刚性电子似乎与一纯粹的电磁
世界图像 (或者更确切一些, 是基于麦克斯韦–洛伦兹理论的特殊的电磁
世界图像) 相一致, 而不是相对论所要求的电子. 但是这是不正确的, 理
由如下: 刚性电子的假设是一个与电动力学完全没有关系的概念. 假使
不引入这个概念, 我们必须假定: 不仅作用于电子上的总的力 [方程 (464)]   [186]
应为零, 而且作用于每一点的力也应为零, 即

$$\rho\left\{\boldsymbol{E} + \frac{1}{c}(\boldsymbol{v}\wedge\boldsymbol{H})\right\} = 0.$$

显然, 一个静止的电荷 ($\boldsymbol{v}=0$) 是与这个假定不一致的, 因为由此可得
出 $\rho=0$ (注意 div $\boldsymbol{E}=\rho$). 由此可知, 除非补充与本身无关的理论上的概念,
麦克斯韦 – 洛伦兹电动力学是与电荷的存在不相容的. 所以从纯粹的电磁
观点看来, "绝对" 理论中的电子并不比相对论中的电子好些. 无论哪一
种情况, 都必须引入与电子电荷本身的库仑斥力保持平衡的力, 而且这
些力是不可能从麦克斯韦 – 洛伦兹电动力学导出的. 庞加莱[379] 已经认
识到需要这样做, 因而纯粹形式地引入了内聚标压强 p, 对于这个压强的
性质, 他未能作任何说明. 一般地说, 有关电子的问题必须作如下的表述:
麦克斯韦 – 洛伦兹电动力学中的能量 – 动量张量 S_{ik} 必须附加以某些项,
使得总能量 – 动量张量的守恒定律

$$\frac{\partial T_i{}^k}{\partial x^k} = 0$$

与电荷的存在相一致. 这些附加项必然与某些物理量有关, 这些物理量
是通过微分方程按因果关系来确定的. (在 §42 中, 我们已经对一个孤立
的电子的能量张量表出了唯象的附加项 $\mu_0 u_i u_k$.) 从广义相对论的观点看,
这样的表述需要修正到什么程度, 将在 §65 和 §66 中讨论.

现在我们已能够回答 Ehrenfest[380] 所提出的问题, 即当外力不存在
时, 对于一个即使静止时也不是球形对称的电子, 是否沿各个方向作匀
速移动? 由于在此情形中, 运动电子的电磁动量不是永远沿着速度的方
向, 因此电磁力将对电子产生一个转动力偶. 劳厄[381] 着重指出, 这种情

379) 参阅注 11), R. C. Circ. mat. Palermo.

380) P. Ehrenfest, *Ann. Phys., Lpz.,* **23** (1907) 204; 爱因斯坦对此的评论, *Ann. Phys., Lpz.,* **23** (1907) 206.

381) 参阅注 240).

况是与 Trouton 和 Noble 的实验十分相似的. 在这个实验中, 电磁力偶是被一个由弹性能流所产生的力偶所抵消. 在我们的情形中, 这个效应同样是由上述能量 – 动量张量中的附加项所表示的能流所引起的. 引入这些附加项不仅对于运动电子的情形是必要的, 就是对于静止电子的情形也同样是必要的. 因此已经对 Ehrenfest 的问题作了肯定的回答.

无论从上述理论的观点或者从实验的观点, 我们还必须讨论一下电子的线度方面可以告诉我们些什么. 实验上, 在最近的分析中, 已经知道所有物质很可能均由氢核和电子组成. 当然, 我们前面所有关于电子的论述同样也适用于氢核. 实验只不过告诉我们这些粒子的线度肯定是不会大于 10^{-13}cm. 换言之, 就它们之间的相互作用力而言, 两个这样的粒子, 相隔大于此距离时, 实际上可以看成两个点电荷. 到现在为止所进行过的实验尚未排斥这些粒子的线度远小于 10^{-13}cm 这个可能性. 理论上则只能按照洛伦兹的观点明确地作如下的陈述: 一个半径为 a 并有连续的面电荷分布的球具有能量

$$E = \frac{e^2}{8\pi a},$$

式中 e 为总电荷, 以赫维赛德单位量度. 按照 (465) 式可以得出

$$m_0 = \frac{e^2}{6\pi a c^2}, \quad a = \frac{e^2}{6\pi m_0 c^2}. \tag{466}$$

假使作另一种电荷分布的假设, 应修正的只是 a 的数值系数, 而对 a 的数量级没有影响. a 的数值可以从已知的电子和氢核的静止质量求得. 对于电子, a 的数量级为 10^{-13}cm; 对于氢核, 和它的较大的质量相应的 a 值, 约为 1/1800. 但是必须注意, 这些讨论是建立在十分脆弱的理论基础上的. 因为我们已经知道, 它们是以下述的假定为基础的:

(i) 一个静止电子 (氢核) 的电荷分布是球形对称的.

(ii) 一个运动电子 (氢核) 的总动量是由麦克斯韦 – 洛伦兹理论中的表达式

$$\boldsymbol{G} = \frac{1}{c} \int \boldsymbol{E} \wedge \boldsymbol{H} \mathrm{d}V$$

给定的, 因而, 这也假定了对于极端集中的电荷和场, 这个理论也适用.

特别是第二个假定显得可疑. 根据现有的实验数据, 对于这样计算出来的线度还不能找到任何实验上的支持, 特别是不支持氢核的半径应远小于电子的半径这个理论上的要求[381a].

381a) 关于这点, 我们不能同意在玻恩的 *Die Relativitätstheorie Einsteins* (Berlin 1920) 一书中 192 页所提出的见解.

64. Mie 的理论

Mie[382] 最先试图建立一个可以说明带电基本粒子存在的理论. 他推广了麦克斯韦－洛伦兹理论中的场方程组和能量－动量张量, 使带电基本粒子内部的库仑斥力为其他等效的电力所平衡, 而在粒子的外部空间则仍然保持方程对寻常电动力学的偏离是不可觉察的.

Mie 保留了麦克斯韦方程组中的第一组方程

$$\frac{\partial F_{ik}}{\partial x^l} + \frac{\partial F_{li}}{\partial x^k} + \frac{\partial F_{kl}}{\partial x^i} = 0, \tag{203}$$

由此可推得存在一个四维矢势

$$F_{ik} = \frac{\partial \phi_k}{\partial x^i} - \frac{\partial \phi_i}{\partial x^k} \tag{206}$$

(参看 §28). 还有四维电流密度肯定地要满足连续性方程:

$$\frac{\partial s^k}{\partial x^k} = 0. \tag{197}$$

由此可以得出存在着一个二秩反对称张量, $H^{ik} = -H^{ki}$, 它满足方程

$$s^i = \frac{\partial H^{ik}}{\partial x^k}. \tag{467}$$

这里 H_{ik} 合并了矢量 $\boldsymbol{D}$ 和 $\boldsymbol{H}$, 正如 F_{ik} 合并了矢量 $\boldsymbol{E}$ 和 $\boldsymbol{B}$ 那样. 因此可以看出, 对于 $H^{ik} = F^{ik}$, 方程组就化成寻常电动力学中的那些方程, 而且它们在形式上是与实物的唯象电动力学中的那些方程一致的.

但是依靠下述的明确的假定, 这些场方程目前已带上新的物理内容; 即假定矢量 H^{ik} 和 s^k 是 F_{ik} 和 ϕ_i 的普适函数,

$$H^{ik} = u_{ik}(\boldsymbol{F}, \boldsymbol{\varphi}), \quad s^k = v_k(\boldsymbol{F}, \boldsymbol{\varphi}). \tag{467a}$$

前六个关系与唯象电动力学中的关系有着根本的区别, 在唯象电动力学中, H^{ik} 还明显地与 ϕ_i 有关. 在 Mie 的理论中, 不仅电势差而且电势的绝对值也获得实际意义. 若以 $(\varphi+常量)$ 代替 φ, 方程就不会保持不变. 以后我们将会看到, Mie 理论的这个特点会导致严重的困难. (467a) 式的最后四个方程主要是描述实物粒子 (电子和氢核) 的存在和它们的运动方程.

[189]

---

382) G. Mie, "Grundlagen einer Theorie der Materie", *Ann. Phys., Lpz.,* **37** (1912) 511; **39** (1912) 1; **40** (1913) 1. 也可参阅 M. Born, *Nachr. Ges. Wiss. Göttingen,* (1914) 23, 这里把从 Mie 的理论中的变分原理导出的能量－动量定律与从通常力学中的哈密顿原理导出的能量守恒定律进行了类比. 也可参阅 H. Weyl, *Raum-Zeit-Materie* (1918 年第一版) §25, 165 页; (1920 第三版) §25, 175 页.

Mie 把 ϕ_i 和 F_{ik} 称为 "强度的量", 而把 s^k 和 H^{ik} 称为 "大小的量", 这种叫法是带有几分任意性的.

借助于 (467a) 式, 在这个理论中引入了不少于十个的普适函数. 但是正如 Mie 所揭示, 能量原理会带来了极大的简化, 它会把十个未知的普适函数化成单个普适函数. 可以看出, 这是由于形如

$$\frac{\partial W}{\partial t} + \operatorname{div} \boldsymbol{S} = 0$$
$$(W = 能量密度, \boldsymbol{S} = 能流)$$

的方程只能由 (206) 式和 (457) 式导出, 当存在一个不变量 $L(\boldsymbol{F}, \boldsymbol{\varphi})$ (首先相对于洛伦兹群), 可以由此通过微分求得 H^{ik} 和 s^i,

$$H^{ik} = \frac{\partial L}{\partial F_{ik}}, \quad s^i = -\frac{1}{2}\frac{\partial L}{\partial \phi_i}, \tag{468}$$

因而

$$\delta L = H^{ik}\delta F_{ik} - 2s^i\delta\phi_i, \tag{468a}$$

于是, 通过简单的计算将证明方程组 (467) 可以从作用原理

$$\delta \int L\mathrm{d}\Sigma = 0 \tag{469}$$

求得, 只要变分满足下列条件, 即关系式 (206) 对于取变分的场仍然有效.

对于常称为世界函数的不变量 L 可以作出许多普遍的陈述. 首先, 可以由反对称张量 F_{ik} 和矢量 ϕ_i 形成的独立的不变量只有下列几种:

(1) 张量 F_{ik} 的平方: $\frac{1}{2}F_{ik}F^{ik}$;

(2) 矢量 ϕ_i 的平方: $\phi_i\phi^i$;

(3) 矢量 $F_{ik}\phi^k$ 的平方: $F_{ir}\phi_s F^{is}\phi^r$;

(4) 矢量 $F^{*}_{ik}\phi^k$ 的平方, 或者同样地为张量 $F_{ik}\phi_l + F_{li}\phi_k + F_{kl}\phi_i$ 的平方.

所以 L 必须是这四个不变量的一个函数[†]. 假使 L 等于上述不变量中的第一个, 则 Mie 理论中的场方程就退化成无电荷空间中的电子论中的常方程组. 因此, L 只能在实物粒子的内部才会与 $\frac{1}{2}F_{ik}F^{ik}$ 有显著的差异. 关于世界函数 L 就再没有什么可说了. 要把备选的独立不变量的数目缩小到能够清楚地得出一个十分确定的世界函数的程度是不可能的. 或更确切地说, 尚存在着无限多的可能性.

[190]

---

† 参阅补注 20.

其次, 我们必须把能量 – 动量张量 T_{ik} 作为场量的一个函数确定出来. Hilbert[383] 和 Weyl[384] 曾经指出: 若把方程组用广义相对论中的记号写出, 然后利用在 §55 中所引入的对 g_{ik} 取变分的方法, 相应的计算就可以大大地简化. 只有这样, 才能使形式上的联系变得清楚而明显. 本书中为了这个目的, 在上述的公式中已用了广义相对论中的记号, 在这一方面我们与 Mie 有所不同, Mie 在 1912 年和 1913 年所写的论文当然是以狭义相对论作根据的. 首先, 正如已经在 §54 中讨论过的寻常电动力学的情形, 方程组 (203), (208) 仍然对任何一个 $G-$ 场适用. 另一方面, (197) 式和 (467) 式必须代之以

$$\frac{\partial \mathfrak{s}^i}{\partial x^i} = 0, \tag{197a}$$

$$\mathfrak{s}^i = \frac{\partial \mathfrak{H}^{ik}}{\partial x^k}. \tag{467b}$$

和 Weyl 所指出的一样, 这里 "大小的量" 是作为张量密度 (即乘以 $\sqrt{-g}$) 出现, 而 "强度的量" 仍为寻常张量. 同样地, 关系式 (468), (468a) 和哈密顿原理 (469) 仍然成立, 当然也可以把哈密顿原理写成下列形式:

$$\delta \int \mathfrak{L} \mathrm{d}x = 0. \tag{469a}$$

要求得能量张量 T_{ik}, 我们只须确定出作用函数的变分, 作用函数则可对 $G-$ 场取变分而求得. 因为在这情形中, L 是与 g_{ik} 的导数无关, 假使电磁场保持恒定, 则下列关系成立:

$$\delta \mathfrak{L} = \mathfrak{T}_{ik} \delta g^{ik}$$

因此

$$T_{ik} = \frac{\partial L}{\partial g^{ik}} - \frac{1}{2} L g_{ik}, \quad T_i{}^k = \frac{\partial L}{\partial g^{ir}} g^{rk} - \frac{1}{2} L \delta_i{}^k. \tag{470}$$

另一方面, 假使我们代入由 (468a) 得到的一般表达式

$$\delta L = \frac{\partial L}{\partial g^{ik}} \delta g^{ik} + H^{ik} \delta F_{ik} - 2 s^i \delta \phi_i,$$

那么通过无限小的坐标变换 [如 (163) 式, (164) 式所示] 就引起对场量的变分, 因而 δL 必须恒等于零. 换言之, [191]

$$2 \frac{\partial \xi^i}{\partial x^k} \left(\frac{\partial L}{\partial g^{ir}} g^{rk} - H^{kr} F_{ir} + s^k \phi_i \right) \equiv 0,$$

383) 参阅注 99).

384) H. Weyl, *Raum-Zeit-Materie* (1918 年第一版) 184 页以下; (1920 年第三版), 199 页.

这只当括号内的量本身恒等于零时才有可能. 最后我们可以从上式求得 $(\partial L/\partial g_{ir})g^{rk}$ 的值, 并把它代入 (470) 式中. 我们就得到

$$T_i{}^k = H^{kr}F_{ir} - s^k\phi_i - \frac{1}{2}L\delta_i{}^k. \tag{470a}$$

从公式的推导中可以看出, 相应的协变分量 T_{ik} 是对称的. 根据 §55 中的结果, 还可以进一步看出, 能量 – 动量定律是从场方程组归结出来的. 当不存在重力场时, 它取下列形式:

$$\frac{\partial T_i{}^k}{\partial x^k} = 0, \tag{341}$$

存在重力场时, 则

$$\frac{\partial \mathfrak{T}_i{}^k}{\partial x^k} - \frac{1}{2}\mathfrak{T}^{rs}\frac{\partial g_{rs}}{\partial x^i} = 0. \tag{341a}$$

能量 – 动量张量的表达式 (470a) 是与 Mie 直接计算出来的式子等同的.

现在让我们再一次来考虑运动方程的问题, 并讨论实物粒子的存在是否可能. 在寻常电动力学中, 电场强度的定义是作用于一个 (静止) 电荷上的力. 场强的这种简单的意义在 Mie 的理论中不再适用于实物粒子的内部. 事实上有质动力到处为零, 尽管如此, 一个粒子的总电荷的实际意义仍然不变. 让我们来考虑一个处于外场中的带电粒子. 在此情形中, 从 (341) 式可得出:

$$\frac{\mathrm{d}}{\mathrm{d}x^4}\int T_i{}^4\mathrm{d}x^1\mathrm{d}x^2\mathrm{d}x^3 = -\int T_i{}^k n_k\mathrm{d}\sigma \quad (i, k = 1, 2, 3)$$
$$(n_k = \text{面的单位法线}).$$

第二个积分是在一个离物质粒子足够远的面上进行的. 因为在这个面上, 寻常电动力学是可以适用的, 面积分具有跟那里相同的值, 即它代表洛伦兹力. 这样我们已经在 Mie 理论的框框里, 对一个电子的运动方程 (210) 作了电动力学的证明. 同时可以看到, 根据能量的惯性定理, 粒子的静止质量是由

$$m_0 = \frac{E_0}{c^2} = -\int T_4{}^4\mathrm{d}x^1\mathrm{d}x^2\mathrm{d}x^3 \tag{471}$$

[192]　决定的. 对于 $T_4{}^4$, 我们必须代入由 (470) 式得出的表达式.

Mie 假定稳定电子的场是静止的, 而且是球形对称的. 在前一节中已经说明, 球形对称的假定尚未被实验知识明显地证实, 只不过是为了简单起见才把它提出来. 因此我们必须去找出场方程的那些到处为正则的解——当 $r = 0$ 以及当 $r = \infty$. 一个对应于真实情形的世界函数对于各种电必须有一个唯一的解. 到目前为止, 要找到满足这个条件的世界函数是不可

能的. 反之, 目前已经讨论过的 L 的试验性表达式会导致与实验相矛盾的结论: 具有任意总电荷值的基本粒子都能够存在. 这个结论本身不能成为放弃 Mie 的电动力学的充分理由, 因为一个与某些基本粒子的存在相一致的世界函数是否不能存在, 尚未得到证明.

在我们看来, 一个更严重的困难是由 Mie 已注意到的一个事实所引起. 一经我们求得我们所需要的那种实物粒子的静电势 φ 的一个解, 则 $(\varphi+$常量$)$ 将不是另一个解, 因为 Mie 理论的场方程包含了势的绝对值. 所以一个实物粒子将不可能存在于一个具有恒定势的外场中. 对于我们来说, 这点似乎构成了反对 Mie 理论的一种很有力的论据. 在以下几节即将讨论的理论中, 就不会发生这种困难.

这里应该提及 Weyl 的工作, 他企图使两类电之间的非对称性可以从 Mie 理论的观点来理解[†]. 假使世界函数 L 不是 $\sqrt{-\phi_i\phi^i}$ 的一个有理函数, 我们可以令

$$L = \frac{1}{2}F_{ik}F^{ik} + w(+\sqrt{-\phi_i\phi^i}), \quad \text{对于 } \phi_i\phi^i < 0, \phi_4 > 0$$

及

$$L = \frac{1}{2}F_{ik}F^{ik} + w(-\sqrt{-\phi_i\phi^i}), \quad \text{对于 } \phi_i\phi^i < 0, \phi_4 < 0,$$

其中 w 表示任何非偶的函数. 对于静止的情况, 当把 φ 换成 $-\varphi$ (正电和负电) 时, 场方程组不会保持不变. 概括地说, 假使 L 是上述基本不变量的一个多值函数, 则就有可能选择它的分支中的一个函数作为正电的世界函数, 而另一个作为负电的世界函数. 在 §67 中, 我们将再来讨论这一可能性.

65. Weyl 的理论[‡]

Weyl 在一系列的论文中[385] 曾经发挥了一种十分深奥的理论, 这个理论是从黎曼几何学推广出来的, 并且主张所有的物理事件用引力和电磁现象来解释, 而这些引力和电磁现象又用世界度规来解释. 这个理论的基本结构以及到目前为止所得到的结果将在这个关键上进行讨论, 因为这个理论也对实物粒子的性质作了某些陈述.

(α) 纯粹无限小几何学. 规范不变性 在第 II 编中已经知道, 从欧几里得几何学过渡到黎曼几何学只在于, 当一个矢量从 P 点移动至 P' 点时,

[193]

[†] 参阅补注 21.

[‡] 参阅补注 22.

385) H. Weyl, *S. B. preuss., Akad. Wiss.* (1918) 465; *Math. Z.* 2 (1918) 384; *Ann. Phys., Lpz.,* **59** (1919) 101; *Raum-Zeit-Materie* (1920 年第三版), 第 II 章和第 IV 章, §34 和 §35, 242 页以下; *Phys. Z.* **21** (1920) 649.

不再假定其方向是与所取路径无关. Weyl 将这一点作了进一步的发展, 他认为对于长度的移动也有相应的路径依赖关系. 因此在一个并且是同一个世界点测定的长度才有可能进行比较, 但在不同的世界点测定的长度就不能比较. 换句话说, 只有 g_{ik} 之间的关系才能用测量方法确定, 但不能确定这些量本身. 首先让我们对 g_{ik} 假定某些任意的 (连续的) 绝对值, 并规定

$$ds^2 = g_{ik}dx^i dx^k$$

为一根量杆的长度的平方, 式中 dx^i 是它的两个端点的坐标之差. (为了简单起见, 在这里和以后, 当我们谈及一根量杆的长度时, 在 "类时线元" 情形中, 自然也把同样的论证应用于一个时钟的周期.) 假使现在有一根量杆沿着一条确定的曲线 $x^i = x^i(t)$ 自点 $P(t)$ 移动至点 $P'(t + dt)$, 则长度的平方 $ds^2 = l$ 将会改变. 我们将按照公理假定: 它总是改变了 l 中的一个确定的份额,

$$\frac{dl}{dt} = -l\frac{d\varphi}{dt}, \tag{472}$$

式中 φ 是 t 的某一个函数, 而且与 l 无关. 作为第二个公理, 我们引入: $d\varphi/dt$ 只与坐标的一阶导数 dx^i/dt 有关. 还有, 由于方程 (472) 必须对参变数 t 的任意选择都有效, $d\varphi/dt$ 必须是 dx^i/dt 的一次齐次函数. 利用 §14 中已经讨论过的平行位移的概念, 也可以定出这个函数. 在 §14 中, 这个概念是根据两个条件定出来的: 第一个条件表明, 对于一个无限小的平行位移, 一个矢量的分量将在一个适当选取的坐标系中保持不变; 而第二个条件表述了这样的事实, 即一个矢量的长度在一个平行位移的过程中保持不变. 第一个假定可以保留不变, 对于矢量的分量的改变, 它得出表达式 (64),

$$\frac{d\xi^i}{dt} = -\Gamma^i_{rs}\frac{dx^s}{dt}\xi^r, \tag{64}$$

并有

$$\Gamma^i_{rs} = \Gamma^i_{sr}. \tag{65}$$

[194]　但是第二个假定已在这里失去意义, 因为在不同地点的两个矢量的长度不能再作比较. 这个假定必须用这样的条件来代替, 即对于一个平行位移, 长度将按 (472) 式改变,

$$\frac{d}{dt}(g_{ik}\xi^i\xi^k) = \frac{d}{dt}(\xi_i\xi^i) = -g_{ik}\xi^i\xi^k\frac{d\varphi}{dt}, \tag{473}$$

代入 (64) 式, 首先可以得出 $d\varphi/dt$ 必须是 dx^i/dt 的一个线性形式,

$$d\varphi = \phi_i dx^i. \tag{474}$$

所以只在这一情形中, 一个平行位移才是可能的. 还有, 我们可以从

$$\Gamma_{i,rs} = g_{ik}\Gamma^k_{rs}, \quad \Gamma^i_{rs} = g^{ik}\Gamma_{k,rs} \tag{66}$$

得到

$$\frac{\partial g_{ir}}{\partial x^s} + g_{ir}\phi_s = \Gamma_{i,rs} + \Gamma_{r,is}. \tag{475}$$

因此 Weyl 的几何学中的短程线分量不同于黎曼几何学中的短程线分量. 在黎曼几何学中我们总是用带有星号的表达式来表示. 对于 $\phi_i = 0$ 的情形, 它们就化成 Weyl 几何学中的表达式. 所以如果 (69) 式中的量用 $\Gamma^*_{i,rs}$ 来表示, 则

$$\Gamma_{i,rs} = \Gamma^*_{i,rs} + \frac{1}{2}(g_{ir}\phi_s + g_{is}\phi_r - g_{rs}\phi_i). \tag{476}$$

我们已经十分任意地确定了 g_{ik} 的绝对值. 我们同样还可以用一组 λg_{ik} 代替 g_{ik} 的一组值, 这里 λ 是位置的一个任意函数. 所有的长度元在这一情形中必须乘以 λ, 而且由于 (472) 式, 我们可以求得一组值:

$$\phi_i - \frac{\partial \log \lambda}{\partial x^i} = \phi_i - \frac{1}{\lambda}\frac{\partial \lambda}{\partial x^i}$$

来代替 ϕ_i. 因此固定了因子 λ, 在 Weyl 几何学中的规范是与黎曼几何学中坐标的选择有同等的意义. 我们在黎曼几何学中已经假设所有几何关系和物理定律在任意坐标变换之下的不变性, 所以目前我们必须另外假设它们对下列替代

$$\overline{g}_{ik} = \lambda_{ik}, \quad \overline{\phi}_i = \phi_i - \frac{1}{\lambda}\frac{\partial \lambda}{\partial x^i} \tag{477}$$

的不变性, 即对于规范改变的不变性 (规范不变性).

(β) 电磁场和世界度规 从 (472) 式, 通过积分可以得到

$$\left.\log l\right|_P^{P'} = -\int_P^{P'} \phi_i \mathrm{d}x^i, \\ l_{P'} = l_P \exp\left\{-\int_P^{P'} \phi_i \mathrm{d}x^i\right\}. \tag{478}$$

[195]

当线性形式 $\phi_i \mathrm{d}x^i$ 是一个全微分时, 一个矢量的长度与它移动所沿的路线无关, 从而我们就回复到黎曼的情形. 对这一情况的充分和必要条件是表达式

$$F_{ik} = \frac{\partial \phi_k}{\partial x^i} - \frac{\partial \phi_i}{\partial x^k} \tag{479}$$

为零. 从 (477) 式可知, 在此情形中, 若适当地选择规范, 总可以使矢量 ϕ_i 等于零. 但是在一般的情形中, F_{ik} 各量将不等于零. 于是它们构成一个

反对称二秩张量的协变分量, 并且由于 (477) 式, 它们在改变规范时仍然保持不变. 此外, 由 (479) 式可以得出, 它们满足方程

$$\frac{\partial F_{ik}}{\partial x^l} + \frac{\partial F_{li}}{\partial x^k} + \frac{\partial F_{kl}}{\partial x^i} = 0. \tag{480}$$

我们可以看出, 关系式 (479) 和 (480) 与电子论中的方程 (206) 及 (203) 具有完全相同的形式. 但是这种比拟还可以进行得深入一些. 如果我们持这样的观点 (与 Mie 理论中的假定相反), 即电磁现象主要是由场强本身的空间和时间的改变所决定, 而且另一方面把电势看成只是数学上的辅助量, 则所有导致同一场强的电势值 ϕ_i 在物理上是完全等价的; 这样一来, ϕ_i 中的梯度 $\partial\phi/\partial x^i$ 仍然是未确定的, 但是, 我们已经知道, 这完全同样适用于度规矢量 ϕ_i. 因此仿照 Weyl, 我们将得出两组量 ϕ_i, F_{ik} 是等同的: 按照 (478) 式决定长度性质的度规矢量 ϕ_i 是与电磁四维矢势 (相差一个数值因子) 等同的. 正如在爱因斯坦的理论中一样, 引力效应是与量杆和时钟的性质密切地联系着的, 因此从爱因斯坦理论中可以确切地得出引力效应, 所以爱因斯坦理论在 Weyl 的理论中对电磁效应同样成立. 在这种意义下, 无论引力或者电在 Weyl 理论中都是作为世界度规的一个结果出现的.

[196] 后来 Weyl 修正了这个观点. 因为这理论的基本假定的原始形式导致与实验相矛盾的推论. 爱因斯坦[386] 曾经强调过这一点. 设有一个与静止的引力场相联系的静电场. 于是空间分量 ϕ_i $(i = 1, 2, 3)$ 为零, 而且时间分量 $\varphi_4 = \varphi$ 以及 g_{ik} 均与时间无关. 这样, 规范就在差一常数因子的范围内被确定下来. 假使我们把关系式 (478) 应用于一个静止时钟的周期, 可以直接得到

$$\tau = \tau_0 e^{\alpha\varphi t}, \tag{481}$$

式中 α 是一个比例因子. 这个方程的意义如下: 设有两个以同样快慢走着的等同的时钟 C_1, C_2, 首先把它们放在静电势为 φ_1 的 P_1 点. 然后把时钟 C_2 带到电势为 φ_2 的 P_2 点, 经历了 t 秒钟, 最后送回 P_1 点. 假使把时钟 C_2 的快慢与时钟 C_1 的快慢比较, 结果将会按因子 $\exp[-\alpha(\varphi_2 - \varphi_1)t]$ 分别增加或减少 (视 α 和 $\varphi_2 - \varphi_1$ 的符号而定). 具体地说, 这个效应在某一物质中的谱线中应该可以看到, 而一定频率的谱线决不可能存在. 因为不论 α 选择得怎样小, 按照 (481) 式, 这种差别会随时间的流逝而无限制地增加. 当时 Weyl 对这个问题的态度如下: 像 (472) 式所确定的世界长度的一致移动的理想过程与量杆和时钟的真实行为毫不相关, 因此给度规场下定义不一定要借助于这些测量仪器所获得的知识. 在这种情

386) A. Einstein, *S. B. preuss. Akad. Wiss.* (1918) 478, 包括 Weyl 的复信.

形中, 量 g_{ik} 和 ϕ_i 根据定义均不再是可观测的量, 已与爱因斯坦理论中的线元 ds^2 不同. 这样一放松似乎会有十分严重的后果. 虽然目前不再存在与实验的直接矛盾, 但是按照物理的观点[387], 这个理论已经丧失了它原来所有的令人信服的力量. 例如, 现在电磁现象与世界度规之间的联系就不是物理上的联系而纯粹是形式上的联系. 因为电磁现象与量杆和时钟的行为之间不再存在直接的联系, 仅在电磁现象与用数学方法定义为矢量的全同移动的理想过程之间有一相互关系. 此外, 世界度规与电之间的联系只存在一个形式的而非物理的证明. 这跟世界度规与引力之间的联系有着显著不同之处, 世界度规与引力之间的联系可以在引力质量与惯性质量相等这一点上找到强有力的实验支持, 而这一点又都是等效原理和狭义相对论的严格的结果.

(γ) Weyl 几何学中的张量分析 在写下场方程组之前, 我们仍须简短地叙述一下关于建立规范不变方程组的形式的法则. 显然在 Weyl 的理论中, 张量的概念必须作这样的改变, 使得表达一个张量的所有分量为零的方程组不仅须对于坐标的任意改变保持不变, 而且还须对于规范 (477) 的任意改变保持不变. 事实上只把这些量表示为张量是方便的, 它们对于变换 (477) 只须乘以 λ 的乘幂 λ^e, e 称为张量的权重. 因此 g_{ik} 的权重为 $+1, g^{ik}$ 的权重为 -1, 在四维世界中 $\sqrt{-g}$ 的权重为 2, 按照 (64) 式 [197] 或者 (476) 式, Γ^r_{ik} 是绝对的规范不变量, 即权重为零.

所有那些只基于平行位移概念的运算自然可以直接地用在 Weyl 的几何学中; 只有在计算 Γ^r_{ik} 时, 我们必须用表达式 (66) 和 (476) 来代替式 (66) 和 (69). 因此短程线在这里仍然由下列条件规定, 即它们的切线必须永远保持与它们本身相平行; 它们还要满足方程 (80). 但是, 由于 (472) 式和 (474) 式, 方程 (77a) $(u_i u^i = 常数)$ 必须代之以

$$\frac{d}{d\tau}(u_i u^i) = -(u_i u^i)(\phi_k u^k).$$

假使在特殊的情况下, 在短程线上的某一点 $u_i u^i = 0$, 则这个关系将永远成立. 这使它也有可能去确定短程零线. 短程线也是最短的线的这个性质在 Weyl 的几何学中业已消失, 因为曲线长度这一概念在这里已经变成没有意义了. 正像在 §16 中一样, 借助于一个矢量沿着一条闭合曲线平行位移的方法, 我们求得曲率张量

$$R^h_{ijk} = \frac{\partial \Gamma^h_{ij}}{\partial x^k} - \frac{\partial \Gamma^h_{ik}}{\partial x^j} + \Gamma^h_{k\alpha} \Gamma^\alpha_{ij} - \Gamma^h_{j\alpha} \Gamma^\alpha_{ik}. \tag{86}$$

---

387) 爱因斯坦相信, 即使在这一论述中, 理论也不能与实际作比较 [*Phys. Z.,* **21** (1920) 651; 也可见注 18)].

这个方程中诸分量的权重为零, 所以 R_{hijk} 诸分量的权重为 1. 但是这个曲率张量的对称关系与由 (92) 式所决定的黎曼张量的对称关系不同. Weyl 较详尽地讨论了这一点, 并且将 (476) 式代入 (86) 式, 明显地计算了这个曲率张量. 如在 §17 中一样, 我们可求得收缩的曲率张量 R_{ik} [(94) 式], 其协变分量的权重为零; 还有不变量 R [(95) 式], 其权重为 −1. 最后 §19 和 §20 中的所有运算在 Weyl 的理论中仍然有效, 但首先要求张量的微分分量或张量密度的权重为零, 其次要求把表达式 (66) 和 (476) 用于量 Γ^r_{ik}. 应该注意, 只要平行位移这个概念可以借助于 Γ^r_{ik} 以不变的方式按照 (64) 式来确定, 而不必知道度规量 g_{ik}, ϕ_i 之间的联系, 则对于大多数定理的证明已是十分充分的了. Weyl 在他的最近几次理论表述中非常强调这一点, 并按三个阶段发展了他的几何学. 在第一个阶段中, 他导出了那些对于任意的流形都成立的定理; 在第二个阶段中, 他导出了基于平行位移 (Weyl 称之为仿射联络) 概念的一些关系; 而在最后的阶段中, 他根据两种基本的度规形式 [二次型: $g_{ik}\mathrm{d}x^i\mathrm{d}x^k$ (引力) 及线性型: $\phi_i\mathrm{d}x_i$ (电)] 的存在推出了结论. 这两类现象之间的联系 (在早期理论中, 两者是各自孤立的) 可在 g_{ik} 和 ϕ_i 同时出现于短程分量 Γ^r_{ik} 中这一形式事实中导出一个式子来, 因此也可以在它们出现于大多数其他的规范不变方程组中这一事实中导出.

[198]

　　在物理应用方面特别重要的是 Weyl 理论中对于无限小的坐标变换和不变积分的论点 (见 §23) 的修正和引申. 首先, 规范的无限小的改变是与无限小的坐标变换等同的. 令 $\lambda = 1 + \varepsilon\pi(x)$, 我们从 (477) 式可得

$$\left.\begin{array}{l} \delta g_{ik} = \varepsilon\pi g_{ik} \quad (\delta g^{ik} = -\varepsilon\pi g^{ik}), \\ \delta\phi_i = -\varepsilon\dfrac{\partial\pi}{\partial x^i}. \end{array}\right\} \tag{482}$$

　　其次, 可以清楚地看到, Weyl 的理论中只有权重为零的标量密度 $\mathfrak{W}$ 才导致不变积分 $\int \mathfrak{W}\mathrm{d}x$. 由于四维世界中的因子 $\sqrt{-g}$, 于是相应的标量的权重为 −2. 所以这一类标量在以下的讨论中将起着重要的作用. 这些标量中有四个是曲率张量分量的有理组合[388],

$$\frac{1}{2}F_{ik}F^{ik}, \quad R_{hijk}R^{hijk}, \quad R_{ik}R^{ik}, \quad R^2 \tag{483}$$

所以在爱因斯坦理论的作用原理之中所出现的不变量 R 的权重为 −1. Weyl 曾经指出过, 由于 (483) 式的标量密度的权重为零, 一个四维世界比

388) R. Weitzenböck 在 *Wiener Ber., math. nat. Kl.* IIa, **129** (1920) 683 及 697 中证明, 这里所得出的不变式是这种类型的唯一的不变式.

起一个具有不同维数的度规簇来, 有显著的优点. 事实上, 在这样一个簇中, 不可能构成权重为零, 也不会有这样简单结构的标量密度.

($δ$) 场方程组和作用原理. 物理的推导　现在我们来找出规范不变的物理定律. 按照 Weyl 的说法, 所有过程必须归结为电磁的效应和引力的效应. 因此态 $ϕ_i, g_{ik}$ 有十四个独立的量可以采用. 但是现在由于除了坐标变换下的不变性以外, 还要加上规范不变性, 因此场方程组的一般解必须包含五个任意函数, 而不是四个任意函数了; 所以在十四个场方程之间也必须存在五个恒等式. 我们将会看到, 其中四个恒等式表示能量 – 动量定律, 相似于爱因斯坦理论中的情形; 而第五个恒等式则表示电荷守恒.

我们将首先保留麦克斯韦方程组, 把物质的能量张量与麦克斯韦张量等同起来; 其次将在爱因斯坦方程中只把黎曼几何的曲率张量代之以 Weyl 理论中的曲率张量. 然而可以看到, 只有前一种方法是可能的而不是后一种. 让我们首先来研究麦克斯韦理论. 前已提及, 麦克斯韦方程组的第一组方程是自然地被满足的. 但是由于场强 F_{ik} 的权重为零, 在四维世界中, 这对于相应的张量密度的逆变分量 $\mathfrak{F}^{ik}$ 同样地正确. 所以方程组　[199]

$$\frac{\partial \mathfrak{F}^{ik}}{\partial x^k} = \mathfrak{s}^i$$

是规范不变的, 即当 g_{ik} 代之以 $λg_{ik}$ 时, 麦克斯韦方程组保持不变. 这一陈述已将 Bateman 定理 [麦克斯韦方程组在保角变换之下 (§28) 是不变的] 作为一个特殊情形包含在内. 这样的变换真正把 g_{ik} 在狭义相对论中所具有的正常值 $δ_i{}^k$ 改变为 $λδ_i{}^k$. 麦克斯韦方程组的规范不变性与下一事实有关, 即麦克斯韦方程组赖以产生的作用积分

$$J = \int \frac{1}{4} F_{ik} \mathfrak{F}^{ik} \mathrm{d}x$$

本身是规范不变的. 我们在这里要说明一下, 麦克斯韦能量张量 [§30 方程 (223)] 的标值为零 (似乎是偶然的) 的理由也可以在这个作用积分的规范不变性中找到. 因为当 F_{ik} 保持常量时, 按照 §55 取作用积分的变分, 会导致

$$δJ = \int \mathfrak{S}_{ik} δg^{ik} \mathrm{d}x.$$

假使我们现在来考察这个条件, 即对于规范的无限小的改变 $λ = 1+$

$\varepsilon\pi(x)$, J 应保持不变, 就可以直接从 (482) 式得出 $\mathfrak{S}_i^i = 0$[389].

当我们去讨论与麦克斯韦理论相反的爱因斯坦理论时, 情况就完全不同了. 首先, 点质量和光线的世界线是短程线这个定律, 在 Weyl 的理论中不再普遍成立了. 一个点质量仅在电磁场不存在时才沿着短程的世界线运动, 并且由于下述理由, 短程线方程对于光线已失去其意义. 即使不存在引力场, 包含四维矢势 ϕ_i 的项将会在短程线的方程中引入光波周期的振动函数. 只有零光锥的规范不变方程

$$g_{ik}\mathrm{d}x^i\mathrm{d}x^k = 0$$

[200] 仍然对光线的世界线适用. 企图在 Weyl 的理论中利用爱因斯坦理论中的场方程组的尝试 (用 Weyl 的更普遍的曲率张量代替黎曼曲率张量) 由于方程

$$G_{ik} = -\varkappa T_{ik}$$

的左边的权重为零而右边的权重为 –1, 最后终于失败; 若取麦克斯韦能量张量为例子, 后面一点很容易看出来. 这一失败是由于下列事实, 即产生爱因斯坦的场方程组的作用积分 $\int \mathfrak{R}\mathrm{d}x$ 并不是规范不变的, 因为积分的权重是 1 而不是 0. 所以假使我们希望保留规范不变性原理, 我们必须放弃爱因斯坦的场方程组. 可是, 最后的论证已经为求得规范不变场方程组的方法指出了途径. 必须建立一个作用原理

$$\delta \int \mathfrak{W}\mathrm{d}x = 0, \tag{484}$$

其中积分对于规范的改变也是不变的. 假使在边界上的变分为零, 而且假使一般地对于 ϕ_i 和 g_{ik} 的变分有

$$\delta \int \mathfrak{W}\mathrm{d}x = \int (\mathfrak{m}^i\delta\phi_i + \mathfrak{W}^{ik}\delta g_{ik})\mathrm{d}x, \tag{485}$$

---

389) ϕ_i 在这里不一定要变更, 因为 J 只以规范不变式 F_{ik} 的形式包含了它们. 这一关系可以应用于 Nordström 的引力理论中. 如在 §56 中所述, 在这个理论中, 线元的形式为:

$$\mathrm{d}s^2 = \Phi \sum_i (\mathrm{d}x^i)^2.$$

首先可以从麦克斯韦方程的规范不变性得出: 在 Nordström 的理论中, 当存在引力场时, 它们仍然适用, 因此引力场对电磁过程没有任何影响 (例如光线不弯曲). 反之, 由于麦克斯韦的能量标量为零, 在 Nordström 理论中, 电磁能量不会产生引力场, 因为引力场方程只包含能量标量. 由上可见, 这种情形也把麦克斯韦方程的规范不变性作为它的形式的基础.

则物理定律可以表示为

$$\mathfrak{m}_i = 0, \quad \mathfrak{W}^{ik} = 0. \tag{486}$$

考察一下积分 $\int \mathfrak{W}\mathrm{d}x$ 对于无限小的坐标变换和规范的无限小改变应该不变这一条件, 我们可以在这十四个方程中求得五个恒等式, 这在上面已经根据因果律假设过了. 这些恒等式是

$$\frac{\partial \mathfrak{m}^i}{\partial x^i} + \mathfrak{W}_i{}^i \equiv 0 \tag{487}$$

及

$$\frac{\partial \mathfrak{W}_i{}^k}{\partial x^k} - \Gamma^r_{si} \mathfrak{W}^s_r + \frac{1}{2} F_{ik} \mathfrak{m}^k \equiv 0. \tag{488}$$

其次我们可以考虑作用积分的变分在边界上不为零. 这使我们可以从作用不变量毫无疑问地构成一个矢量密度 $\mathfrak{s}^i$ 和一个仿射张量密度 $\mathfrak{S}_i{}^k$, 它们恒等地满足方程:

$$\frac{\partial \mathfrak{s}^i}{\partial x^i} \equiv \frac{\partial \mathfrak{m}^i}{\partial x^i} \quad \text{以及} \quad \frac{\partial \mathfrak{S}_i{}^k}{\partial x^k} \equiv \frac{\partial \mathfrak{W}_i{}^k}{\partial x^k} \tag{489}$$

由于物理定律, 其本身可不为零. 所以 Weyl 称 $\mathfrak{s}^i$ 为四维电流, 而称 $\mathfrak{S}_i{}^k$ 为能量分量. 因此我们可以看到, 在 Weyl 的理论中, 电荷守恒定律在形式上是与能量守恒定律完全相同的, 两者都可以从物理定律导出, 因此可以在它们之中产生五个必需的恒等式. 总能量的分量尽管只在爱因斯坦的理论中才构成一个仿射张量 (即它只在线性变换之下是协变的), 现在已不再能够分解为一部分是由于引力引起, 而另一部分是由于物质本身引起; 因此在这个理论中决不会存在一个物质的能量 – 动量张量 $T_i{}^k$. 必须承认, 作用原理使我们特别简单地和清楚地认清这些关系. 但应附带指出, 物理定律应该从一个作用原理导出这一点从物理的观点看来决不是自明的. 反之, 像在 §56 中对爱因斯坦理论所导出的那样, 从纯粹的物理要求出发去导出物理定律, 似乎是更为自然一些.

[201]

　　为了能够从这一理论作出进一步的推论, 我们现在必须对于作用函数的形状作出特殊的假定. 这里的可能性的个数不像在 Mie 理论中那样多. 在那里, 可以从任意的不变量 $J_1, J_2, \cdots$ 的任意函数 $f(J_1, J_2, \cdots)$ 导出一个新的不变量. 在这里情况就不同了, 因为不变量的权重必须为 -2, 以便使相应的标量密度的权重为 0, 因此, 一个新的可容许的作用函数只可以由一个对这些变量至多为一次的齐次函数所产生. 即使如此, 可容许的作用函数的簇仍然是很大的. 最自然的假定是: 作用不变量应当是曲

率分量的一个有理函数. 因而, 按照在 (γ) 小节中所述, 作用函数必须是不变量 (483) 的一个线性组合[390]. 计算首先导致麦克斯韦方程组

$$\frac{\partial \mathfrak{F}^{ik}}{\partial x^k} = \mathfrak{s}^i \tag{208a}$$

的有效性, 而且还导致四维电流的表达式

$$s_i = k\left(\frac{\partial R}{\partial x^i} + R\phi_i\right) \tag{490}$$

其中, R 是在 Weyl 几何学中的曲率不变量, k 是一个常量. 对于静止的情况, 我们可以由上式求得

$$R = 常量. \tag{491}$$

假使有电荷存在, 则这个常量就不能为零. 此外, 假使它是正的, 则自动地可以得出, 空间的曲率是正的, 而宇宙是有限的, 所以不必要对引力方程附加以特殊的 λ 项. 这是 Weyl 的理论中特别有价值之处. 至于引力方程组本身, 即使在不存在电磁场 ($\phi_i = 0$) 时, 这些方程还是与爱因斯坦方程组不一致的, 如先前的论证所预计那样, 而且它们是高于二阶的. 但是可以证明, 对于在一个 "实物粒子" 外部空间中有一个静止的球对称场的情形, 爱因斯坦理论的引力场 (421) 同时是 Weyl 理论中引力方程组的一个解. 实际上这种情形是唯一重要的情形, 而且确证了水星近日点的进动和光线的弯曲. 因此 Weyl 的理论正如爱因斯坦的理论一样, 可以解释水星近日点的进动和光线的弯曲[391].

[202]

　　我们还必须讨论一下, 关于物质结构的问题可以作出怎样的推论. 这个问题再一次地要去确定场方程组的那些静止的, 球对称的解, 这种解并不是任何地方都是奇异解. 这又要求有一个与实际相对应的作用函数, 即对于两类电中的任一种应该只允许有一个解. 与 Mie 的理论相比较, Weyl 的理论有一个本质上不同的新局面, 表现于正则性的条件不是在无限远处, 而在宇宙的赤道上, 因为宇宙是有限的. 因此, 我们可以推测, 在宇宙的大小与电子的大小之间存在着一种联系, 这似乎是有些想入非非. 在这个理论中, 把电子保持在一起的力, 只有一部分是电力, 另一部分则是引力. 即使对于作用函数加上了特殊假定 (上面已详细讨论过), 微分方程组将变得极为复杂, 目前尚不可能对它们进行积分. 除此

---

390) H. Weyl [参阅注 385), *Ann. Phys., Lpz.*, 及 *Raum-Zeit-Materie*] 认为: 特别是假定 $W = \frac{1}{2}F_{ik}F^{ik} + cR_{hijk}R^{hijk}$ 可能与实际相当.

391) 除了在注 385) 中所引的 Weyl 的论文外, 也可见 W. Pauli, jr., *verh. dtsch. phys. Ges.*, **21** (1919) 742, 在那里, 特别是把注 390) 中的作用原理作为根据.

以外, 微分方程组对于正电和负电是相同的 (参阅 §67), 所以, 根本不能把
实际求得的完全反称的条件正确地表示出来[†]. 总之, 我们可以说, Weyl
的理论在解决物质结构问题方面没有得到任何进展. 反之, 有些事例倒可以
说明这一观点, 即决不能按照这样的途径去寻求物质结构问题的解, 这
在 §67 中将要更详尽地讨论.

66. 爱因斯坦的理论

爱因斯坦[392] 企图从完全不同的角度去探究实物粒子的结构. 场方
程组 (401) 和 (452) 分别是以存在一个物质的能量 – 动量张量 $\mathfrak{T}_i{}^k$ 这样一
个假定为基础的, $\mathfrak{T}_i{}^k$ 满足方程

$$\frac{\partial \mathfrak{T}_i{}^k}{\partial x^k} - \frac{1}{2} \mathfrak{T}^{rs} \frac{\partial g_{rs}}{\partial x^i} = 0. \tag{341a}$$

这里将保留这个假定. 由于麦克斯韦的能量张量

$$\mathfrak{S}_i{}^k = F_{ir} \mathfrak{F}^{ir} - \frac{1}{4} F_{rs} \mathfrak{F}^{rs} \delta_i{}^k \tag{222a}$$

(参阅 §54) 只在无电荷空间才满足这个条件, 必须对 $\mathfrak{S}_i{}^k$ 再加上一些
项. Mie 曾经假定, 这些项是具有电的性质, 即它们是电学量 F_{ik}, ϕ_i 的
函数. 反之, 爱因斯坦假定: 实物粒子只靠引力结合在一起, 因此这些附加
项必须依赖于 g_{ik} 和它们的导数. 虽然现在不能把麦克斯韦张量 $\mathfrak{S}_{ik}$
称为物质的总能量张量, 而且不满足方程 (341a), 但爱因斯坦从十分相
似于 §56 中的情形出发, 假定这个麦克斯韦能量张量 $\mathfrak{S}_i{}^k$ 是与一个只由 g_{ik}
构成的二阶微分式成正比的. 这个简单的假定在爱因斯坦的理论中是决断
性的. 我们从这个假定, 并从 §56 中讨论过的普遍协变要求, 可得出结论:
场方程组必须是下列的形式:

$$R_{ik} + \bar{c} R g_{ik} = -\varkappa S_{ik}.$$

[203]

与 g_{ik} 成正比的另一项附加在这里可以看成多余的. 但是由于方程 (341a)
对于 $\mathfrak{S}_{ik}$ 不适用, 我们不能像以前一样, 再令 $\bar{c} = -\frac{1}{2}$. $\bar{c}$ 须改用另一个条
件来决定. 按照 (223) 式, 标量 $S_i{}^i$ 为零; 我们必须令 $\bar{c} = -\frac{1}{4}$, 使场方程组
左边的标量也恒等地为零. 对此情形, 场方程组为

$$R_{ik} - \frac{1}{4} g_{ik} R = -\varkappa S_{ik}. \tag{492}$$

[†] 参阅补注 21.

392) A. Einstein, *S. B. Preuss. Akad. Wiss* (1919) 349; 在 Lorentz-Einstein-Minkowski
的论文集 *Das Relativitätsprinzip* (Berlin, 1920 年第五版) 中也可以见到.

此外, 电子论中的场方程组

$$\frac{\partial F_{ik}}{\partial x^l} + \frac{\partial F_{li}}{\partial x^k} + \frac{\partial F_{kl}}{\partial x^i} = 0 \tag{203}$$

及

$$\frac{\partial \mathfrak{F}^{ik}}{\partial x^k} = \mathfrak{s}^i; \tag{208}$$

仍然成立. 简单地数计一下就会知道, (203) 式和 (492) 式包含独立方程的数目正好比所包含的未知量的数目少 4, 如普遍的相对理论所要求的那样. 还应该提及, 在此情形中, 场方程组不再显得可由作用原理导出. 从 §54 (203) 式和 (208) 式可以得出, S_{ik} 的散度具有洛伦兹 (负的) 力矢量的值:

$$-F_{ik}\mathfrak{s}^k.$$

所以场方程组 (492) 的散度导致下列关系式:

$$F_{ik}s^k - \frac{1}{4\varkappa}\frac{\partial R}{\partial x^i} = 0, \tag{493}$$

因为 $R_{ik} - \frac{1}{2}g_{ik}R$ 的散度为零. 这个关系式表明, 就这些场方程而言, 库仑斥力实际上是被一个引力压强所平衡. 假使我们令 $s^k = \rho_0 u^k$, 还可以求得

$$\frac{\partial R}{\partial x^i}u^i = \frac{\mathrm{d}R}{\mathrm{d}\tau} = 0, \tag{494}$$

[204] 即在一个并且是同一个物质元的世界线上, R 保持常量. 在无电荷的空间中, 从 (493) 式可以得出

$$\frac{\partial R}{\partial x^i} = 0,$$

因此

$$R = 常量 = R_0. \tag{495}$$

在一个实物粒子的内部, R 连续地从值 R_0 减少为愈来愈小的值, 直至粒子的中心. (493) 式表明, $(1/4\varkappa)R$ 直接地表示了保持粒子在一起的引力的势能.

现在我们必须找出物质的能量 – 动量张量 T_{ik}. 对此, 包含 λ 项的方程 (452) 仍然适用. 根据 (453) 式, 对于无物质的空间, 我们有 $R = -4\lambda$. 与 (495) 式比较后可知, 我们必须令

$$R_0 = -4\lambda, \quad \lambda = -R_0/4. \tag{496}$$

这构成了这个新表述方法的主要优点之一, 即常量 λ 并不是基本定律本身的特征, 而具有积分常量的意义. 方程 (452) 现在可以写成

$$G_{ik} + \frac{1}{4} R_0 g_{ik} = -\varkappa T_{ik},$$

而 (492) 式导致

$$G_{ik} + \frac{1}{4} R g_{ik} = -\varkappa S_{ik}.$$

于是比较以上二式后证明

$$T_{ik} = S_{ik} + \frac{1}{4\varkappa}(R - R_0) g_{ik}. \tag{497}$$

所以, 由于 (492) 式, 这个张量自动地满足早先的方程 (452), 因而也满足方程 (341a). 此外, 在无物质的空间中它为零. 因此从物理的观点看来, 我们还可以十分合理地称它为物质的能量张量. 物质的能量密度 $-\mathfrak{T}_4^4$ 是由两部分组成: 一部分是起源于电磁场, 而另一部分是起源于引力场, 两部分都是正的. 不难看出, 具有恒定的质量密度 ($T_1^1 = T_2^2 = T_3^3 = 0, T_4^4 = -\mu_0 c^2$) 的且空间为有限的宇宙是新的场方程组的一个解. 所有 §62(β) 的关系均保持不变. 由 (497) 式算出的电磁张量 S_i^k 一般为

$$S_i{}^k = T_i{}^k - \frac{1}{4} T \delta_i{}^k, \tag{498}$$

因此, 对于这里的情形

$$S_1^1 = S_2^2 = S_3^3 = \frac{1}{4} \mu_0 c^2, \quad S_4^4 = -\frac{3}{4} \mu_0 c^2. \tag{499}$$

空间为有限的宇宙的能量四分之三起源于电磁, 四分之一起源于引力. 电磁场对于总能量的贡献正好是与 §63 中推导出来的相同, 而那里的推导是以对电子的特殊的 (未必是正确的) 假定为根据的.

假使我们现在分别从微分方程组 (203) 或 (206), (208) 和 (492) 去确定一个实物粒子的场, 可以发现, 要在静止的球对称的情形中确定未知量, 还缺少一个方程. 按照在这里推导的爱因斯坦理论, 每一个静止的球对称的电荷分布都处于平衡状态. 虽然这个理论的基础可以说是令人满意的, 但是它仍然不能对于物质结构的问题提供一个答案.

[205]

67. 物质问题的现状[†]

以上所讨论的每一种理论都各有优点和缺点. 但是它们都归于失败, 这就促使我们要专门去总结一下它们所共有的缺点和困难.

[†] 参阅补注 23.

所有连续区理论的目的都是根据以下性质导出电的原子性的, 即表示物理定律的微分方程只具有一组不连续的数目的解, 这些解到处是正则的, 静止的而且是球形对称的. 具体地说, 对于任一种正的和负的电荷都应该存在这样的一个解. 显然具有这种性质的微分方程一定具有特别复杂的结构. 在我们看来, 这种物理定律的复杂性本身已说明了违反连续区理论, 因为从物理的观点看来, 原子性的存在本身是很简单和基本的, 应当要求也有一种以简单而基本的方式加以解释的理论, 而不应当以分析的手法出现.

而且, 我们已经知道, 连续区理论不得不引入特殊的力使之与带电基本粒子内部的库仑斥力保持平衡. 如果我们假定这些力是电力, 我们必须对四维矢势赋以一种绝对的意义, 这就导致在 §64 中已经讨论过的困难. 另一种假定是带电的基本粒子是由引力保持在一起的, 这也被一个很有力的, 经验性论据所反对. 因为在这一情形中, 人们可以期望, 在电子的引力质量与它的电荷之间存在着一个简单的数值关系. 实际上, 这个有关的无量纲的数 $e/(m\sqrt{k})$ (k = 通常的引力常量) 的数量级为 10^{20} (也可以参看 §59).

[206] 还必须要求场方程组应该说明两类电荷之间的反称性 (质量上的差别)† . 但是容易看出, 从形式的观点来看, 这是与它们的普遍协变性[393] 相矛盾的. 对于静止的情况, 除了 $g_{ik}(i, k = 1, 2, 3,$ 或 $i, k = 4$) 外, 场方程组只包含作为变量的静电势 φ. 作为普遍协变性的一种特殊情况, 微分方程组必须是在时间反演 $x'^4 = -x^4$ 下是协变的. 但是此时 φ 变成 $-\varphi$, 而 g_{ik} 保持不变 (在我们的情形中, 对于 $i = 1, 2, 3, g_{ik} = 0$). 因此若 $\varphi, g_{ik}(g_{i4} = 0)$ 是场方程组的一个解, 则 $-\varphi, g_{ik}(g_{i4} = 0)$ 也是一个解, 这与两类电的反称性相矛盾. 人们可以引入无理作用函数来逃避这种结论, 如在 §64 末所指出过的那样. 然而首先场方程组会变得更复杂, 其次, 选择作用函数的明显的分支不能按普遍的协变方式来进行, 例如对于时间反演 $x'^4 = -x^4$, 协变性就不再成立.

最后应该提一下一个在观念上的可疑之处[394]. 连续区理论直接利用了通常的电场强度的概念, 即使对于电子内部的场也如此. 然而这个场强的定义是作用于一个试验电荷上的力, 由于没有比电子或氢核更小的试验电荷, 因此按照定义, 在这样的一个粒子内部某一点的场强是不能观察的, 因而是虚构的, 也是没有物理意义的.

---

† 参阅补注 21.

393) W. Pauli, jr., *Phys. Z.*, **20** (1919) 457.

394) 参阅注 391), W. Pauli, jr., 同前, 及 "Nauheimer Diskussion", *Phys Z.*, **21** (1920) 650.

　　不论人们对这些论点所持的态度如何, 下述的这一点似乎是十分肯定的: 在人们能够获得物质问题的一个令人满意的解之前, 必须在到目前为止所发展的理论的基本结构中, 附加以场的连续区概念以外的新的因素.

补注

[207] **注 1** (第 v 页) 有关相对论近代发展方面的书目选录

A. Einstein, *The Meaning of Relativity* (5th edn., Princeton 1956). (《相对论的意义》, 科学出版社已出版中译本)

M. v. Laue, *Die Relativitätstheorie* (Braunschweig).

    Vol. 1, *Spezielle Relativitätstheorie* (6th edn., 1955).

    Vol. 2, *Allgemeine Relativitätstheorie* (3rd edn., 1953).

H. Weyl, *Raum-Zeit-Materie* (5th edn., Berlin 1923). 英译本 (有新的序言) *Space-Time-Matter* (New York 1950).

A. S. Eddington, *The Mathematical Theory of Relativity* (2nd edn. Cambridge 1924; 1953 年重印). 德译本 (Berlin 1925) 有爱因斯坦写的附录.

Richard C. Tolman, *Relativity, Thermodynamics and Cosmology* (Oxford 1934).

P. G. Bergmann, *An Introduction to the Theory of Relativity* (New York 1942). (《相对论导论》, 高等教育出版社已出版中译本).

E. Schrödinger, *Space-Time Structure* (Cambridge 1950).

A. Lichnerowicz, *Théories rélativistes de la gravitation et de l'électromagnétisme* (Paris 1955).

P. Jordan, *Schwerkraft und Weltall* (2nd. edn., Braunschweig 1955). *Cinquant' anni di relativitá* 1905~1955 (Florence 1955).

Proceedings of the Congress "Jubilee of Theory of Relativity" Berne, July 1955, *Helv. phys. acta*, Suppl. IV. 1956.

Volume "Einstein" in the *Library of living Philosophers* (Evanston 1949; 2nd edn., 1951; German translation, Stuttgart 1955).

注 2 (第 4 页)

R. J. Kennedy 与 E. M. Thorndlike [*Phys. Rev.* 42 (1932) 400] 对迈克耳孙实验进行了一项重要的改变, 其中干涉仪的两臂的长度之差保持很大的数值. 这个实验的否定结果排斥了光线在地上实验室中穿过任一条闭合路线所需的时间与地球速度相关的可能性. 也可以参看 H. P. Robertson [*Rev. Mod. Phys.*, 21 (1949) 378.] 对这个实验所作的理论探讨.

注 3 (第 8 页)

目前, 利用地球外的光源 (太阳和星体) 所作的迈克耳孙实验已经由 R. Tomaschek

[*Ann. Phys. Lpz.*, 73(1924) 105.] 做过, 得到了了否定的结果.

注 4 (第 19 页)

B. Pogany 曾经重复做过 Harress 和 Sagnac 的实验 [*Ann. Phys. Lpz.,* 80(1926) 217; *Naturwissenschaften*, 15 (1927) 177; *Ann. Phys. Lpz.*, 85 (1928) 244]. 检验地球的转动的光学实验已经做过: A. A. Michelson, *Astrophys. J.* 61(1925) 137 及 A. A. Michelson and H. G. Gale, *Astrophys. J.* 61(1925) 1401.

[208]

注 5 (第 21 页)

二阶的多普勒效应实际上已经被实验所证实, 实验方法是把方向相反的两束光线的频率移动的算术平均值与原子在静止时所发射的没有移动的光频率进行比较. 这个实验已经由 H. E. Ives 和 C. R. Stilwell [*J. opt. Soc. Amer.*, 28 (1938) 215; 31 (1941) 369.] 做过, G. Otting [*Phys. Z.*, 40 (1939) 681] 也重做了一次. 狭义相对论的预言以很大的精密度为实验所证实. (所以本书中第 15 页所提及的 Abraham 的建议也为实验所驳倒.)

介子衰变的寿命对于它们的能量的依赖关系是实验上证明狭义相对论的时间膨胀的好办法. 理论上, 这个寿命应该是与相对论所定义的粒子的能量成正比的 (参看 §37). 从定性上说来, 这个效应用宇宙射线中† 以及人工产生的介子中‡ 都能验证, 但是在目前, 精密度并不是很好的, 因为到现在为止, 所有实验并不是为了验证时间膨胀的理论公式这个特定目的而进行的.

注 5a. (第 34, 44, 45, 47, 48 页)

这个术语并未见之于文献. 一个面张量的秩应与张量指标的数目不同这一点, 对于今天的读者来说是特别不习惯的. 例如曲率张量在这里被称为 "二阶秩面张量", 而它的指标的数目却为 4.

注 6 (第 39 页)

放弃从张量 g_{ik} 所确定的空间度规中导出 "短程分量" Γ_{ik}^l 的任何方法, 在逻辑上是可能的. 因此 "赝张量场" Γ_{ik}^l 可以公理式地假定它满足变换定律:

$$
\begin{aligned}
\Gamma_{ik}'^l &= \frac{\partial x^r}{\partial x'^i} \frac{\partial x^s}{\partial x'^k} \left(\frac{\partial x'^l}{\partial x^t} \Gamma_{rs}^t - \frac{\partial^2 x'^l}{\partial x^r \partial x^s} \right) \\
&= \frac{\partial x'^l}{\partial x^t} \left(\frac{\partial x^r}{\partial x'^i} \frac{\partial x^s}{\partial x'^k} \Gamma_{rs}^t + \frac{\partial^2 x^t}{\partial x'^i \partial x'^k} \right),
\end{aligned}
\tag{1}
$$

这是与关于逆变矢量的平行位移这一普遍协变性的定义 (64) 等价的.

若不用本书中明显地包含有度规的方程 (67), 则必须在这里假定逆变矢量 a^i 与协变矢量 b_i 的任何标积 $a^i b_i$ 在平行位移之下的不变性. 由条件

[209]

$$
\frac{\mathrm{d}}{\mathrm{d}t}(a^i b_i) = 0
$$

---

† 例如, 见 B. Rossi and D. B. Hall, *Phys. Rev.,* **59** (1941) 223.

‡ R. Durbin, H. H. Loar and W. W. Havens, *Phys. Rev.,* **88** (1952) 179 (特别是 183 页), 测定了动能为 73 Mev. 的 π− 介子的寿命, 因此时间膨胀因子约为 1.5. 测得的膨胀与这个数值符合的程度到百分之十.

我们可以从 (64) 式导出协变矢量的位移定律

$$\frac{\mathrm{d}b_i}{\mathrm{d}t} = +\Gamma^r_{is}\frac{\mathrm{d}x^s}{\mathrm{d}t}b_r. \tag{2}$$

这种对于黎曼几何学的推广称为 "仿射几何学", 矢量的平行位移称为 "仿射联结", 而它所确定的空间称为 "仿射联结空间".

首先, 保持 Γ 的对称性条件 (65) 似乎是很自然的, 因为按照变换定律 (1), 在恰当的意义上, Γ^l_{ik} 的反对称部分将是一个新的独立张量. 只有 Γ^l_{ik} 的对称部分可以局部地在某一点变换掉. 但是在注 23 中, 在把这种推广了的仿射几何学应用于物理学时, 我们还要去讨论非对称的 Γ.

不过, 在下面的注 7 中, 我们只限于讨论对称的 Γ.

注 7 (第 62 页和第 72 页)

(a) 在仿射联结空间中的协变微分†. 不用任何度规, 借助于短程分量 $\Gamma^i_{kl} = \Gamma^i_{lk}$, 本书中第 61 页所述的 Ricci 和 Levi-Civita 的协变微分可以唯一地予以确定. 这里与正文中稍为不同, 我们用分号来表示协变微分, 例如 [参看 (148a) 式和 (148b) 式]

$$a^i_{;k} = \frac{\partial a^i}{\partial x^k} + \Gamma^i_{rk}a^r \tag{1}$$

$$b_{i;k} = \frac{\partial b_i}{\partial x^k} - \Gamma^r_{ik}b_r \tag{2}$$

对于一个标量 c, 可以假设

$$c_{;k} = \frac{\partial c}{\partial x^k} \tag{3}$$

而对于一个有收缩或者无收缩的积, 一般的法则为

$$(a^{\dots}_{\dots}b^{\dots}_{\dots})_{;k} = a^{\dots}_{\dots;k}b^{\dots}_{\dots} + a^{\dots}_{\dots}b^{\dots}_{\dots;k,} \tag{4}$$

[210] 这就是说, 积的协变微分相似于积的通常微分. 利用法则 (3) 和 (4), 我们可以从 (1) 或 (2) 的任一个公式导出另一个公式, 因为在下式

$$(a^s b_s)_{;k} = a^s_{;k}b_s + a^s b_{s;k}$$

中, 含有 Γ 的项消去了.

而且, 本书中张量的协变微分的一般公式 (152) 是与乘积法则 (4) 相一致, 如果假定特殊情形 (1), (3) 或 (2), (3) 是成立的, 还可由法则 (4) 得出这个公式.

把平行位移的概念从矢量推广到所有的张量并不难. 一个任意张量场 $a^{\dots}_{\dots}$ 在沿着给定曲线作平行位移时的不变性的条件可以写成

$$a^{\dots}_{\dots;r}\frac{\mathrm{d}x^r}{\mathrm{d}t} = 0. \tag{5}$$

假使 $a^{\dots}_{\dots}$ 不作为一个场, 则必须把

$$\frac{\partial a^{\dots}_{\dots}}{\partial x^r}\frac{\mathrm{d}x^r}{\mathrm{d}t}$$

---

† 和这个题目有关的一篇标准的文献, 可参阅 J. A. Schouten, Ricci Calculus (Berlin and London, 1954, 2nd edn.).

代之以

$$\frac{\mathrm{d}a_{\cdots}^{\cdots}}{\mathrm{d}t},$$

因此 (5) 式决定了 $a_{\cdots}^{\cdots}$ 沿着给定路线的依赖关系.

我们还可以注意到, (152) 式是与通常以 Krönecker 记号 δ_i^k 标示的混合张量的协变微分为零相一致的.

把乘积法则 (4) 应用于二秩张量 a_{ik} 的行列式 $D = \det|a_{ik}|$ (它像 g 一样变换), 可以求得

$$D_{;k} = \frac{\partial D}{\partial x^k} - 2\Gamma_{\alpha k}^{\alpha} D.$$

所以

$$(\sqrt{D})_{;k} = \frac{\partial \sqrt{D}}{\partial x_k} - \Gamma_{\alpha k}^{\alpha} D.$$

由此式及 (3) 式, 对于任意的标量密度 $\mathfrak{A} = a\sqrt{D}$, 可以得出

$$\mathfrak{A}_{;k} = \frac{\partial \mathfrak{A}}{\partial x^k} - \Gamma_{\alpha k}^{\alpha} \mathfrak{A}, \tag{6}$$

但是对于一个矢量密度的散度, $\Gamma's$ 已被消去,

$$\mathfrak{A}_{;k}^{k} = \frac{\partial \mathfrak{A}^{k}}{\partial x^k} \tag{6a}$$

(参看第 56 页)

(b) 在仿射联结空间中的曲率张量. §16 的考虑导致了曲率张量的方程 (86)

$$R_{ijk}^{h} = \frac{\partial \Gamma_{ij}^{h}}{\partial x^k} - \frac{\partial \Gamma_{ik}^{h}}{\partial x^j} + \Gamma_{k\alpha}^{h}\Gamma_{ij}^{\alpha} - \Gamma_{j\alpha}^{h}\Gamma_{ik}^{\alpha}, \tag{7}$$

这方程在仿射空间中仍然成立, 因为它们并未包含度规. 这个张量仍具有对称的性质 [211]

$$R_{ikj}^{h} = -R_{ijk}^{h}, \quad R_{ijk}^{h} + R_{jki}^{h} + R_{kij}^{k} = 0. \tag{7a}$$

但是, 现在没有简单的方法使第一个指标下降, 因而并不类似于黎曼曲率张量 R_{hijk} [参看 (92)] 在前两个指标上具有反对称的性质.

这对于收缩的曲率张量会有一个重要的结果, 类似于 (93) 式和 (94) 式, 收缩的曲率张量可规定为

$$R_{ik} = R_{i\alpha k}^{\alpha} = \frac{\partial \Gamma_{i\alpha}^{\alpha}}{\partial x^k} - \frac{\partial \Gamma_{ik}^{\alpha}}{\partial x^{\alpha}} + \Gamma_{i\alpha}^{\beta}\Gamma_{k\beta}^{\alpha} - \Gamma_{ik}^{\alpha}\Gamma_{\alpha\beta}^{\beta}. \tag{7b}$$

这个张量不再是对称的了, 因此可以直接地分解成它的两个不可约部分, 一部分是对称的, 一部分是反对称的

$$R_{ik} = R_{\underline{ik}} + R_{i\underset{\vee}{k}},$$

$$R_{\underline{ik}} = R_{\underline{ki}} = \frac{1}{2}\left(\frac{\partial \Gamma_{i\alpha}^{\alpha}}{\partial x^k} + \frac{\partial \Gamma_{k\alpha}^{\alpha}}{\partial x^i}\right) - \frac{\partial \Gamma_{ik}^{\alpha}}{\partial x^{\alpha}} + \Gamma_{i\alpha}^{\beta}\Gamma_{k\beta}^{\alpha} - \Gamma_{ik}^{\alpha}\Gamma_{\alpha\beta}^{\beta} \tag{8}$$

[这里我们对于 Γ 用了对称性条件 (65)], 以及

$$R_{\underset{\vee}{ik}} = -R_{\underset{\vee}{ki}} = \frac{1}{2}\left(\frac{\partial \Gamma^\alpha_{i\alpha}}{\partial x^k} - \frac{\partial \Gamma^\alpha_{k\alpha}}{\partial x^i}\right). \tag{9}$$

后者满足恒等式

$$\frac{\partial R_{\underset{\vee}{ik}}}{\partial x^l} + \frac{\partial R_{\underset{\vee}{li}}}{\partial x^k} + \frac{\partial R_{\underset{\vee}{kl}}}{\partial x^i} = 0. \tag{10}$$

因为标量密度 (第 33 页) 对于变分原理 (§23) 来说是重要的, 我们在这里提一下, 用代数方法 (不用微分) 从曲率张量构成的最简单的标量密度为

$$\mathfrak{F}_1 = \sqrt{|\det|R_{ik}||}. \tag{11}$$

事实上, 任一个二秩张量都可以按此方式用来构成一个不变的体积元, 和通常用度规张量来构成那样.

还可以用

$$R_{i\alpha}R^{k\alpha} = \delta_i{}^k \tag{12}$$

确定归一化了的子行列式 R^{ik}, 并用它们来升高 R_{ik} 的指标

$$R^{\underset{\vee}{ik}} = R_{\underset{\vee}{lm}}R^{li}R^{mk}. \tag{13}$$

因此最简单的不变量为

$$I = \frac{1}{2}R_{\underset{\vee}{ik}}R^{\underset{\vee}{ik}} = \frac{1}{2}R_{\underset{\vee}{ik}}R_{\underset{\vee}{lm}}R^{li}R^{mk}. \tag{14}$$

把 (11) 式和 (14) 式结合起来, 可得标量密度

$$\mathfrak{F}_2 = \left(1 + \alpha\frac{1}{2}R_{\underset{\vee}{ik}}R_{\underset{\vee}{lm}}R^{li}R^{mk}\right)\sqrt{|\det|R_{ik}||}, \tag{15}$$

其中含有一个任意的数值因子 α. 它包含有用加号加在一起的两部分, 这正是那些
[212] 为了 "一致" 使各个作者力图避免的. (参阅下面, 注 23)[†].

(c) Bianchi 恒等式. 在书中第 62 页讲到的恒等式

$$a_{i;kl} - a_{i;l;k} = -R^h_{ikl}a_h \tag{16}$$

对于描述 Bianchi 微分恒等式是很有用的, Bianchi 恒等式对于黎曼空间或更普通的仿射空间都有效.

对于一个任意的二秩张量 S_{ik}, 从 (16) 式可以得出

$$S_{ik;l;m} - S_{ik;m;l} = -(R^h_{klm}S_{ih} + R^h_{ilm}S_{hk}). \tag{17}$$

例如, 首先可对于特殊的张量 $S_{ik} = a_i b_k$ 得出上式; 但是由于这个关系对于 S_{ik} 的分量是线性的, 所以它对于这些特殊张量之和也适用, 从而对于一个一般的二秩张量也适用.

---

† 仿照注 20 中所考虑的方式可以构成第三个不变式.

在 (17) 式中, 令 $S_{ik} = a_{i;k}$, 并且加上 k, l, m 的三个循环排列, 若计及 $R^h{}_{klm}$ 的循环对称 (7a), 可以求得

$$(a_{i;k;l;m} - a_{i;l;k;m}) + (a_{i;l;m;k} - a_{i;m;l;k}) + (a_{i;m;k;l} - a_{i;k;m;l})$$
$$= -(R^h{}_{ilm}a_{h;k} + R^h{}_{imk}a_{h;l} + R^h{}_{ikl}a_{h;m}). \tag{18}$$

另一方面, 将 (16) 式对 m_i 作协变微分, 然后作 k, l, m 的循环排列, 可以求得

$$(a_{i;k;l;m} - a_{i;l;k;m}) + (a_{i;l;m;k} - a_{i;m;l;k}) + (a_{i;m;k;l} - a_{i;k;m;l})$$
$$= -(R^h{}_{ilm}a_{h;k} + R^h{}_{ikl}a_{h;m} + R^h{}_{imk}a_{h;l}) - (R^h{}_{ikl;m} + R^h{}_{ilm;k} + R^h{}_{imk;l})a_h \tag{19}$$

(18) 式的左边是与 (19) 式的左边等同的. 除了项的次序有差别外, (18) 式的右边与 (19) 式右边的第一个三项式也是等同的. 因此, (19) 式右边的第二个三项式必须对于任一矢量 a_i 为零. 这就表出了著名的 Bianchi 恒等式

$$R^h{}_{ikl;m} + R^h{}_{ilm;k} + R^h{}_{imk;l} = 0. \tag{20}$$

进行收缩, 使 $h = k = \alpha$, 可得

$$R_{il;m} - R_{im;l} + R^\alpha{}_{ilm;\alpha} = 0$$

或者改变指标的记号, 则得

$$R_{hi;k} - R_{hk;i} + R^\alpha{}_{hik;\alpha} = 0. \tag{21}$$

(d) 在黎曼空间中的简化. 对于黎曼空间, 只要假定度规场 g_{ik} 在沿着任意曲线的平行位移下是不变的, 就有可能把仿射联络与度规自然地结合在一起. 因此, 按照 (5) 式, 可直接表出

$$g_{ik;r} = 0 \tag{22}$$

或者

$$\frac{\partial g_{ik}}{\partial x^r} - g_{sk}\Gamma^s{}_{ir} - g_{is}\Gamma^s{}_{kr} = 0,$$

由于 (66) 式, 上式是与 (68) 式等同的. 对于对称的 $\Gamma'_s, \Gamma_{i,rs}$ 的表达式 (69) 可以从上式得出.   [213]

条件 (22) 等价于

$$g^{ik}{}_{;r} = 0, \tag{22a}$$

这是与正文中的方程 (71) 等同的. 借助于度规张量, 使我们能够上升或下降协变微分后的张量的指标. 如通常那样, 如果

$$a_i = g_{ir}a^r, \quad a^i = g^{ir}a_r$$

我们还可得

$$a_{i;k} = g_{ir}a^r{}_{;k}, \quad a^i{}_{;k} = g^{ir}a_{r;k}. \tag{23}$$

我们注意到, 正文中的方程 (67) 也是与 (22) 式等价的. 由于 (3) 式、乘积法则 (4) 和正文中的方程 (64), 实际上可以有

$$\frac{\mathrm{d}}{\mathrm{d}t}(g_{ik}\xi^i\xi^k) = g_{ik;r}\xi^i\xi^k\frac{\mathrm{d}x^r}{\mathrm{d}t}.$$

我们现在不难再一次导出度规曲率张量的其余的对称性质

$$R_{iklm} = -R_{kilm} \tag{24}$$

或

$$g_{ih}R^h{}_{klm} + g_{kh}R^h{}_{ilm} = 0 \tag{24a}$$

这是借助于由满足 (22) 式的并由 (66) 式和 (69) 式所给定的特殊的 $\Gamma^i{}_{kl}$ 而构成的.

为此目的, 我们只须在普遍公式 (17) 中的 S_{ik} 插入 g_{ik}. 由于 (22) 式, 左边为零, 所以右边也必须为零, 这是与 (24a) 式等同的.

在 §16 中曾经证明, 从 (24) 式可以得出收缩的曲率张量 R_{ik} 的对称性, 这意思是指它的反对称部分 $R_{i\overset{\vee}{k}}$ 为零. 就是这一点使得对于度规空间 [参看 50 页的方程 (113)] 从曲率张量构成不变量是有这样的唯一性.

最后, 我们从上面根据 Bianchi 恒等式得出的方程组 (21) 来导出关于张量

$$G_{ik} = R_{ik} - \frac{1}{2}g_{ik}R$$

的恒等式 (182a, b) [参看 (109)], 在协变微分计算中这可以写成

$$G_{i;k}{}^k = G^k{}_{i;k} = 0. \tag{25}$$

为此目的, 我们只须对 (21) 式乘以 g^{hk}, 并对指标 h 和 k 进行收缩. 利用 (23) 式以及 $g^{hk}R^\alpha{}_{hik} = R_i{}^\alpha$ [参看 (93) 式], 可以得到

$$R^\alpha{}_{i;\alpha} - R_{;i} + R^\alpha{}_{i;\alpha} = 0$$

或

$$2\left(R^\alpha{}_i - \frac{1}{2}\delta^\alpha{}_i R\right)_{;\alpha} = 0,$$

这是与 (25) 式等同的. 爱因斯坦在他的后期著作中也强调了广义相对论中最基本的四个恒等式 (25) 与 Bianchi 恒等式之间简单联系的重要性.

[214]

注 8 (第 71 页及第 167 页)

在正文中 (第 71 页) 曾经叙述过: "经过显明的计算可证明

$$\frac{\partial}{\partial x^\sigma}\frac{\partial\mathfrak{G}}{\partial g^{ik}_\sigma} - \frac{\partial\mathfrak{G}}{\partial g^{ik}} = \mathfrak{G}_{ik} = \sqrt{-g}\,G_{ik},$$

式中 G_{ik} 即公式 (109) 中所定义的张量."

在那里还指出可以参考 Palatini 的一篇论文 [参看脚注 105)].

Palatini 的方法如下: 他首先注意到, 按照 (71) 式, Γ 场的变分 $\delta\Gamma^r_{ik}$ 是一个真张量, 它不同于 Γ^r_{ik} 本身. 利用表示 R_{ik} 的公式 (94), 可以得到

$$\delta R_{ik} = (\delta\Gamma^\alpha_{i\alpha})_{;k} - (\delta\Gamma^r_{ik})_{;r}. \tag{1}$$

这首先可以直接看出, 因为在一个短程坐标系中的一个特殊点上, Γ 本身 (并非一定要它们的导数) 为零. 因此从方程两边的普遍协变性可知, 这个方程是普遍成立的.

利用协变微分的乘积法则, 可以得到

$$\sqrt{-g}g^{ik}\delta R_{ik} = [\sqrt{-g}(g^{ir}\delta\Gamma^\alpha_{i\alpha} - g^{ik}\delta\Gamma^r_{ik})]_{;r}$$
$$+ [(\sqrt{-g}g^{ik})_{;r} - (\sqrt{-g}g^{is})_{;s}\delta_r{}^k]\delta\Gamma^r_{ik}.$$

第一项是作为一个矢量密度的协变散度, 亦即按照注 7 中的方程 (6a), 这一项是作为一个通常的散度, 对体积进行积分后, 这一项就产生一个曲面积分. 假使 Γ 场的变分在边界上为零, 则面积分为零. 因此, 我们尚保留了

$$\int \sqrt{-g}g^{ik}\delta R_{ik}\mathrm{d}x = \int [(\sqrt{-g}g^{ik})_{;r} - (\sqrt{-g}g^{is})_{;s}\delta_r{}^k]\delta\Gamma^r_{ik}\mathrm{d}x + \int_{\text{曲面}} . \tag{2}$$

所以利用

$$R_{ik}\delta(\sqrt{-g}g^{ik}) = \sqrt{-g}\left(R_{ik} - \frac{1}{2}g_{ik}R\right)\delta g^{ik} = \mathfrak{G}_{ik}\delta g^{ik}$$

可求得

$$\delta\int \mathfrak{R}\mathrm{d}x = \int \mathfrak{G}_{ik}\delta g^{ik}\mathrm{d}x + \int [(\sqrt{-g}g^{ik})_{;r} - (\sqrt{-g}g^{is})_{;s}\delta_r{}^k]\delta\Gamma^r_{ik}\mathrm{d}x + \int_{\text{曲面}} . \tag{3}$$

到现在为止, 我们尚未用过使度规张量的协变导数为零的方法. [注 7, 方程 (22) 和 (23).] 假使我们这样做, 则 (3) 式右边的第二个积分为零, 从而证明了 71 页中的公式 (180). 根据 Palatini 的这种推演, 尚存在着一个变相的作用原理 (参看书中 §57), 那里 10 个函数 g^{ik} 和 40 个函数 Γ^r_{ik} 是作为独立变量来处理的[†]. [215]

只要作用积分的物质部分的被积函数 $\mathfrak{M}$ [参看正文中方程 (404)] 并不明显地包含 Γ^r_{ik}, 则按照 (3) 式对 Γ^r_{ik} 变分, 即得,

$$(\sqrt{-g}g^{ik})_{;r} - (\sqrt{-g}g^{is})_{;s}\delta_r{}^k = 0,$$

从上式我们可以容易地导出 $g^{ik}_{;r} = 0$. 因此, 正如引力场方程 (401) 一样, 这些方程, 作为场方程组的一部分, 是变分原理的成果.

作用积分的物质部分 $\mathfrak{M}$ 不应当依赖于 Γ^r_{ik} 这一条件必然是满足无电流电磁场的 [参看方程 (172)]. 但是对于物质的一般表示, 经典场概念的适用性就受到限制, 而且在我看来, 上述条件并非是无意义的. 特别是在 $\mathfrak{M}$ 包含旋量场的情形中, 需要作更为严密的研究.

[†] A. Einstein, *S. B. preuss. Akad. Wiss.* (1925) 414.

在黎曼空间中, 在我看来, 一开始就可以较简单地和较自然地假定恒等式

$$g_{ik;r} = 0 \quad \text{或} \quad g^{ik}{}_{;r} = 0$$

成立, 并且在变分原理中, 只把 10 个函数 $g_{ik}(x)$ 作为独立变量处理.

关于在爱因斯坦的场方程组中利用 Palatini 的方法, 可以参看注 23.

注 8a (第 73 页)[†]

正文中方程 (184) 的恒等性质, 即

$$\frac{\partial}{\partial x^k}(\mathfrak{U}_i{}^k + \mathfrak{G}_i{}^k) \equiv 0 \tag{I}$$

根据 P. Freud 首先导出的关系

$$\mathfrak{U}_i{}^k + \mathfrak{G}_i{}^k \equiv \frac{\partial \mathfrak{B}_i{}^{kl}}{\partial x^l}, \tag{II}$$

就变得显而易见, 式 (II) 中 $\mathfrak{B}_i{}^{kl}$ 对于 k 和 l 是反对称的,

$$\mathfrak{B}_i{}^{kl} + \mathfrak{B}_i{}^{lk} \equiv 0. \tag{III}$$

[216] 这位作者对于仿射张量密度还导出了表达式

$$2\mathfrak{B}_i{}^{kl} = \sqrt{-g}[\delta_i{}^k(g^{rs}\Gamma_{rs}^l - g^{lr}\Gamma_{rs}^s) + \delta_i{}^l(g^{kr}\Gamma_{rs}^s - g^{rs}\Gamma_{rs}^k) + (g^{lr}\Gamma_{ir}^k - g^{kr}\Gamma_{ir}^l)]. \tag{1}$$

把正文中关于 $\int \mathfrak{R}dx$ 对任意函数 ξ^i 取变分的结果 (181) 式加以推广, 也可以由此导出 Freud 的结果, 但必须计及曲面积分对 (177) 式的贡献.

由于 (182a) 式, 经过某些变换后, 可求得

$$\delta \int \mathfrak{R}dx = 2 \int \frac{\partial}{\partial x^k}\left[(\mathfrak{U}_i{}^k + \mathfrak{G}_i{}^k)\xi^i - \mathfrak{B}_i{}^{jk}\frac{\partial \xi^i}{\partial x^j}\right]dx, \tag{2}$$

其中

$$\mathfrak{B}_i{}^{jk} = g^{jr}\frac{\partial \mathfrak{G}}{\partial g^{ir}{}_k} + \frac{1}{2}\delta_i{}^k\frac{\partial(\sqrt{-g}g^{ir})}{\partial x^r} - \frac{1}{2}\frac{\partial(\sqrt{-g}g^{jk})}{\partial x^i}. \tag{3}$$

(2) 式中的被积函数对于任意函数 ξ^i 取为零正好得出恒等式 (I), (II), (III), 而表达式 (3) 就变成与 Freud 的表达式 (1) 等同.

恒等式 (II) 是很有用的, 因为它使我们在计算总能量和总动量的体积分时, 可作为通过一个曲面的通量来计算.

注 9 (第 87 页)

今天, 能量和动量对速度的相对论性依赖关系在所有关于高能粒子的实验中已经公认为理所当然的了 —— 无论是存在于宇宙射线中的高能粒子或者是把带电粒

[†] P. Freud, *Ann. Math., Princeton*, **40** (1939) 417. Freud 用下式

$$\mathfrak{U}_i{}^k = \varkappa(t_i{}^k + T_i{}^k)\sqrt{-g}$$

来表示本书中用 $-(\mathfrak{U}_i{}^k + \mathfrak{G}_i{}^k)$ 表示的表达式; 所以他的 $\mathfrak{U}_i^{kl}$ 与我们的 $\mathfrak{B}_i^{kl}$ 符号相反.

子放入高能加速器 (回旋加速器, 电子加速器等) 中人工产生的高能粒子. 因为在计算这些加速器中的粒子的轨道时, 相对论公式也是主要的公式, 它的计算结果总是与实验一致的. M. M. Rogers, A. W. McReynolds 和 F. T. Rogers 已经在接近于 $0.8c$ 的速度范围内完成了验证电子的相对论质量公式的特殊实验 [Jr., *Phys. Rev.*, **57** (1940) 379].

注 10 (第 91 页)

本书在这里有一个历史性错误: 所讨论的作用原理早已由 J. J. Larmor 建立出来了 [参看他的书: *Aether and Matter* (Cambridge 1900) 第六章].

注 11 (第 115 页和 119 页)

劳厄 [参看他的 *Relativitätstheorie* 一书, 第一卷 (第六版, 1955) §19.] 已经证明, 只有闵可夫斯基的非对称能量 – 动量张量对于运动物体的唯象描述才是正确的 (正如它在静止的晶体中那样). 他的论点还强调了速度合成定理对于射线速度的适用性 [参看正文中方程 (312)], 射线速度只与这个不对称的张量一致.

注 12 (第 124 页)

Lewis 和 Tolman 的讨论方法在相互碰撞的球体的重心坐标系中比较简单.

注 13 (第 128 页)

质能相当性的一个十分显著的例子是两个异号电荷的电子 (正电子和负电子) 对的湮灭辐射, 在这里全部质量已转换成辐射能量. [关于发射光子的波长的定量测定可参看 J. Du Mond, D. A. Lind 和 B. B. Watson, *Phys. Rev.* **75** (1949) 1226.]

在核反应中质量和能量相平衡的第一个定量验证是 J. D. Cockcroft 和 E. T. Walton 完成的 [Proc. Roy. Soc. A. **137** (1932) 229], 在这项反应中, 利用质子对质量数为 7 的 Li 核的撞击放射了两个 $\alpha-$ 粒子.

今天, 爱因斯坦所假定的质能相当性 (能量的惯性) 是原子核物理学的最可靠的基础之一. 它提供了把基本粒子的质量值解释为能量本征值的方案.

注 14 (第 158 页)

由于各种微扰效应, 目前关于太阳中谱线的红移还没有什么进展; 对于天狼星伴星中的红移, 实验与理论符合得很好. 由于星体的密度异常大, 红移约比太阳大 30 倍. 详情请参看 Proceedings of the Congress "Jubilee of Theory of Relativity", Berne, 1955, 已选入在注 1 中.

注 15 (第 162 页)

第 162 页中关于物质 (包括电磁场) 的动量 – 能量定律 (341a) 不过是引力场方程组 (401) 的结果这一事实, 使人们可以期望: 物质粒子 [它们可以唯象地用能量 – 动量张量 Θ_{ik}, 方程 (322), 第 122 页, 来描述] 的运动定律必须也可从这些场方程得出而不必作进一步的假定.

这点实际上已经被爱因斯坦和他的合作者在一系列的论文中所证明, 后来又被

[217]

Infeld 和他的合作者所证明[†]. 他们特别地考虑了在外场中的一个点奇性 (在四维空 – 时中的世界线奇性), 并且证明了取 G_{ik} 的协变散度为零会有这样的结果, 即度规场在一条世界线上有一个奇点的假定只能与场方程组 $G_{ik} = 0$ (或 $R_{ik} = 0$) 仅适用于这条世界线以外这一条件相容, 假使这条世界线是短程线的话.

　　为了证明这点, 必须应用近似方法. 最方便的近似方法之一是按 c^{-2} 的乘幂展开, 这是说按运算时间导数的乘幂展开 [似静场, 参阅 §58 (α)]. Infeld 和 Schild 应用了另一个近似方法, 它是过渡到试验体质量为零的极限情形, 这种方法也可以应用于迅变场.

　　这个结果意味着, 对应于两个静止的点质量的引力场方程组的解是不存在的. 但是存在一个静止解, 这个解在联结空间两点的联线上, 有一个度规场的奇点, 它描述了一维的物质密度.

　　用同样的方式, 还可以证明, 由于仅仅是引力场方程组的结果, 一个带电的点质量服从包含 (216) 式中的力在内的一个运动规律 [参看方程 (225a), 正文第 90 页].

　　用一个点奇性来表示物质可能对形式数学有些用处, 在某些应用中也是方便的, 但是我要指出, 在研究广义相对论中的运动定律时, 这方法并没有重要意义. 物质的能量张量 T_{ik}, 不用其他的量来表示, 也可以形式地引入于场方程 (401) 中, 用来表征微小而有限的空时区域, 在这个区域中, 左边不等于零[‡]. 由此而得的第 162 页的散度方程组 (341a) 就可以用来研究这些区域的中心的运动, 十分相似于点奇异的运动. 胡宁[‖] 曾经按这样的方式研究了由于发射引力波而引起的微小的阻尼力. 虽然它们在按 c^{-2} 的乘幂的展开式中只是一种很高的近似而且实际上是不可观察的, 但它们是有基本的意义的, 因为在这一近似中, 明显地去区分物质的外场和自场的可能性变得愈来愈小.

　　注 16 (第 175 页)

　　大多数专家都同意, 光线被太阳弯曲的最好测定仍然要算 Campbell 和 Trumpler (Lick 天文台) 所做的一次测定, 测定结果是与理论值符合得很好的. 参看 Trumpler 的报告以及在 Proceedings of the Congress "Jubilee of Theory of Relativity" Berne

---

[†] A. Einstein and J. Grommer, *S. B. preuss. Akad. Wiss.* (1927) 6 and 235. A. Einstein, L. Infeld and B. Hoffmann, *Ann. Math., Princeton*, **39** (1938) 65.

　　L. Infeld, *Phys. Rev.*, **53** (1938) 836.

　　A. Einstein and L. Infeld, *Ann. Math., Princeton*, **41** (1940) 455; *Canad. J. Math.*, **1** (1949) 209.

　　L. Infeld and A. Schild, *Rev. Mod. Phys.*, **21** (1949) 408, (limit of párticle mass tending to zero).

　　L. Infeld and A. Schieldegger, *Canad. J. Math.*, **3** (1951) 195.

　　L. Infeld, *Acta Phys. polon*, **13** (1954) 187.

　　也可见 Bergmann, *Introduction to the Theory of Relativity* (《相对论导论》, 高等教育出版社已出版中译本) 第 XV 章.

[‡] 见 H. Weyl, *Raum-Zeit-Materie*, (5 th edn., 1923) §38; 也见 V. Fock, *Theory of Space, Time and Gravitation* (London 1958).

　　[‖] 胡宁: *Proc. Roy. Irish Acad.*, A **51** (1947) 87.

1955 中对这次测定的讨论.

注 17 (第 179, 183, 184 页)

真空中的场方程组 $R_{ik} = 0$ 是否存在严格的解, 是一个重要而又未解决的问题, 这个解应是处处正则的, 而且在三维空间的无穷远处应趋近于狭义相对论的线元. 已经证明, 这种类型的静止或恒定的解并不存在 (参看下一个注), 但是人们可以期望 [219] 有对应于引力驻波 (例如球面波) 的这种与时间有关的解. 不难看出, 对于平面波, 不存在这种解. 对于圆柱波, A. 爱因斯坦和 N. Rosen [*J. Franklin Inst.* **223** (1937) 43.] 已经构成这样的严格解, 但是在空间的无穷远处, 它并不趋近于赝欧几里得线元.

存在这种严格解的更一般的数学判断是值得想望的. 假使它们存在, 就不可能把 "马赫原理" (第 183 页) 表述为它是相对论场方程组的结果. 总之, 这个原理必须借助于宇宙论问题的最近发展予以重新考虑. (参看注 19.)

注 18 (第 187 页脚注 365)

自从 Serini 肯定了真空中场方程 $R_{ik} = 0$ 不存在正则的静止解以后, 其次的问题是在前提中允许除依赖于时间的 $g_{\alpha4}(\alpha = 1, 2, 3)$ 以外不为零. A. 爱因斯坦和泡利在 *Ann. Math., Princeton,* (2), **44** (1943) 131 中对于不存在这些更普遍的恒定解作了第一步证明. 他们证明, 假使这种解存在, 度规场在大距离 r 处对于赝欧几里得空间的偏差必须比 r^{-1} 减少得更快. (在那篇文章的附录中重印了 Serini 的老方法.)

这种限制已经为 A. Lichnerowicz [*C. R. Acad. Sci. Paris,* **222** (1946) 433, 也可以参看他的书: *Théories relativistes de la gravitation et de l'électromagnétisme,* Paris 1955] 所克服, 他用最普通的方法证明了方程 $R_{ik} = 0$ 不存在恒定的解, 这个方程在无穷远处趋近于赝欧几里得线元. 他的方法, 类似于 Serini 的方法, 是证明某些具有正定的被积函数的积分为 0.

注 19 [第 183 页, (§62)] 宇宙论问题

自从本书第一次出版以后, 出现了一个重要的新发展. A. Friedmann[†] 已经得出爱因斯坦方程组的新的解, 这个解可用来描述一个空间为均匀的, 并具有与时间有关的度规的世界. 没有爱因斯坦的宇宙项 [在方程 (452) 中的 $-\lambda g_{ik}$], 对于三维空间所有正、零或负的恒定曲率的三种情形它们都仍然存在. 这些解第一次被 G. Lemaitre[‡] 应用于真实的宇宙. 他还证明, 爱因斯坦的静止解对于随时间变化的物质密度是不稳定的. 由于 Hubble 发现了星云所发射的, 并与星云之间距离成正比的谱线的红移, 才有可能把这些解应用于真实的宇宙. 这种移动只能认为是由于星云的速度在整个物质系统膨胀的意义下所引起的多普勒位移, 此外没有其他更好的解释.

爱因斯坦[‖] 马上就发觉这些新的可能性, 并且完全放弃了多余的宇宙项而不再 [220]

[†] A. Friedmann, *Z. Phys.* **10** (1922) **377** and **21** (1924) 326.

[‡] G. Lemaître, *Ann. Soc. Sci. Brux.*; A **47** (1927) 49.

[‖] A. Einstein, *S. B. preuss. Akad. Wiss.* (1931) 235. 在 *The Meaning of Relativity* 1945 年第二版中作为附录, 在后来的版本中也都刊入 (《相对论的意义》, 科学出版社已出版中译本).

加以证明. 我完全接受爱因斯坦[†]的这个新的观点.

Friedmann 对于度规的表达式为

$$\mathrm{d}s^2 = R^2(t)\mathrm{d}\sigma^2 - \mathrm{d}x_4{}^2, \quad \text{以及 } x_4 = ct, \tag{1}$$

式中 $\mathrm{d}\sigma$ 是一个三维的、不依赖于时间的线元, 与一个具有恒定曲率的空间相应, 曲率可以归一化为 $\varepsilon = +1$, 或 -1, 因此对于 $\varepsilon \neq 0, x^1, x^2, x^3$ 是以曲率半径 $R(t)$ 作为量度单位的. 若选择 (1) 式中的 $g_{44} = -1$, 且对于随着空间而膨胀的物质的 $x^a (a = 1, 2, 3)$ 为常量, 则时间标度也可以归一化. 对于 $\mathrm{d}\sigma^2 = \gamma_{ab}\mathrm{d}x^a\mathrm{d}x^b (a, b = 1, 2, 3)$, 可以选择 (122) 式, (124) 式或 (126) 式的任一式, 并有 $1/a^2 = \varepsilon$, 例如

$$\mathrm{d}\sigma^2 = \frac{1}{[1 + (\varepsilon/4)r^2]^2} \sum_a (\mathrm{d}x^a)^2 \quad \text{及} \quad r^2 = \sum_a (x^a)^2. \tag{2}$$

对于从属于 $\mathrm{d}\sigma^2$ 的收缩曲率张量 P_{ab}, 按照 (117) 式, 并由于 $n = 3$, 可以有 $P_{ab} = -2\varepsilon\gamma_{ab}$. 短程线方程得出的结果[‡]是, 对于一个物质粒子,

$$|p| \cdot R = \text{常量}. \tag{3}$$

其中 $p = mv[1 - (v^2/c^2)]^{-\frac{1}{2}}$ 是它的动量. 假使过渡到德布罗意波长 $\lambda = h/p$, 还可以把 (3) 式写成为

$$R/\lambda = \text{常量}, \tag{3a}$$

因此这对于光 (光子) 也适用. 至于线元的时间标度, 它的平方是由 (1) 式定出, 并有 $g_{44} = -1$, 光速是常量, 而且在这样的时间标度中, 对于光的频率可以得出

$$\nu \cdot R = \text{常量}. \tag{3b}$$

这曾为劳厄[§]所证明, 他没有用到任何量子理论的概念就指出, 由于麦克斯韦方程组的保角不变性, 对应于线元 $\mathrm{d}s^2 = R^2(t')(\mathrm{d}\sigma^2 - c^2\mathrm{d}t'^2)$ 的频率 ν' 必须是与时间无关的.

[221] 假使 μ 是质量密度, $u = \mu c^2$ 是相应的能量密度, p 是压强, 则 u 和 p 是与时间有关的, 但在空间中为常量, 对于能量张量[¶] T_{ik} 的分量, 当 $a, b = 1, 2, 3$, 我们有

$$T_{44} = u, \quad T_{4a} = 0, \quad T_{ab} = pg_{ab} = pR^2\gamma_{ab}, \tag{4}$$

[†] 可参阅下列诸书: R. C. Tolman, *Relativity, Thermodynamics and Cosmology* (Oxford, 1934), M. v. Laue, *Relativitätstheorie*, vol. 2: *Allgemeine Relativitätstheorie* (1953 年第三版) 52 页; P. Jordan, *Schwerkraft und Weltall* (1955 年第二版).

[‡] 见本页脚注 [†] 中所引的文献. 我们可以考虑特殊情况:

$$x^2 = x^3 = 0, \quad x^1 = r, \quad \mathrm{d}\sigma = \mathrm{d}r[1 + (\varepsilon/4)r^2]^{-\frac{1}{2}}.$$

对于一个物质粒子, 即得 $v = R\mathrm{d}\sigma/\mathrm{d}t$.

[§] M. v. Laue, *S. B. preuss. Akad. Wiss.* (1931) 723.

[¶] 见正文 138 页方程 (362), 也见 167 页和 175 页. 这里我们必须令 $u_4 = c$ 及 $u_a = 0$ ($a = 1, 2, 3$).

所以

$$\left.\begin{array}{l} T = -u + 3p, \\[2mm] T_{44} - \dfrac{1}{2}g_{44}T = \dfrac{1}{2}(u + 3p), \\[2mm] T_{ab} - \dfrac{1}{2}g_{ab}T = \dfrac{1}{2}(u + 3p). \end{array}\right\} \tag{5}$$

若以一点表示对于 $x_4 = ct$ 的微分, 则对 R_{ik} 的分量进行计算后可得:

$$R_{44} = \frac{3\ddot{R}}{R}, \quad R_{4a} = 0, \quad R_{ab} = -\gamma_{ab}(2\varepsilon + \dot{R}^2 + R\ddot{R}). \tag{6}$$

因此正文第 166 页 (401a) 式中无宇宙项 (λ 项) 的场方程组

$$R_{ik} = -\varkappa\left(T_{ik} - \frac{1}{2}g_{ik}T\right),$$

给出[†]

$$\left.\begin{array}{l} 3\dfrac{\ddot{R}}{R} = -\dfrac{\varkappa}{2}(u + 3p), \\[2mm] 2\varepsilon + 2\dot{R}^2 + R\ddot{R} = \dfrac{\varkappa}{2}R^2(u - p), \end{array}\right\} \tag{7}$$

或者

$$\left.\begin{array}{l} 3\dfrac{\dot{R}^2 + \varepsilon}{R^2} = \varkappa u, \\[2mm] -\dfrac{2R\ddot{R} + \dot{R}^2 + \dot{\varepsilon}}{R^2} = \varkappa p. \end{array}\right\} \tag{8}$$

能量定律 (T_{ik} 的协变散度为零) 对于 $i = 4$ (另外三个方程是恒等地被满足) 给出

$$\dot{u} + \frac{3\dot{R}}{R}(u + p) = 0, \tag{9}$$

这也可以直接地从 (7) 式或从 (8) 式得出. 这个方程还可以写成:

$$\mathrm{d}(uR^3) + p\,\mathrm{d}(R^3) = 0, \tag{9a}$$

这表示在一个物质体积内的熵的不变性.

在纯粹实物的情形中, 可以求得

$$p = 0, \quad uR^3 = 常量 = \frac{1}{3}A, \tag{9b}$$

在纯粹辐射的情形中, 有

$$p = \frac{1}{3}u, \quad uR^4 = 常量. \tag{9c}$$

只当 $p = 0$ 的情形才具有实际的意义, 因此在以下的讨论将限于这一情形. 现在把 [222] (9b) 式代入 (8) 式的第一行中, 即得

$$R(\dot{R}^2 + \varepsilon) = \varkappa A,$$

[†] 关于我们对 $\varkappa$ 的记号, 可与脚注 320) 比较.

或

$$\dot{R}^2 = \frac{\varkappa A}{R} - \varepsilon. \tag{10}$$

这个方程求积分很容易. 例如, 对于零曲率, 可以求得

$$\varepsilon = 0, \quad \frac{2}{3} R^{3/2} = \sqrt{\varkappa A} c(t - t_0), \tag{11}$$

所以测得的 Hubble 常量为

$$H \equiv \frac{1}{t_H} = c \frac{\dot{R}}{R}, \quad \frac{1}{t_H} = \frac{c\sqrt{\varkappa A}}{R^{3/2}} = \frac{2}{3} \frac{1}{t - t_0} \tag{12}$$

或

$$t - t_0 = \frac{2}{3} t_H = \frac{2}{3} H^{-1}. \tag{13}$$

在这个解中, 时间 t_0 对应于 $R = 0, u = \infty$, 这里, 在模型中所假定的理想化不再是合理的了. 理论上不可能进一步追溯到物质非常密集的状态, 这种状态是在距今的时间为 t_0 之前存在的, 时间 $t - t_0$ 可以解释为宇宙的年龄.

对于其他的情形 $\varepsilon = +1$ 和 $\varepsilon = -1$, 我们可参考第 209 页脚注 † 和 ‡ 中所引过的文献. 假使 $H = 1/t_H$ 仍由 (12) 式定出, 而且对于 $t = t_0, R = 0$; 则对于 "宇宙的年龄" $t - t_0$ 可以求得下列不等式:

$$t - t_0 < \frac{2}{3} t_H \quad \text{对于 } \varepsilon = +1, \tag{13a}$$

$$t - t_0 > \frac{2}{3} t_H \quad \text{对于 } \varepsilon = -1. \tag{13b}$$

在后一情形中, 对于已知的 t_H, 时间间隔 $t - t_0$ 还受到 R/kA 的值的可能性所限制.

$t - t_0$ 的一个经验的下限是由这一事实给定, 即地球的坚固的外壳的年龄已经知道约为 3×10^9 年. 有时候这里似乎与 Hubble 常量的经验值有矛盾, 从 Hubble 常量导出宇宙的年龄的数值太低了[†]. 但是, 最近天文学家们得出了 Hubble 常量 H 的一个较低的值, 它导出

$$t_H = \frac{1}{H} = (5.6 \pm 2) \times 10^9 \text{年}[‡]$$

这样, 在 Hubble 常量的经验值、地球的年龄和无宇宙项的广义相对论方程组之间就似乎不再存在尖锐的矛盾了[§].

[223]　　**注 20** (第 194 页)

这里不变式 [参看方程 (54a), 第 35 页]

$$\frac{1}{\sqrt{-g}} (F_{23} F_{14} + F_{31} F_{24} + F_{12} F_{34}) = \frac{1}{4} F_{ik} F^{*ik}$$

---

† 见 A. Einstein, *The Meaning of Relativity*, 附录 (《相对论的意义》, 科学出版社已出版中译本); 也可见 P. Jordan, *Schwerkraft und Weltall*, (2nd edn., 1955).

‡ A. R. Sandage, *Astr. J.*, **59** (1954) 180.

§ 见 H. P. Robertson 在 Proceedings of the Congress, "Jubilee of Theory of Relativity", Berne, 1955 中的报告.

已经错误地被省略掉. 这个量对于空间坐标的反射 ($x'_a = -x_a$, 对于 $a = 1, 2, 3$) 不是不变的, 只是在这个变换之下改变了它的符号 (赝标量). 因为现在存在的拉格朗日函数在空间反射之下也是不变的, 所以只有这个量的平方才能存在. 在把位置的量子理论应用到处于均匀的外电场和外磁场中的真空的极化的情形中, 确实就是如此, 这已为海森伯和欧拉所证明 [*Z. Phys.*, **98** (1936) 714]. 在 M. Born [*Proc. Roy. Soc.*, A **143** (1934) 410] 和 M. Born 与 L. Infeld [*Proc. Roy. Soc.*, A **144** (1934) 425, **147** (1934) 522, **150** (1935) 141] 的非线性电动力学中, 它也起着作用.

但是, 在第 194 页 (2) 至 (4) 式所述及的其他不变式, 由于它们缺乏规范不变性, 已经全部放弃.

注 21 (第 197, 207 及 210 页)

负电子和正电子是完全对称的, 自从这个性质弄清楚以后, 实验上也发现了负的反质子[†].

因此书中以两类电荷之间的反对称性为根据的所有论点必须抛弃.

注 22 (第 197 页) Weyl 的理论

虽然决不会有一种经验性理由去相信量杆的长度和时钟的时间依赖于它们的先前的历史 [参看 §65(β)], 但是自从波动力学建立之后, 理论的形势也起了很大的变化. 在波动力学中, 描述带电物体的复波方程 (波函数 ψ 可以有一个或者几个分量) 允许有这样的群 ($\hbar = $ 普朗克常数除以 $2\pi, \varepsilon = $ 元电荷):

$$\phi'_i = \phi_i - \mathrm{i}\frac{\hbar c}{\varepsilon}\frac{\partial f}{\partial x^i}, \quad \psi' = \psi e^{\mathrm{i}f(x)} \tag{1}$$

这是与 Weyl 的原来理论中的变换 (477) 极其相似的, 仅是用 ψ 中的虚指数代替了 g_{ik} 中的实指数. 而且电荷守恒定律与新群的关系是与旧群的关系相同的.

无论 London[‡] 和 Weyl[§] 自己, 在波动力学发明以后, 立刻就认识到这个事实. 从那时起, "规范群" 这个名称已经是波动力学中的群 (1) 的通常的名称, 这种方式指明, Weyl 理论具有一不可积长度作为它的历史根源.

可是, 现在没有任何理由再去相信长度的不可积性, 而 Weyl 本人明白地宣告了他的旧理论的失败. 现在似乎普遍地同意: g_{ik} 本身 (不仅仅是它们的商) 是可以确定的; 它们在电磁势加上一个梯度时应当是不变的[¶].

[224]

[†] O. Chamberlain, E. Segrè, C. Wiegand and Th. Ypsilantis, *Phys. Rev.*, **100** (1955) 947.

[‡] F. London, *Z. Phys.*, **42** (1927) 375.

[§] H. Weyl, *Gruppentheorie und Quantenmechanik* (Leipzig 1928; 1931 年第二版); *Z. Phys.*, **56** (1929) 330; Rouse Ball lecture "Geometry and Physics", *Naturwissenschaften*, **19** (1931), 49~58. Report "50 Jahre Relativitätstheorie", *Naturwissenschaften*, **38** (1951) 73.

[¶] 可以考虑带有任意函数 $\lambda(x)$ 的保角变换 $g'_{ik} = \lambda g_{ik}$ 而与电磁势的变换无关 (见 82 页及 193 页的麦克斯韦方程组). R. Bach 在 *Math. Z.*, **9** (1921) 110 中已证明, [也可见 C. Lanczos, *Ann. Math.*, Princeton, **39** (1938) 842], 构成具有这种不变性的场方程在数学上是可能的 —— 只要在作用原理中用一个合适的曲率张量分量的二次标量密度 [后者可见 H. Weyl, *Nachr. Ges. Wiss. Göttingen, math. -naturw. Kl.*, (1921) 99].

有一次, 爱因斯坦 [*S. B. preuss. Akad. Wiss.* (1921) 261] 也考虑了具有保角不变性的引力方程. 但是, 这个观点不久被他和其他人放弃, 因为它不具有任何的物理意义.

注 23 (第 209 页) 统一场理论的其他设想

在我们更详尽地引述统一场理论的某些建议之前, 对于用经典的连续物理学来解释物质二象性的适用范围作某些基本的评述是必要的, 物质的二象性是用 "波" 和 "粒子" 的直觉来表征的, 而且是用 1927 年以后在量子力学 (或波动力学) 中所建立起来的新型的统计定律来描述的[†]. 大多数物理学家, 包括本书作者在内, 都同意玻尔和海森伯在他们对于由这些发展所引起的认识论形势的判断中所作的分析, 因而坚信要通过经典场的概念的恢复来完全解决物理学中的悬而未决的问题是不可能的.

另一方面, 爱因斯坦自从以一般的方法 (这些方法对于量子力学和它的解释也是基本的) 革新了物理学中的思想方法以后, 到他逝世为止, 一直持有这样的希望, 即甚至原子现象的量子特性原则上也可以按场的经典物理学方法加以说明. 而原子物理学中物理真实的概念已经被玻尔的并协性概念作了这样的推广, 即整个的实验安排是理论上所描述的现象的一个主要的部分. 爱因斯坦想要保持经典天体力学中的观念, 即一个系统的客观物理状态必须跟观察它的方式完全无关.

[225]

虽然爱因斯坦坦白地承认, 他对这些方面达成一个完整的解答的希望到目前为止尚远未满足, 而且他还没有证明出这一理论的可能性, 他认为这是一个有待解决的问题. 所以当他谈到 "统一场理论" 时, 他一定会想起这一理论的雄伟方案, 即借助于处处为正则 (无奇点) 的经典场, 这个理论就可以解决所有关于物质的基本粒子的问题.

追随海森伯 – 玻尔的量子力学解释的物理学家们考虑了只在一种有限的方式中统一经典场, 如引力场和电磁场; 至于场源, 如质量和电荷, 则未加说明. 为了描述场源及其性质, 假定了物质波场以及用统计学解释的物质波场的量子化. 但是即使这另一类型的方案, 还远远没有实现.

读者在本书第一版 §67 中可以看到, 我在那时就已对只借助于连续场的经典概念能够解释物质的原子性这一点非常怀疑, 特别是解释电荷的可能性. 在这方面应当记得, 电荷的原子性的公式已经用精细结构常数的特殊数值表达出来, 它的理论解释今天尚未达成. 具体地说, 我十分强烈地感觉到测得的场与作为测量工具的试验体之间的二象性 (或者在 1927 年以后所称的并协性) 的基本的特性. 这个问题后来被 N. 玻尔在 1948 年举行的第八届物理学 Solvay 会议上讨论过 [参看这个会议的报告 (Bruxelles 1950) pp. 376~380].

在作了这些比较简略的评述以后, 我们将在下面讨论把场统一起来的两种尝试, 它们在形式上按不同的方向推广了爱因斯坦的原来的相对论.

[†] 必须着重指出, 在量子力学中, 不仅经典力学中的粒子的概念, 而且还有经典场论中的波的概念, 都经历了根本的变化. 正如薛定谔所证明, 相互作用的粒子系统只能用多维组态空间中的波来描述, 而不能用普通空间 – 时间中的波来描述. 在有粒子产生和湮灭 (粒子的总数随时间变化) 的情形中, 需有这种具有不同维数的组态空间. 与此相当的就是所谓 "场的量子化", 在这里, 普通空间 – 时间中的波场的振幅被适当选取的算符所代替. 见 P. Jordan, and O. Klein, *Z. Phys.*, **45** (1927) 751; P. Jordan and E. Wigner, *Z. Phys.*, **47** (1928) 631; V, Fock, *Z. Phys.*, **75** (1932) 622.

(a) 具有非对称的 g_{ik} 和 Γ^l_{ik} 的理论[†] 这里所提到的理论存在着两种表述法: 在较早的一种表述法中, 把对称的或非对称的 Γ^l_{ik} 认为是唯一的基本量; 而在后一种表述法中, 非对称的 Γ^l_{ik} 和非对称的 g_{ik} 或 g^{ik} 都被认为是独立的变量. 在前一种理论中, 假定度规张量是与收缩的曲率张量的对称部分 R_{ik} 成比例.

只当场方程的宇宙项存在时, 这个假定才是合理的. 当这个假定不再是合理时, 人们必须与第二种理论打交道, 在第二种理论中, 非对称的 Γ^l_{ik} 和 g_{ik} 被认为是独立变量. 因此, 只有这第二种理论后来被爱因斯坦所考虑.

[226]

所有这些理论都遭到反对, 因为在场论中只可以引用不可约的量, 而上述两种理论却和这个原则不一致, 从形式的观点看来, 这个原则实际上是被满足的, 而且到目前为止, 它在物理学中已经毫无例外地为经验所证实. 所以我相信[‡], 必须讲出令人信服的数学上的理由, (例如一个较广泛的变换群的不变性假定) 为什么在这个理论中引用可约量的分解 (例如 R_{ik}, g_{ik} 和 Γ^l_{ik}) 不会发生. 这点在早期的文献中完全没有讨论过[§].

但是爱因斯坦深刻地注意到这种反对意见, 在他的后来的著述中仔细地考察了这一问题[¶].

为了说明爱因斯坦和 Kaufman 的观点和结果, 我们首先提出, 用非对称的 Γ^l_{ik} 表示的收缩的曲率张量 R_{ik} 的正确表达式是[‖]

$$R_{ik} = \Gamma^s_{ik,s} - \Gamma^s_{is,k} - \Gamma^s_{it}\Gamma^t_{sk} + \Gamma^s_{ik}\Gamma^t_{st} \tag{1}$$

现在式中许多 Γ 的下指标的次序是很重要的. 这些作者进一步指出, 这个表达式对于由下式所确定的 λ 变换

$$\Gamma^{l'}_{ik} = \Gamma^l_{ik} + \delta^l_i\lambda_{,k} \tag{2}$$

是不变的, 式中 $\lambda(x)$ 是一个任意的函数. 现在他们引入这个假定, 即所有的方程对于 λ 变换应当是不变的 (λ 不变性). 形式地说, 这个假定使引用对称的这些 Γ' 成为不可能.

[†] 比较 A. S. Eddington, *The Mathematical Theory of Relativity* (Cambridge 1924); A. Einstein 在 *S. B. preuss. Akad. Wiss.* (1923~1925) 中的几篇论文; E. Schrödinger, *Space-Time-Structure* (Cambridge 1950), 那里总结了本书作者在 *Proc. Roy. Irish. Acad.* (1943~1948) 中的论文以及 A. Einstein 和 E. G. Straus 的方程, *Ann. Math., Princeton*, (2) **47** (1946) 731. 也见 A. Einstein, *Ann. Math., Princeton*, (2), **46** (1945) 538.

[‡] H. Weyl 持相同的见解, [*Naturwissenschaften*, **38** (1951) 73 及 Proceeding of the Berne Congress, 1955].

[§] 已经有一种把对称的 Γ^l_{ik} 作为唯一的独立场变量的理论, 例如, 任意地运用 $\sqrt{-\det|R_{ik}|}$ 作为在作用积分中的密度. 把 R_{ik} 分解成它的对称的与反对称的部分提供了更多的可能性 (见注 7).

[¶] A. Einstein and B. Kaufman, *Ann. Math., Princeton*, **62** (1955) 128; 也可见 *The Meaning of Relativity* (Princeton 1955 年第五版), 附录 II.

[‖] 在下面, 运算 $(\cdots)_k$ 总表示对 x^k 的常微分. 爱因斯坦和 Kaufman 选用的以及在这里所转载的 R_{ik} 的总符号与本书中其他地方所用的符号相反.

作为第二个假定, 爱因斯坦和 Kaufman 引入了易位不变性. 这种不变性可表述为: 假使所有的量 A_{ik} 换成它们的位易式 $A^T_{ik} = A_{ki}$, 所有的方程仍然适用. 由 Γ^l_{ik} 表示的 R_{ik} 不是易位不变的. 但是, 假使引入由下式确定的新的量:

$$\left.\begin{aligned} U^l_{ik} &= \Gamma^l_{ik} - \Gamma^t_{it}\delta^l_k, \\ \Gamma^l_{ik} &= U^l_{ik} - \frac{1}{3}U^t_{it}\delta^l_k, \end{aligned}\right\} \tag{3}$$

就可以得到这种不变性. 用 U^l_{ik} 表示的收缩的曲率张量是由下式给定:

$$R_{ik}(U) = U^s_{ik,s} - U^s_{it}U^t_{sk} + \frac{1}{3}U^s_{is}U^t_{tk} \tag{4}$$

[227] 而且现在是易位不变的. U^l_{ik} 的 λ 变换由下式给定:

$$U^{l'}_{ik} = U^l_{ik} + (\delta^l_j\lambda_{,k} - \delta^l_k\lambda_{,i}). \tag{5}$$

至于 U^l_{ik} 在坐标变换下的变换定律可参考在第 228 页脚注 ¶ 中所引过的论文. 把作用积分对于作为独立变量的 g^{ik} 和 U^l_{ik} 取变分, 人们就可求得场方程组.

人们还可以用具有分量 $\mathfrak{g}^{ik}$ 的张量密度代替 g^{ik}, 在四维空时中, 它们由下式给定:

$$\mathfrak{g}^{ik} = \frac{g^{ik}}{\sqrt{-\det|g^{ik}|}}, \quad g^{ik} = \frac{\mathfrak{g}^{ik}}{\sqrt{-\det|\mathfrak{g}^{ik}|}}. \tag{6}$$

这是与通常广义相对论的精神相一致的 (参看第 50 页), 人们通过这样的假定来限制在变分原理中所用的标量密度 $\mathfrak{L}$, 即 $\mathfrak{L}$ 不应该包含 g^{ik} 的导数, 只包含 U^l_{ik} 的一阶导数, 而且它应该线性地依赖于后者†. 这个假定与上述的 λ 不变性和易位不变性的假定合在一起得出一个 $\mathfrak{L}$. 它对 R_{ik} 是线性的, 并且可以用 U^l_{ik} 表示. 假使除去与 R_{ik} 无关的 "宇宙" 项, 则适当地定出场 g^{ik}, 以及由 (6) 式定出 $\mathfrak{g}^{ik}$, 使爱因斯坦选取了下列的标量密度

$$\mathfrak{L} = \mathfrak{g}^{ik} R_{ik} \tag{7}$$

作为作用积分的被积函数, 它满足上述的所有假定.

至于由此得出的场方程及它们之间的恒等式, 我们可参考已引过的文献. 在 g_{ik} 和 Γ^l_{ik} 的反对称部分为零的特殊情形中, 它恢复为无物质时广义相对论的通常场方程组 (参看注 8).

这个理论的场方程组是以丝毫没有明显的几何意义和物理意义的 λ 不变性和易位不变性的形式假定为根据的, 它实际上是否能够与物理学相联系, 是十分可疑的.

在这种统一场理论中完全得不到以一般的经验证明作依据的, 像广义相对论中的等效原理那样的一个指导性的物理原理. 而且, 在通常的广义相对论中, 有直接物理意义的是线元及与之有关的二次型 $g_{ik}\mathrm{d}x^i\mathrm{d}x^k$, 而不是支配矢量平行位移的赝张量 Γ^l_{ik}.

---

† 注 7 中对纯粹仿射理论的可能密度的讨论没有用这些特殊的假定.

下面我们将考察谋求统一场理论的其他种种尝试, 在这些尝试中只用到不可约的量.

(b) 五维理论和投影理论[†] Kaluza[‡] 对麦克斯韦电动力学的普遍协变形式找到了一种有用的几何表示 [§23 (a) 和 §54], 后来 Klein[¶] 改进并推广了这种表示. [228]

试考虑一个具有一个由下式给定的 "圆柱形" 度规的五维空间

$$ds^2 = \gamma_{\mu\nu}dx^\mu dx^\nu \tag{8}$$

(以后, 希腊字指标 μ, ν 由 1 至 5, 拉丁字指标 $i, k, \cdots$ 由 1 至 4). 圆柱性的条件最好是用一个特殊的坐标系来描述[§], 在这个坐标系中, $\gamma_{\mu\nu}$ 与 x^5 无关,

$$\frac{\partial \gamma_{\mu\nu}}{\partial x^5} = 0. \tag{9}$$

而且, Kaluza 和 Klein 原先假定

$$\gamma_{55} = 1. \tag{10}$$

γ_{55} 的正号意味着第五维在度规上是类空的. 这种选择的理由以后会清楚的. 除了像在广义相对论中所用过的四个坐标 x^k 的普遍坐标变换以外, 这些比较好的坐标系可以有以下的群:

$$x'^5 = x^5 + f(x^1, \cdots, x^4). \tag{11}$$

把 (8) 式写成下列形式:

$$ds^2 = (dx^5 + \gamma_{i5}dx^i)^2 + g_{ik}dx^i dx^k, \tag{12}$$

人们可以看到, g_{ik} 在变换 (11) 之下是不变的,

$$g'_{ik} = g_{ik}, \tag{13}$$

而且

$$\gamma'_{i5} = \gamma_{i5} - \frac{\partial f}{\partial x^i}. \tag{14}$$

比较 (8) 式和 (12) 式后, 得:

$$\gamma_{ik} = g_{ik} + \gamma_{i5}\gamma_{k5}. \tag{15}$$

假使 g^{ik} 像通常那样是 g_{ik} 的互反矩阵, $\gamma^{\mu\nu}$ 是 $\gamma_{\mu\nu}$ 的互反矩阵, 人们容易求得

$$\left.\begin{array}{l} \det|\gamma_{\mu\nu}| = \det|g_{ik}| \\ \gamma^{55} = 1 + \gamma^{ik}\gamma_{i5}\gamma_{k5}, \quad \gamma^{i5} = -g^{ik}\gamma_{k5}, \quad \gamma^{ik} = g^{ik}, \end{array}\right\} \tag{16}$$

变换 (14) 的形式与规范群类似, 意味着除差一个比例常数因子外, γ_{i5} 与电磁势 ϕ_i [229]

[†] 读者在 P. G. Bergmann, *An Introduction to the Theory of Relativity* (New York 1942), Chaps. XVII and XVIII 中可找到这里所讨论的理论的一个概述.

[‡] Th. Kaluza, *S. B. preuss. Akad. Wiss* (1921) 966.

[¶] O. Klein, *Nature, Lond.,* **118** (1926) 516; *Z. Phys.* **37** (1926) 895 (在这些论文中已经考虑了度规对第五个坐标的周期性的依赖关系); *Z. Phys.* **46** (1928) 188; *Ark. Mat. Astr. Fys.* **34** (1946) 1; 也可见 Klein 在 The proceedings of the Berne Congress, 1955 中的报告.

[§] 关于这理论在一普遍的坐标系中的表述, 见 Bergmann, 本页脚注[†], 同前.

是等同的. 反对称张量

$$\frac{\partial \gamma_{k5}}{\partial x^i} - \frac{\partial \gamma_{i5}}{\partial x^k} = f_{ik} \tag{17}$$

对于 "规范变换" (14) 是不变的, 因此它与电磁场强度成正比. 以后我们还会讨论比例因子的定义.

度规 (8) 或 (12) 的短程线也可以按这些方法作物理的解释. 由于 $\gamma_{\mu\nu}$ 与 x_5 无关, 不难得出, 对于短程线, 以下两个表达式:

$$\frac{\mathrm{d}x^5}{\mathrm{d}s} + \gamma_{i5}\frac{\mathrm{d}x^i}{\mathrm{d}s} = 常数 = C, \tag{18}$$

$$g_{ik}\frac{\mathrm{d}x^i}{\mathrm{d}s}\frac{\mathrm{d}x^k}{\mathrm{d}s} = 常数 = -1 \tag{18a}$$

在参变量 s 选择得适当时, 分别为常数. (18a) 式中的常数可以归一化为 -1. 得出的短程线的方程为

$$\frac{\mathrm{d}}{\mathrm{d}s}\left(g_{ik}\frac{\mathrm{d}x^k}{\mathrm{d}s}\right) - \frac{1}{2}\frac{\partial g_{rs}}{\partial x^i}\frac{\mathrm{d}x^r}{\mathrm{d}s}\frac{\mathrm{d}x^s}{\mathrm{d}s} = C \cdot f_{ik}\frac{\mathrm{d}x^k}{\mathrm{d}s}. \tag{19}$$

但是, 这是一个带电粒子在外引力场和电磁场中的轨道方程. 因而积分常数 C 是与粒子的荷质比 e/m 的商成正比.

这里我们扼要地提一下表述引力场和电磁场几何化的另一个等效方法, 即投影表述法. 许多作者对此有贡献, 其中有 Veblen 和 Hoffmann, Schouten 和 van Dantzig 以及我本人[†]. 但是 Bergmann[†] 已经证明 —— 不同于我自己在一个时期所相信的那样 —— 这种表述法并不比 Kaluza 的表述法更普遍, 而且不难从两种表述法中的任一种过渡到另一种. 引入齐次坐标 X^ν,

$$X^\nu = f^\nu(x^i)e^{x^5} \tag{20}$$

(具有任意函数 f^i) 以及逆函数

$$\left.\begin{array}{l} x^i = g^i\left(\dfrac{X^1}{X^5}, \cdots, \dfrac{X^4}{X^5}\right), \\[2mm] x^5 = \log\left\{X^5 F\left(\dfrac{X^1}{X^5}, \cdots, \dfrac{X^4}{X^5}\right)\right\} = \log H^{(1)}(X^1, \cdots, X^5), \end{array}\right\} \tag{20a}$$

其中 $H^{(1)}$ 是一个一次的齐次函数, 不难看出, 规范变换 (11) 与 x^k 的普遍变换相结合正好相当于 X^ν 的所有一次的齐次变换群. 后者正是要在投影表述法中讨论的. 由于它与 Kaluza[‡] 表述法一一对应, 这里我们将不对投影形式作进一步的讨论.

[230]

[†] 文献除见于 Bergmann, 注 [‡], 231 页以外, 另见, 例如 C. Ludwig-*Fortschritte der projektiven Relativitätstheorie*, (Braunschweig 1951).

[‡] 相当于 X^ν 的度规张量 $\Gamma_{\mu\nu}$, 按照 (20) 式, 可有

$$\gamma_{55} = \Gamma_{\mu\nu}\frac{\partial X^\mu}{\partial x^5} - \frac{\partial X^\nu}{\partial x^5} = \Gamma_{\mu\nu}X^\mu X^\nu.$$

如这里所表示的那样, 电磁场的普遍协变定律的 Kaluza 的几何形式决不是电磁场和引力场的 "统一". 反之, 任何种普遍协变和规范不变的理论也都可以用 Kaluza 的形式来表述. 在无电荷 (电流) 的情形中, 麦克斯韦方程组的普遍协变形式可由具有密度 [参看方程 (231b) 第 163 页和方程 (403), (404), 第 166 页] 为

$$\mathfrak{L} = \sqrt{-g}\left(R + \frac{\varkappa}{2}F_{ik}F^{ik}\right) \tag{21}$$

的一个作用积分取变分而得出, 如果 F_{ik} 是电磁场强度的话. 但是作用积分中的标量密度对场强的更复杂的依赖关系会同样好地与一个圆柱对称的五维度规相一致.

但是, Kaluza 和 Klein 曾导出了一个更有用的结果. 他们计算了曲率张量的标量 P, 它相当于由 (8) 式或 (12) 式给定的特殊的五维度规, 并求得

$$P = R + \frac{1}{4}f_{ik}f^{ik}, \tag{22}$$

式中 R 是从对应于 $\mathrm{d}s^2 = g_{ik}\mathrm{d}x^i\mathrm{d}x^k$ 的四维度规导出的曲率张量, 而 f_{ik} 则由 (17) 式定出. 假使令

$$f_{ik} = \sqrt{2\varkappa}F_{ik}, \quad \gamma_{i5} = \sqrt{2\varkappa}\phi_i, \tag{23}$$

(22) 式就与 (21) 式等同. 这里必须进一步注意到, 假使我们已经选择五维的 ($\gamma_{55} = -1$) 的类时的特征量来代替类空的特征量, (22) 式右边第二项的符号就相反. 五维的类空特征量必须这样选择, 使得 (22) 式中右边的符号与 (21) 式中的相同. 人们也可以说, 为了选择 P 作为作用积分中的不变量, 引力常量的经验符号是以 γ_{55} 的类空符号表示的.

但是, 从圆柱度规的特殊群的观点看来, 对于作为作用积分的被积函数的五维曲率标量 P 的特殊选择尚未证明. 寻求这样一个证明的尚待解决的问题似乎要指望变换群的扩大. 这是与推广 Kaluza 表述法的可能性有联系的, 现在我们将作简要的讨论.

Kaluza 表述法的推广之一是保留 (9) 式, 但是要去掉条件 (10), $\gamma_{55} = 1$. 因此从广义相对论的变换群的观点看来, γ_{55} 是一个新的标量场, 仍然假定它与 x^5 无关. 令 [231]

$$\gamma_{55} = J, \quad \gamma_{i5} = Jf_i, \quad \gamma_{ik} = g_{ik} + Jf_if_k, \tag{24}$$

可以求得

$$\mathrm{d}s^2 = \gamma_{\mu\nu}\mathrm{d}x^\mu\mathrm{d}x^\nu = J(\mathrm{d}x^5 + f_i\mathrm{d}x^i)^2 + g_{ik}\mathrm{d}x^i\mathrm{d}x^k \tag{25}$$

以及规范群

$$x'^5 = x^5 + f(x^i), \quad f'_i = f_i - \frac{\partial f}{\partial x^i}. \tag{26}$$

Jordan[†] 刷新了狄拉克早期的概念[‡], 力图以便利的方式运用这个新的场 J, 以便求得一个理论, 在此理论中, 通常理论中的引力常量被一个与时间有关的场所代替. 这

---

† P. Jordan, *Schwerkraft und Weltall* (1955 年第二版). 最初他以投影的形式表述了他的理论.

‡ P. A. M. Dirac, *Nature, Lond.*, **139** (1937) 323; *Proc. Roy. Soc.* A **165** (1938) 199.

个理论的数学方面也被 Thiry 独立地研究过[†]. 如 M. Fierz[‡] 所证明, 把物质引入这个理论之中要加上另外的假定, 没有这些假定, 从原子尺度导出的标准长度的时间依赖关系以及物质粒子之间的引力作用的时间依赖关系就仍然没有确定. 关于这个理论的经验证据的效果, 这里我们不再深入讨论.

Kaluza 表述法的另一更重要的推广是放弃圆柱性条件 (9). Klein 已在他的 1926年的早期论文中, 讨论了所有场变量对于 x^5 的周期性依赖关系. 把周期归一化为 2π, 这个假定 I (所有 $\gamma_{\mu\nu}$ 的分量是周期为 2π 的 x^5 的周期函数) 还可以用傅里叶分解表示出来

$$\gamma_{\mu\nu}(x^5, x^i) = \sum_{n=-\infty}^{+\infty} \gamma_{\mu\nu}^{(n)}(x^i) e^{inx^5}, \tag{27}$$

并且有通常的实数条件

$$\gamma_{\mu\nu}^{(-n)} = (\gamma_{\mu\nu}^{(n)})^*. \tag{27a}$$

因此几何上人们可以把 x^5 解释为一个角变量, 所以一切相差 2π 的整数倍的 x^5 之值对应于五维空间中的同一点, 只要 x^i 的值相同. 只从这个假定, 不能得出存在一条闭合的不具有方向不连续性的短程线的结果. 爱因斯坦和 Bergmann[¶] 特别研究了附加的假定 II 的结果: 只有一条短程曲线通过五维空间中的每一点, 它以连续的方向回到同一点.

[232]　　　　他们曾证明, 在此情形中总存在一个特殊的坐标系, 在这个坐标系中

$$\gamma_{55} = 1, \quad \frac{\partial \gamma_{5i}}{\partial x^5} = 0. \tag{28}$$

变换群仍然与 Kaluza 原来的表述法 [参看 (15), (16)] 中的相同, 但是 g_{ik} 现在可以周期性地依赖于 x^5.

因此这些作者建立了与这个变换群一致的最普遍的不变式, 而且和通常的广义相对论中一样, 对于微分次序满足同样普遍的条件 (即对于场的二阶导数为线性, 而无任何高阶的导数). 相应的场方程一般是积分 – 微分方程.

虽然有了这些假定, 特殊地选择 P 作为作用原理中的标量仍未得到解释或证明, 假使我们仅保留假定 I 而抛弃假定 II, 情况就要发生基本的改变. 这样, 变换群为

$$x'^5 = x^5 + p^5(x^5, x^k),$$
$$x'^i = p^i(x^5, x^k), \tag{29}$$

式中 p^ν 是周期为 2π 的 x^5 的任意周期函数. 这个普遍群也曾由 Klein 考虑过, 但是它的数学和物理的结果需要作进一步的研究.

[†] Y. R. Thiry, *Thèse* (Paris 1951); 也可参阅 A. Lichnerowicz, *Théories rélativistes de la gravitation et de l'électromagnétisme* (Paris 1955).

[‡] Helv. *Phys. Acta*, **29** (1956) 128.

[¶] A. Einstein and P. G. Bergmann, *Ann. Math., Princeton*, **39** (1938) 683; 也可见 A. Einstein, V. Bargmann and P. G. Bergmann, *Th. Kármán Anniversary Volume* (Pasadena 1941), 212 及 Bergmann, 231 页脚注 †.

诚然, 单独用通常的微分过程 (受广义相对论中通常所假定的微分次序的限制) 从 $\gamma_{\mu\nu}$ 构成的唯一标量现在是五维度规的曲率标量 P. 但是是否存在更广泛的其他不变式, 可以表示为对适当选取的闭合曲线的积分, 而且也可以用于作用原理呢? 这个问题仍然没有解决[†].

除了这个数学问题之外, 尚存在另外一个困难问题, 即如何在物理上解释 (27) 式所给定的, 对于 x^5 为周期性的普遍函数. 这是波动力学的问题, 从而也就导致场的量子化问题[‡]. 像 $\gamma_{\mu\nu}{}^{(n)}(x^i)$ 对应于自旋值为 2 那样的张量, 从未观察到过, 而且观察到的自旋值 $\frac{1}{2}$ 决不能仅由此值用合成方法求得.

所以, 按照我们的观点 (参看本注中的引言), 显然除了 $\gamma_{\mu\nu}(x^5, x^i)$ 场以外, 还必须存在其他的波动力场, 例如描述低质量粒子的旋量场[§].

因此, Kaluza 的表述法在物理学中是否有前途的问题, 引出了要把广义相对论与量子力学综合起来的, 更普遍而尚难解决的根本问题.

[†] P. Bergmann 博士善意地提醒我对这个问题的注意, 即在五维流形中, 具有在空间 (以 $x^1, \cdots, x^4$ 描述) 中无限伸展的圆柱拓扑, 并具有满足假定 I 的度规, 是否永远存在

$$\partial\gamma_{\mu 5}/\partial x^5 = 0 \quad \text{对于 } \mu = 1, \cdots, 5$$

的一个特殊的坐标系.

[‡] 见 227 页脚注 [†].

[§] 见 231 页脚注 [¶], O. Klein.

人名索引

主题索引

1945年诺贝尔物理学奖获得者
WOLFGANG PAULI 著作选译
PAULI LECTURES ON PHYSICS
VOLUME 1, 2, 3

泡利物理学讲义
（第一、二、三卷）

泡利

1945年诺贝尔物理学奖获得者
WOLFGANG PAULI 著作选译
PAULI LECTURES ON PHYSICS
VOLUME 4, 5, 6

泡利物理学讲义
（第4、5、6卷）

泡利

1945年诺贝尔物理学奖获得者
WOLFGANG PAULI 著作选译
RELATIVITÄTSTHEORIE

相 对 论

泡利

ISBN: 978-7-04-040409-8　　　　　　　　　　　　　　　ISBN: 978-7-04-053909-7

1991年诺贝尔物理学奖获得者
P. G. DE GENNES 著作选译 第一辑
SUPERCONDUCTIVITY
OF METALS AND ALLOYS

金属与合金的超导电性

德热纳

1991年诺贝尔物理学奖获得者
P. G. DE GENNES 著作选译 第二辑
THE PHYSICS OF
LIQUID CRYSTALS

液晶物理学（第二版）

德热纳

1991年诺贝尔物理学奖获得者
P. G. DE GENNES 著作选译 第三辑
SCALING CONCEPTS
IN POLYMER PHYSICS

高分子物理学中的
标度概念

德热纳

ISBN: 978-7-04-036886-4　　　ISBN: 978-7-04-047622-4　　　ISBN: 978-7-04-038291-4

1991年诺贝尔物理学奖获得者
P. G. DE GENNES 著作选译 第四辑
CAPILLARITY AND
WETTING PHENOMENA
DROPS, BUBBLES, PEARLS, WAVES

毛细和润湿现象
——液滴、气泡、液珠和表面波

德热纳

1991年诺贝尔物理学奖获得者
P. G. DE GENNES 著作选译 第五辑
SOFT INTERFACES
THE 1994 DIRAC MEMORIAL LECTURE

软界面
——1994年狄拉克纪念讲演录

德热纳

1991年诺贝尔物理学奖获得者
P. G. DE GENNES 著作选译 第六辑
INTRODUCTION TO
POLYMER DYNAMICS

高分子动力学导引

德热纳

ISBN: 978-7-04-038693-6　　　ISBN: 978-7-04-038562-5

1932年诺贝尔物理学奖获得者
WERNER HEISENBERG 著作选译
DIE PHYSIKALISCHEN PRINZIPIEN
DER QUANTENTHEORIE

量子论的物理原理

海森伯

1933年诺贝尔物理学奖获得者
ERWIN SCHRÖDINGER 著作选译
STATISTICAL
THERMODYNAMICS

统计热力学

薛定谔

1938年诺贝尔物理学奖获得者
ENRICO FERMI 著作选译
QUANTUM MECHANICS

量子力学

费米

ISBN: 978-7-04-048107-5　　　ISBN: 978-7-04-039141-1

有ISBN号的截至本书出版时已出版